U0272769

甘肃文县尖山省级自然保护区生物多样性

GANSU WEN XIAN JIANSHAN
SHENGJI ZIRAN BAOHUQU SHENGWU DUOYANGXING

甘肃省野生动植物保护站　文县自然资源局　编

甘肃科学技术出版社

图书在版编目（ＣＩＰ）数据

甘肃文县尖山省级自然保护区生物多样性 / 甘肃省
野生动植物保护站，文县自然资源局编. -- 兰州 ：甘肃
科学技术出版社，2023.9
ISBN 978-7-5424-3090-8

Ⅰ．①甘… Ⅱ．①甘… ②文… Ⅲ．①自然保护区—
生物多样性—研究—文县 Ⅳ．①S759.992.424②Q16

中国国家版本馆CIP数据核字(2023)第176809号

甘肃文县尖山省级自然保护区生物多样性

甘肃省野生动植物保护站　文县自然资源局　编

责任编辑　陈学祥
封面设计　麦朵设计

出　　版　甘肃科学技术出版社
社　　址　兰州市城关区曹家巷1号　730030
电　　话　0931-2131572(编辑部)　0931-8773237(发行部)

发　　行　甘肃科学技术出版社　　　　印　刷　兰州新华印刷厂
开　　本　787毫米×1092毫米　1/16　　印　张　17.75　插　页　2　字　数　397千
版　　次　2023年10月第1版
印　　次　2023年10月第1次印刷
印　　数　1~1000
书　　号　ISBN 978-7-5424-3090-8　定　价　60.00元

编 委 会

主　编：高　军

副主编：王守城　李冬伟

编　委（按姓名拼音排序）：

包新康　陈学林　高　军　李冬伟　毛彦茹　任路明

王白雪　王春霞　王洪建　王守城　王文华　王　翔

徐红霞　冶晓燕　张福泉　张兴杰　朱学泰

参加野外调查人员（按姓名拼音排序）：

包新康　操姝惠　陈学林　程志昌　杜　璠　杜星南

高翠芳　高　军　景雪梅　廖继承　林培录　刘金喜

龙　娇　彭沛穰　任路明　茹　刚　宋　森　谭永佳

王洪建　王守城　徐红霞　闫飞扬　冶晓燕　张国晴

张睿珂　赵　伟　曾锦源　朱学泰

前　言

　　甘肃文县尖山省级自然保护区（以下简称"保护区"）地处青藏高原东侧，岷山山脉北麓，白龙江上游区域，行政区划上隶属甘肃省陇南市文县，地理坐标为东经 104°39′55.52″~104°51′36.51″，北纬 32°58′02.85″~33°02′23.97″，面积 10 198.61hm²，主要保护对象为珍稀濒危野生动物及森林生态系统。保护区为典型的山地森林生态系统，是岷山山系与西秦岭、岷山山系与黄土高原发生物种扩散和基因交流的前线，具有特殊的生态区位价值。

　　2017 年 6 月—2021 年 12 月，由兰州大学、西北师范大学、甘肃省白龙江林业管护中心林业科学研究所、甘肃省野生动植物保护站、文县自然资源局等单位的相关人员组成的调查队陆续对保护区的植物、大型真菌、脊椎动物和昆虫进行了调查。调查取得了丰硕成果，本次调查是保护区成立以来首次生物多样性调查，基本掌握了本区域的植物种类、区系、植被、动物种类和区系、大型真菌种类和分布。

　　调查表明：保护区植被有 4 个植被型组 6 个植被型 21 个群系，有高等植物 177 科 683 属 1673 种及种下单位，其中一级保护植物 1 科 2 属 3 种、二级保护植物 15 科 21 属 29 种，兰科植物 25 属 45 种，药用植物 110 科 357 属 500 种。保护区分布有脊椎动物 18 目 62 科 202 种，其中两栖类 2 目 3 科 6 种、爬行类 2 目 5 科 21 种、鸟类 9 目 36 科 139 种、哺乳类 5 目 18 科 36 种；国家一级保护物种 6 种、二级保护物种 31 种。昆虫 17 目 186 科 704 属 885 种，国家二级保护昆虫 2 种，珍贵、观赏昆虫 13 种。大型真菌 63 科 143 属 410 种。

　　本书由高军负责统稿、主审等工作；高军、王春霞、李冬伟编写第一章，陈学林、任路明、王守诚编写第二章及植物名录；包新康编写第三章及

1

脊椎动物名录；王洪建、徐红霞编写第四章及昆虫名录；朱学泰、冶晓燕编写第五章及大型真菌名录；其他编委共同编写其余部分。

由于受水平所限，调查报告中不足之处在所难免，敬请批评指正。

编者

2023 年 1 月 5 日

目　　录

第一章 概　论

1.1　保护区概况

1.1.1　地理位置

甘肃文县尖山省级自然保护区位于甘肃省陇南市文县中部，属岷山山系东南延伸的余脉，地理位置为东经 104°39′55.52″~104°51′36.51″，北纬 32°58′02.85″~33°02′23.97″，面积 10 198.61hm²。保护区北以金子山脉为界；东至尖山乡政府，以羊汤河为界；南以尖嘴山、放马山脉为界；西至文县城关，以北山（玉虚山）、五人墩为界。行政区划涉及 4 个乡（镇）13 个行政村（农场）。

1.1.2　保护区类型和主要保护对象

保护区为野生动物类型自然保护区，主要保护对象是大熊猫、羚牛、林麝等珍稀濒危野生动物及森林生态系统。

1.1.3　功能区划

根据《文县尖山省级自然保护区区划报告》，保护区划分为核心区、缓冲区和实验区三个功能区。其中，核心区面积为 3 298.22hm²，占保护区面积的 32.34%；缓冲区面积为 3 419.29hm²，占保护区面积的 33.53%；实验区面积 3 481.1hm²，占保护区面积的34.13%。

1.1.4　土地类型和权属

保护区范围内土地包括国有土地和农民集体所有，其中国有土地 6 525.09hm²，占保护区的 63.98%；农民集体土地有 3 689.69hm²，占保护区的 36.18%。

按照土地利用类型，保护区土地有林地、耕地、草地、湿地以及交通运输用地等其他类型；其中，林地面积 9 457.09hm²，包括乔木林地 2 773.30hm²、灌木林地 6 683.79hm²；耕地面积 338.64hm²；草地面积 153.08hm²；湿地面积 0.07hm²。

1.1.5　区域生态功能定位

在《全国生态功能区划》中，保护区位于全国 63 个重要生态功能区之一的"秦岭—大巴山生物多样性保护与水源涵养重要区"，其水源涵养、生物多样性保护、土壤保持功能都极重要；根据生态功能区划，位于"生物多样性保护功能区"的"秦岭山地生物多样性保护与水源涵养功能区"。秦岭山地生物多样性保护与水源涵养功能区地处我国亚热带与暖温带的过渡带，发育了以北亚热带为基带（南部）和暖温带为基带（北部）的垂直自然带谱，是我国乃至东南亚地区暖温带与北亚热带地区生物多样性最丰富的地区之一，是我国生物多样性重点保护区域。同时，尖山自然保护区位于《中国生物多样性保护战略与行动计划（2011—2030年）》发布的35个生物多样性保护优先区中的"中南西部山地丘陵区"范围内，中南西部山地丘陵区重点保护我国独特的森林等自然植被，加强对大熊猫、林麝、特有雉类等国家重点保护野生动植物种群及栖息地的保护，加强生物多样性相关传统知识的收集与整理。尖山自然保护区生态功能定位重点特别突出，保护价值大。

1.1.6　保护区历史沿革

20世纪80年代全国抢救大熊猫工程启动后，发现该区域有大熊猫分布，1990年8月，文县机构编制委员会批准在文县林业局设立"尖山大熊猫保护站"，为股级建制的事业单位，对尖山区域的大熊猫进行保护管理（文编办发〔1990〕02号）。1992年11月，经文县林业局申请，由林业部林护批字〔1992〕191号文件批准建立了尖山自然保护区，隶属文县林业局管理，尖山大熊猫保护站后改名为文县尖山自然保护区管理站。因历史原因，当时虽经林业部批准建立了保护区，但至今没有甘肃省政府的批文。

2017年，经文县人民政府常务会议（第11次）确定，将保护区管理经费纳入县财政预算，每年拨付10万元用于保护区管理工作。

2020年3月，文县机构编制委员会印发《关于设立文县尖山省级自然保护区管理站的通知》（文编委发〔2020〕8号）文件，设立文县尖山省级自然保护区管理站，为事业单位，副科级建制，隶属文县自然资源局，核定副科级站长职数1名，核定事业编制3名。主要职责为负责贯彻执行《自然保护区条例》等法律法规；负责自然保护区内的自然资源、自然环境及自然历史遗迹保护工作；负责调查自然资源并建立档案；负责开展宣传、普及自然保护等方面的法律法规；配合有关部门开展自然保护区的科学研究工作；负责开展自然保护区生态旅游和多种经营，建立自然保护区共管体系等工作。

1.1.7　管理机构和人员配置

保护区管理机构为"文县尖山省级自然保护区管理站"，现有站长1名。管理站下设尖山保护站，现有职工1名，保护区日常巡护和管理工作主要依托该职工与洋汤河林场下设的营林管护站的7名天保人员完成。

1.1.8　现有基础设施

保护区管理站在文县自然资源局办公，无独立办公楼。保护区建有基层保护站1处，位于尖山乡政府院内。

1.2 自然概况

1.2.1 地质地貌

保护区出露地层主要为下震旦统关家沟组，其次为上震旦统—下寒武统临江组、上志留统卓乌阔组和下泥盆统当多组，也分布有少量的岩浆岩。关家沟组主要分布于保护区南部，为一套浅变质的稳定型浅海陆棚—潮坪潟湖相沉积，岩性组合为含粉砂泥质板岩、含炭粉砂质板岩、粉砂岩夹岩屑长石砂岩等，保护区地层主体为一背斜构造北翼，与上覆临江组呈断层接触关系。临江组主要位于保护区中部，呈东薄西厚带状近东西向展布，北与上覆地层上志留统卓乌阔组和下伏关家沟组均呈断层接触关系，为一套浅海陆棚环境沉积，主要岩性为白云质灰岩、砂质灰岩、白云岩与黑色硅质岩，次为灰色粉砂质板岩与泥质粉砂岩等。卓乌阔组位于中北部，呈东西向带状横穿保护区，与上覆当多组呈不整合接触关系，与下伏临江组呈断层接触关系，也为一套浅海陆棚环境沉积，岩石组合为含炭千枚岩、绢云母泥质板岩及变质细粒长石石英砂岩，局部夹薄层硅质灰岩，局部见灰—深灰色硅质岩、炭质板岩等。当多组仅小面积出露于保护区北部，为浅水陆棚环境—滨海环境的沉积岩相组合，岩性主要下部为黄褐色中厚层含铁砂岩、灰紫色—黄绿色千枚岩、含钙砂质板岩、长石石英砂岩、浅褐色和灰色钙质页岩夹中薄层泥砂质灰岩、扁豆体灰岩；上部为灰色、深灰色中薄层到厚层块状泥砂质灰岩，疙瘩状泥砂质生物灰岩，含白云质灰岩，燧石条带灰岩。岩浆岩分布于保护区西部和南部边缘区，岩性主要是二长花岗岩和黑云母花岗岩体，出露于震旦系和泥盆系中。保护区断裂构造发育，石坊断裂呈弧形自保护区中部近东西向穿过，断层两侧岩石破碎明显，沿断裂带有岩脉和含铜石英方解石脉分布。保护区整体受我国西部强烈构造应力场作用，巴颜喀拉地块向东与扬子地块进行陆内碰撞，处于抬升和多重挤压状态，构造变形强烈。

保护区内的高楼山为岷山山系东南延伸的余脉，山系多呈东西走向。地势西北高，东南低，海拔在 1120~3121m 之间，山间河谷深陷，相对高差达 2000m。纵谷与横谷的地貌特点差异很大，最高峰金子山海拔 3121m；最低点海拔 1120m，位于尖山乡崖底下村的尖山河滩。保护区地形复杂，沟谷纵横。侵蚀地貌、重力地貌和冻融地貌发育，岩石性质对地貌形成有显著影响，坡地和沟谷侵蚀强烈与现代河床突出的加积作用成为鲜明对照。保护区地表起伏大，悬崖峭壁林立，属高山峡谷区，区内由金子山串联，地质构造受地壳运动的影响起伏延伸，山高谷深，山与山之间多为断头山，一般坡度在 30°~60° 之间。

1.2.2 水文

根据《中国水文区划》（熊怡等，1995），保护区属于秦、巴、大别北亚热带多水地区（Ⅲ）的秦岭、大巴水文区（Ⅲ₁），其水文特征为：

(1)河流属夏水类型。季径流分配，夏季占全年径流的 37%~48%，居首位；秋季占全年的 26%~32%，属次位；春季占全年的 18%~22%，列第三；冬季径流量最小，仅占全年的 4%~13%。

（2）本区雨季为 4~10 月，但大部分降水集中在 5~9 月，最多的是 7~8 月，这是东南季风与西南季风相交产生的结果。最大流量、最大水月出现在 7~9 月，与降水量集中期相吻合。

（3）本区降水以雨为主，但有少量的雪，河川径流由雨水和地下水两部分构成，前者为 60%~80%，后者为 20%~40%。河流的年内不均匀系数为 0.22~0.34，比较平稳，原因是区内植被良好，林草茂密起到了调节作用，以及有广泛的基岩裂隙泉水补给。

（4）本区河川径流年际变化不大，变差系数浮动在 0.15~0.28 之间。

（5）本区多年平均径流的分布规律基本上与多年平均降水量一致。

（6）本区山高、坡陡、谷窄的侵蚀地貌，加上气候湿润、降水丰沛，形成的河水水量较大。由于植被盖度大，河流水蚀模数小于 $100t/(km^2 \cdot a)$。该区水源水质良好，属低矿化极软水，适于生活及工农业应用。

（7）本区河流一般四季畅流，无结冰封冻现象，有利于野生动物的越冬饮水。

保护区的河流主要分布在金子山脉与尖嘴山和放马山之间的沟谷地带，有尖山河和关家沟河两条河，二者以分水岭为界，分别流入白龙江和白水江，均属长江上游嘉陵江水系。尖山河的主要支流有关房沟、圈崖沟、堡子沟、杏沟、窄窄沟、窑沟、芦家沟、马槽沟、果子沟、土沙沟等，在保护区外经羊汤河流入白龙江；关家沟河的主要支流有铁炉沟、王西沟、红水沟、舟木沟、清水沟等，在保护区外汇入白水江。白水江汇入白龙江，后进入嘉陵江，最终入长江。

1.2.3 气候

保护区属北亚热带湿润气候与暖温带湿润气候的交汇带，是大陆腹地南北气候过渡区，因海拔高低起伏悬殊，温度气候型垂直变化明显，昼夜温差大。由于保护区山高谷深，不同垂直地带气候差异悬殊。因此有"一山有四季，十里不同天"之说。

气候特点是春季回暖早，雨量少；夏季无酷热，局部地区暴雨多；秋季凉得快，初秋连阴雨多；冬季无严寒，较干燥。

参考文县城关镇气象站观测资料，保护区的年降雨量 450~850mm，全年平均降水日 110~130d，最大雪深 5mm（表 1-1）。

表 1-1　文县城关镇气象站多年月均气象资料

月	1	2	3	4	5	6	7	8	9	10	11	12
气温（℃）	3.7	6.0	10.7	16.0	19.8	22.6	24.6	24.2	19.5	15.1	10.0	5.1
降雨量（mm）	1.8	2.2	12.2	30.2	60.1	73.0	92.0	76.9	69.2	33.6	7.5	1.5
蒸发量（mm）	85.5	109.8	167.4	222.4	250.3	249.6	252.2	238.2	145.2	125.6	104.4	83.8
相对湿度（%）	54	54	55	56	59	62	67	68	72	70	61	57

1.2.4 土壤

山地森林土壤是保护区分布最广泛的土壤，由于化学风化作用强烈，大量原生矿物被分解，土体中黏土矿物以高岭土和水云母为主，黏粒硅铝率偏低。脱硅作用和铁铝移动明显并在 B 层富集，存在弱脱硅富铝过程。有机物来源丰富是本区土壤形成的一个特征。腐殖质组成以富里酸为主，土体盐质不饱和，表明土表存在强烈有机络合淋溶作用。植被覆盖度高决定了生物积累旺盛，气候冷湿导致生物物质积累大于分解，土壤表层有机质含量高，有机质层深厚，有机质组成中碳氢比值较大。黏化作用较强。

由于地形地貌的复杂性，经过长期的土壤风化和转化，形成了现在的土壤：海拔 1120~2000m 之间为石质性褐土，无淋溶性褐土；海拔 2000~2700m 之间为棕壤土；海拔 2500~3120m 之间为暗棕土壤；海拔 2800~3120m 为亚高山草甸土。其中褐土、棕壤土肥力较高，层次分明，腐殖质同级积累较厚，淋溶土的淋溶作用强，水分供应充足，适宜于主要保护动物大熊猫食物箭竹的发育生长。

1.2.5 矿产

位于保护区的金子山脉是高楼山的主峰，高楼山是典型的秦岭褶皱地带，著名的地质学家李四光称其为"宝贝地带"，有着丰富的矿产资源。保护区整体位于阳山—新关金成矿带上，东南部为赵家咀—豆家湾钴锰重晶石矿成矿带，区内矿产资源较为丰富。

据勘察，发现由文县境内东向西自桥头岳家山至阳关、观音坝、高楼山、堡子坝乡安坝、葛条湾、月元等至四川九寨沟数十千米的地表氧化岩金矿带，统称为阳山金矿，该矿储量较大。矿石主要由细粒浸染状黄铁矿化、毒沙化、绢云母化、黏土化千枚岩及斜长花岗斑岩构成，其中自然金主要以微细粒金。目前，开采金矿山主要位于保护区西北部。保护区内还分布有硅铁、煤等，储量一般。

1.3 社会经济概况

1.3.1 保护区所在县社会经济概况

保护区所在的文县坐落在甘、川、陕三省交界处，地处秦巴山地，素有"陇上江南""大熊猫故乡"的美誉。全县辖 14 个镇、5 个乡、1 个民族乡、7 个社区，305 个行政村，总面积 4994km²。境内气候宜人，冬无严寒，夏无酷暑。水资源富甲陇原，矿产资源富集，生物资源丰富，旅游资源独特。中国四大天池之一的文县天池、白马河旅游景区、碧口古镇、阴平古道等一批旅游景点闻名遐迩。

2021 年末，全县总人口 23.79 万人，年内出生率 10.9‰，死亡率 8.7‰，人口自然增长率 2.2‰。文县是一个多民族散杂居地区，有汉、藏、回、东乡、朝鲜、满等 13 个民族，为白马人主要居住区，少数民族分散居住在铁楼、碧口、石鸡坝、堡子坝、梨坪、天池、丹堡、刘家坪、城关、中寨等 10 个乡镇 33 个村 60 个社，共 2176 户 8661 人，占全县总人口的 3.6%。

2021 年完成生产总值 61.27 亿元，增长 6.1%；完成固定资产投资 35.13 亿元，增长 10.8%；完成规模以上工业增加值 6.56 亿元，增长 1%；完成大口径财政收入 5.4 亿元，一般公共财政预算收入 2.37 亿元，分别增长 10.4%、16.7%；完成社会消费品零售总额 7.08 亿元，增长 16.9%；城乡居民人均可支配收入分别达到 26 926 元、8570 元，分别增长 7.7%、11.4%。

第一产业：2021 年全县农作物播种面积达 38.86 万亩，其中粮食种植 20.6 万亩，油料种植面积 3.64 万亩；药材种植面积 7.03 万亩；蔬菜种植面积达到 7.55 万亩。全年粮食总产量达到 3.89 万 t；药材产量达到 1.12 万 t；油料产量达到 0.4 万 t。全年现价农林牧渔业总产值达到 13.13 亿元。水平梯田累计达到 21.2 万亩；全县有效灌溉面积累计达到 9.05 万亩。全年大牲畜存栏 2.06 万头，猪存栏 5.48 万头，羊存栏 4.29 万只，家禽存栏 29.07 万只；肉类总产量达 5.16 万 t，鲜蛋产量达到 910t；全年水产品产量达到 1 280t。

第二产业：工业以煤炭、水电、水泥、酿造为主。2021 年，全县规模以上工业总产值 25.55 亿元。累计完成全部工业增加值增长 6.2%，其中规模以上工业增加值增长 1%。

第三产业：2021 年全年社会消费品零售总额累计达到 7.08 亿元。按地域分，城镇零售额达到 3.85 亿元，乡村零售额达到 3.23 亿元；按行业分，批发业达到 0.45 亿元，零售业达到 5.1 亿元，住宿业达到 0.34 亿元，餐饮业达到 1.19 亿元。

近年来，文县立足当地资源优势，按照"东南茶叶、西北纹党、全域杂药、半山林果、川坝蔬菜、两江橄榄、宜区油粮、多区花椒、扩大养殖"的产业发展布局，以市场为导向，以调整农业结构为主线，建基地、搞示范、推科技、引品种，兴龙头、强服务，分片区谋划发展了 14 个万亩以上农业特色产业片带和 230 个产业园。截至 2021 年底，全县种植核桃 13.92 万亩、花椒 11.25 万亩、油橄榄 5.75 万亩、茶叶 8.7 万亩、中药材 7.03 万亩、蔬菜 7.55 万亩；畜牧产业肉蛋蜜总产量 6 378.23t。

2019 年，全县有幼儿园 47 所，小学 184 所，中学 24 所，其中高中 5 所。全县幼儿园在园人数 7109 人，小学在校学生数 15 010 人，初中在校学生数 6159 人，高中在校学生数 4511 人。

2019 年，全县有广播电视室 213 个，广播覆盖人口 22 万人，广播覆盖率 88%；有电视发射台 7 台，通电视的行政村 305 个，有电视节目 65（套），电视覆盖率达 100%。

2019 年，全县有医院 9 所，疾控中心 1 个，妇幼保健站 1 个，卫生监督所 1 个，卫生院 26 所，病床数 961 张，医生 247 人，卫生护理员 198 人。全县城乡居民养老保险参保人数 113 882 人，其中城镇居民养老保险参保人数 4101 人，乡村居民养老保险参保人数 109 781 人；参加失业保险的人数为 3317 人；城镇居民最低生活保障人数 4146 人，农村居民最低生活保障人数 10 797 人，五保户供养人数 1571 人；参加城乡居民基本医疗保险的人数 207 573 人。

2019 年，全县公路总里程达到 2864km，其中油路及水泥路 2433km。全年完成邮电业务总量 13 644 万元。

1.3.2　人口

保护区内有 4 个乡（镇）13 个行政村（农场），包括文县桥头镇的草坪村、张家湾村、大成家村、高楼山农场，尖山乡的铁古山村、尖山村、山根村、尚家山村、老爷庙村、高峰村，城关镇的元茨头村、滴水崖村、关家沟村，尚德镇的丰元山村，口头坝乡的阳山村。近年来，随着经济发展，居住在大山深处的人们为了摆脱贫困，纷纷走出大山。因此，保护区范围内的常住人口逐年减少，一些村落仅有的留守者多为老人。经实地调查，保护区范围内现有常住人口 327 户 1049 人（详见表 1-2）。

表 1-2　保护区所属行政区划及常住人口统计表

县	乡（镇）	行政村（农场）	户数	人口
文县	桥头镇	草坪村	0	0
		张家湾村	0	0
		大成家村	0	0
		高楼山农场	0	0
	尖山乡	铁古山村	0	0
		尖山村	22	84
		山根村	70	201
		尚家山村	116	324
		老爷庙村	0	0
		高峰村	0	0
	城关镇	滴水崖村	158	440
		关家沟村	0	0
	石坊镇	槐树村	0	0
合计	4	13	327	1049

1.3.3　经济状况

保护区内社区收入低，社区群众生活贫困。保护区所在的文县是国家级贫困县，尖山乡因自然条件差，自然灾害频繁，经济基础薄弱等原因，曾是文县最贫困的乡之一。人均纯收入各社略有差异，从 4120~4980 元不等，人均占有粮 150kg。以农业为主，主要农作物有玉米、小麦、洋芋、大豆等，油料作物主要为油菜，经济作物主要有纹党、花椒、柿子、柑橘、核桃、梨、苹果、桃、杏、樱桃、石榴等。

1.3.4 交通状况

保护区各行政村和乡（镇）有公路，绝大多数路面硬化，交通条件较好。

沿尖山村经分水岭、过关家沟到文县县城，有一条 2~3m 宽的人行道路，该道路历史悠久，为旧社会武都至文县的"官道"。

1.3.5 电力通讯广电

保护区各村有移动网络覆盖，用电来自国家电网，各行政村和保护站通电。广播覆盖率79.9%，各行政村通电视，电视覆盖率达 98%。

沿金子山南坡有一条高压输电线路东西方向贯穿保护区。

沿保护区金子山和尖嘴山之间的沟谷地带有穿越保护区的三条光缆通信线路。第一条为尖山至文县段线路，由原甘肃省邮电管理局陇南传输分局于 1972—1973 年承建，现属中国电信股份有限公司所有。为适应地方通信发展需求，于 1987 年在同线路基础上敷设建成武都至文县（碧口）长途光缆 1 条。1996 建设 24 芯光缆 1 条，在保护区过境线路约为 13.58km。

1.3.6 文化教育

保护区各村有村文化室。在保护区的铁古山村、尖山村、尚家山村、元茨头村、滴水崖村、关家沟村、阳山村、大成家村、张家湾村等 9 个行政村有三年级以下的村小学，草坪村有完全小学 1 所；各乡有小学和初级中学，仅在县城有高中。适龄儿童入学率达 100%，小学巩固率为 99.1%，小学毕业率为 100%，小学普及率为 96.8%；中学入学率达 96.3%，中学巩固率为 98.1%，中学毕业率为 98.3%，中学普及率为 93.2%。

1.3.7 卫生

保护区各乡（镇）都有 1 所卫生院，新农合参合率达到 97.3%，新农合补助标准每人每年 340 元。

1.3.8 旅游

保护区内山峰峻峭，拔地而起，溪流蜿蜒，清澈可鉴，林木葱郁，古树参天，自然风光十分优美，有保存完好的原始森林植被，有奇峰怪石，可谓融林、瀑于一体，集奇、秀、险于一体，有一定的旅游开发前景。

在保护区的西部，县城城北关家沟，有阴平古道上著名的文县"五大雄关"之一火烧关，险峻至极，为阴平古栈道关隘要塞，元朝兵马征战火攻厮杀的古战场。相传宋元逐鹿之时，元世祖忽必烈之子阔端，几经攻关未克，遂令将士伐薪火攻，直烧得峡谷浓烟弥天，后人将此地取名为火烧关。现今，悬崖上的栈道长廊早已荡然无存，唯有栈道孔穴犹在。火烧关内有一石碑，还有摩崖石刻一面，上刻"万历十四年奉旨重修，巷口府元功孔丘大立冰凌"等 20 个楷字，其余字迹随着岁月的侵蚀而消逝隐匿。明代诗人李梦阳《火烧关》诗曰："壑螟常留电，山深日酿云。犹存火烧迹，忍读卧碑文。地古人烟少，霜寒野色曛。那堪数过此，辛苦欲谁闻。"

关家沟五里关，有明代傅友德伐蜀时部下大将汪兴祖战死的五里关遗址和汪兴祖墓。

城关镇滴水崖村还有"文县八景"之一的"晴霓瀑布"，瀑布从 200 多米高的山崖直泻而下，如白练垂天，颇为壮观。

关家沟近年开始发展旅游，相关乡村旅游基础性建设工作已基本完成，乡政府扶持开办了多家"农家乐"，对发展当地经济起到了积极作用。

总之，尖山自然保护区具有较丰富的人文和自然景观资源，有一定的旅游开发前景。在严格保护的前提下，对实验区及周边区域进行适当开发利用，发展生态旅游，对保护区的能力建设和当地经济的发展都具有非常重要的意义。

第二章 植物与植被

2.1 植被

2.1.1 调查对象和内容

本次调查的对象为尖山自然保护区内的典型植被，包括天然和人工植被。调查内容主要有植被类型、层次结构、种类组成、经纬度、海拔、地形等。

2.1.2 调查方法

在对保护区内植被全面踏查的基础上，选择典型的群落地段，设置若干大小足以能反映群落物种组成和结构的样地。调查过程中，根据优势群落的实际分布情况进行布点。根据植被类型及其结构特征的差异，将植物群落分为森林、灌丛，分别制订其调查内容和调查方法。

2.1.2.1 样地基本信息

所有植被类型的样地均需要对如下基本信息进行调查记录：

（1）群落类型：样地的群落类型。

（2）调查地：样地位置所在，如保护区内小地名。

（3）经纬度：用 GPS（WGS84 坐标系）确定样地所在地的经纬度。

（4）海拔：用海拔表确定样地所在地的海拔。

（5）地形：样地所在地的地貌类型，如山地、洼地、丘陵等。

（6）坡位：样地所在坡面的位置，如山顶、山脊、谷地等。

（7）坡向：样地所在地的方位。

（8）坡度：样地的平均坡度，用坡度仪进行测定。

（9）面积：样地的面积，森林群落为 600m²，灌丛为 100m²。

（10）土壤类型：样地所在地的土壤类型，如红壤土、山地黄棕壤等。

（11）森林起源：按原始林、次生林和人工林记录。

（12）干扰程度：按无干扰、轻微、中度、强度干扰等记录。

（13）群落层次：记录群落垂直结构的发育程度，如乔木层、灌木层、草本层、藤本等是否发达等。

（14）优势种：记录各层次的优势种，如某层有多个优势种，要同时记录。

（15）群落高度：群落的大致高度，可给出范围，如 10~15m。

（16）郁闭度：各层的郁闭度，用百分比表示。

（17）群落剖面图：了解群落的结构、种间关系、地形等非常重要。

（18）调查人、记录人及日期：记录该群落的调查人和记录人，并注明调查日期，以备查。

2.1.2.2 森林植物群落

（1）样地设置

样地面积 600m²，一般为 20m×30m 的长方形。

以罗盘仪确定样地的四边，闭合误差应在 0.5m 以内。以测绳或塑料绳将样地划分为 10m×10m 的样方（图 2-1）。

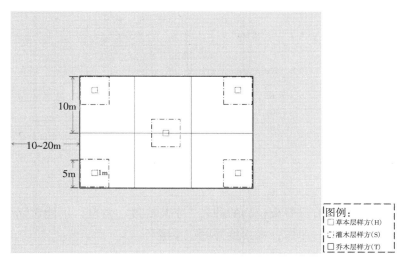

图 2-1 森林群落样地设置

（2）乔木层调查

记录样地内出现的全部乔木种，测量植株胸径，估算平均高度和盖度，记录其存活状态。

（3）灌木层调查

记录样地内出现的全部灌木种。选择样地四角和中心共 5 个 5m×5m 的两个对角小样方进行调查，对其中的全部灌木分种计数，并统计株丛数，测量基径、高度，估算其盖度。

（4）草本层调查

记录样地内出现的全部草本种类。在每个灌木层样方的中心点分别设置 1 个 1m×1m 的草本层小样方，统计株丛数，估算平均高度和盖度。

（5）藤本植物调查

记录所有乔木样方中出现的全部藤本植物种名，并统计株数，估算其长度。

2.1.2.3 灌丛植物群落

样地选择参考森林群落调查。灌丛样地面积 25m²，周围应留有 5~10m 缓冲区，在样地四角和中心各设置 1 个 1m×1m 的小样方调查草本层（图 2-2）。

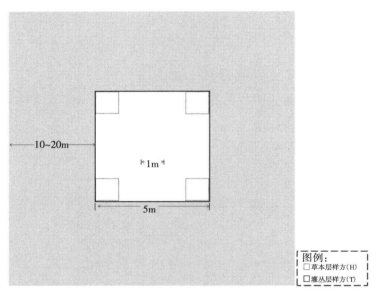

图 2-2 灌丛样地设置

记录灌丛样地内所有维管束植物的种名、平均高度、盖度，不能识别到种的植物编号调查，并采集标本进行鉴定，标本编号同记录编号。

调查表格同森林群落灌木层和草本层。

2.1.3 植被类型

根据野外样地调查结果和重要值的计算，参照《中国植被》和《甘肃植被》，保护区植被可分为 4 个植被型组、6 个植被型、21 个群系。尖山自然保护区植被分类系统详见表 2-1。

表 2-1 保护区植被组成

植被型组	植被型	群系
针叶林	寒温性针叶林	华北落叶松林
	温性针叶林	华山松林
		油松林

续表

植被型组	植被型	群系
针阔混交林	温性针阔混交林	华山松—辽东栎林
		华山松—白桦林
阔叶林	落叶阔叶林	辽东栎林
		山杨林
		红桦林
		臭椿林
		野核桃林
		米心水青冈林
		甘肃枫杨林
		锐齿槲栎林
		冬瓜杨林
		糙皮桦林
灌丛	落叶阔叶灌丛	川滇柳灌丛
		鸡骨柴灌丛
		马桑灌丛
		山生柳灌丛
	灌草丛	糙野青茅灌草丛
		驴蹄草灌草丛

保护区植被各个植被型组、植被型、群系的分布、组成，分别描述如下。

2.1.3.1 针叶林植被型组

1)寒温性针叶林植被型

（1）华北落叶松林 Form. *Larix principis-rupprechtii*

分布在保护区海拔 2 218.87~2 380.97m，E104° 42′ 34.702″~104° 44′ 7.797″，N32°59′10.173″~33°00′31.833″地带，坡度 35°~55°。伴生种有缺苞箭竹、柳树、悬钩子、胡枝子、唐古特瑞香、多腺悬钩子、中华绣线梅、粉花绣线菊、鞘柄菝葜、红枫树、珍珠梅、女贞等。

2)温性针叶林植被型

（2）华山松林 Form. *Pinus armandii*

分布在保护区海拔 2 464.65m，E104°42′37″，N32°59′26.36″地带，坡度 45°，坡向北 350°。伴生种有辽东栎、牛奶子、女贞、胡枝子、卫矛、唐古特瑞香、蔷薇、平枝栒子、胡颓子、小舌紫菀、木蓝、荚蒾、小檗等。

（3）油松林 Form. *Pinus tabuliformis*

分布在保护区海拔 1 741.99m，E104°47′12.148″，N32°57′19.756″地带，坡向北 14°。伴生种有核桃、华北落叶松、亮叶忍冬、多花蔷薇、南蛇藤、华中五味子、花椒、鸡骨柴、马桑、蔷薇、荚蒾、胡颓子等。

2.1.3.2　针阔混交林植被型组

3）温性针阔混交林植被型

（4）华山松——辽东栎林 Form. *Pinus armandii*，*Quercus mongolica*

分布在保护区海拔 1 820.0~2 431.85m，E104°44′17.983″~104°49′35″，N33°0′7″~33°00′55.784″地带，坡度 30°。伴生种有野核桃、榆树、马桑、荚蒾、鸡桑、鞘柄菝葜、鸡骨柴、桦叶荚蒾、胡枝子、披针叶胡颓子、金花小檗、平枝栒子、拟豪猪刺、唐古特瑞香、柳树、红毛五加、女贞、糙花箭竹、粉花绣线菊、多腺悬钩子、香青、车前、阴行草、尖齿鳞毛蕨、墓头回、鳞茎堇菜、水杨梅、川续断、纤维鳞毛蕨、紫菀、平车前、硬果鳞毛蕨、西北蔷薇、黄腺香青、华北鳞毛蕨、一年蓬等。

（5）华山松——白桦林 Form. *Pinus armandii*，*Betula platyphylla*

分布在保护区海拔 2 419.15m，E104°42′43.363″，N32°59′7.057″地带，坡向西 290°。伴生种有皂柳、高丛珍珠梅、桦叶荚蒾、缺苞箭竹、川滇柳、杯腺柳、多花蔷薇、中国茜草、千里光、龙牙草、短毛独活、麻叶风轮菜、大火草、华北鳞毛蕨、一年蓬、广布野豌豆、芫荽、紫菀、直刺变豆菜、半岛鳞毛蕨、升麻、凤仙花等。

2.1.3.3　阔叶林植被型组

4）落叶阔叶林植被型

（6）辽东栎林 Form. *Quercus mongolica*

分布在保护区海拔 1 778.79m，E104°47′18.326″，N32°57′39.988″地带，坡度 50°，坡向南 34°。伴生种有华北落叶松、漆树、山杨、女贞、牛奶子、鼠李、鞘柄菝葜、亮叶忍冬、中华绣线梅、华中五味子、唐古特瑞香、狭叶花椒、棣棠花、鸡骨柴、小檗、秦连翘、白溲疏、胡枝子、小舌紫菀等。

（7）山杨林 Form. *Populus davidiana*

分布在保护区海拔 1 933.95 ~2 441.05m，E104°44′5.881″~104°47′23.328″，N32°57′58.262″~33°00′5.053″地带，坡度 35°~40°。伴生种有华山松、漆树、多花蔷薇、鸡骨柴、胡颓子、花椒、蔷薇、牛奶子、亮叶忍冬、南蛇藤、荚蒾、藏刺榛、三桠乌药、山楂、糙皮桦、女贞、川滇柳树、五加、灰栒子、鞘柄菝葜、拟豪猪刺、粉花绣线、卫矛、青川箭竹、栒子、鳞毛蕨、香青、异叶泽兰、广布野豌豆、天名精、大火草、千里光、风轮菜、野艾蒿、泥胡菜、紫菀、一年蓬、三脉紫菀、蛇菰、五味子等。

（8）红桦林 Form. *Betula albosinensis*

分布在保护区海拔 1 821.64m，E104°45′14.373″，N33°00′3.537″地带，坡度35°，坡

向北15°。伴生种有千金榆、花叶槭、藏刺榛、棣棠花、栓翅卫矛、鞘柄菝葜、亮叶忍冬、荚蒾、五尖槭、粉花绣线菊、糙叶五加、鸡爪槭、鹿药、掌叶铁线蕨、普通铁线蕨、宝盖草、布朗耳蕨、黄水枝、宝盖草、铁破锣、茴芹、冷水花、柳叶菜、鳞毛蕨、宽油点草、圆锥山蚂蟥、和尚菜、半岛鳞毛蕨等。

（9）臭椿林 Form. *Ailanthus altissima*

分布在保护区海拔 1 628.18～1 818.77m，E104°41′44.719″～104°42′20.450″，N32°59′32.389″～33°00′28.304″地带，坡度40°。伴生种有核桃、构树、青麸杨、杜仲、木蓝、悬钩子、桃、红麸杨、紫荆、黄素馨、多花蔷薇、胡颓子、光果莸、忍冬、插田泡、黄果悬钩子、杭子梢、鬼针草、窃衣、野荞麦、香薷、牛尾蒿、大叶野豌豆、鸭趾草、臭蒿、千里光、野艾蒿、阴行草、狗尾草、一年蓬、槲蕨、小果博落回等。

（10）野核桃林 Form. *Juglans mandshurica*

分布在保护区海拔 1 410.7～1 736.12m，E104°45′25.870″～104°48′2.117″，N33°00′12.051″～33°00′46.011″地带，坡度10°～35°。伴生种有枫杨、三尖杉、金钱槭、锐齿栎、藤五加、猫儿刺、卫矛、枸子、亮叶忍冬、荚蒾、鸡爪槭、鼠李、樟、狭叶花椒、贯众、蹄盖蕨、冷水花、鹿药、薯蓣、布朗耳蕨、三脉紫菀、掌叶铁线蕨、贯众、赤胫散、甘菊、老鹳草、狭萼凤仙花、华蟹甲、牛膝、糙苏、甘肃荨麻、紫柄凤丫蕨、金线草、革叶耳蕨、风轮菜、天名精、酸模叶蓼、黄花蒿、竹叶子、牛膝、鱼腥草、蝎子草、金线草、豨莶等。

（11）米心水青冈林 Form. *Fagus engleriana*

分布在保护区海拔 1 796.24m，E104°43′12.749″，N33°00′3.989″地带，坡度30°，坡向东89°。伴生种有锐齿栎、野核桃、藏刺榛、华榛、千金榆、鼠李、狭叶花椒、鞘柄菝葜、窄叶花椒、亮叶忍冬、三桠乌药、唐古特瑞香、猫儿刺、栓翅卫矛、金线草、风轮菜、布朗耳蕨、中国茜草、凤丫蕨、半岛鳞毛蕨、羊齿天门冬、贯众、和尚菜、黄水枝、酢浆草、鹿药等。

（12）甘肃枫杨林 Form. *Pterocarya macroptera*

分布在保护区海拔 1 660.36m，E104°45′36.312″，N33°00′31.799″地带，坡度35°，坡向西南229°。伴生种有三尖杉、野核桃、马尾松、棣棠花、锐齿栎、栓翅卫矛、鸡骨柴、亮叶忍冬、含羞草叶黄檀、花椒、樟科、香茶菜、粉花绣线菊、藤五加、女贞等。

（13）锐齿槲栎林 Form. *Quercus aliena* var. *acuteserrata*

分布在保护区海拔 1 688.57～1 947.60m，E104°45′6.808″～104°47′47.118″，N33°00′2.101″～33°00′45.430″地带，坡度10°～35°。伴生种有华山松、漆树、野核桃、粗榧、亮叶忍冬、粉花绣线菊、胡枝子、鞘柄拔葜、鸡骨柴、女贞、中华绣线梅、胡枝子、牛奶子、三脉紫菀、筋骨草、半岛鳞毛蕨、龙牙草、大戟、窃衣、白背铁线蕨等。

（14）冬瓜杨林 Form. *Populus purdomii*

分布在保护区海拔 1 461.32~1 502.50m，E104° 47′ 7.926″~104° 47′ 58.502″，N33°00′2.431″~33°00′35.141″地带，坡度 30°。伴生种有甘肃枫杨、臭椿、野核桃、核桃、荚蒾、三尖杉、八角枫、悬钩子、卫矛、栒子、亮叶忍冬、胡枝子、牛奶子、鸡骨柴、日本续断、垂果南芥、香薷、商陆、金线草、牛膝、蝎子草、异叶茴芹、狗筋蔓、广布野豌豆、窄萼凤仙花、甘菊、血满草、牛笼草、大火草、一年蓬等。

（15）糙皮桦林 Form. *Betula utilis*

分布在保护区海拔 2 739.18~2 952.41m，E104° 43′ 6.481″~104° 44′ 8.790″，N32°58′59.061″~32°59′12.476″地带。伴生种有缺苞箭竹、陕甘花楸、鞘柄菝葜、红荚蒾、川滇柳、杯腺柳、山生柳、显脉荚蒾、红荚蒾、鞘柄菝葜、尖齿鳞毛蕨、五叶草莓、珠芽艾麻、升麻、豫陕鳞毛蕨、变豆菜、显脉香茶菜、荨麻、委陵菜、香青、车前、湿生扁蕾、大花金挖耳、尼泊尔香青、甘西鼠尾草、纤维鳞毛蕨、同形鳞毛蕨、盘果菊等。

2.1.3.4　灌丛植被型组

5)落叶阔叶灌丛植被型

（16）川滇柳灌丛 Form. *Salix rehderiana*

分布在保护区海拔 2 199.26~2 430.14m，E104° 44′ 5.784″~104° 44′ 17.178″，N33°00′13.552″~33°00′49.169″地带，坡度 40°~45°。伴生种有女贞、山胡椒、辽东栎、粉花绣线菊、牛奶子、木姜子、粉花秀线菊、糙叶五加、尖叶栒子、青荚叶、唐古特瑞香、平枝栒子、金花小檗、黄果悬钩子、荚果蕨、三脉紫菀、华蟹甲、鹿药、五叶草莓、歪头菜、香青、车前、獐牙菜、夏枯草、贯叶连翘、大火草、红升麻、草玉梅、大花金挖耳、牛尾蒿、路边青、柳叶菜、天蓝苜蓿、疏花婆婆纳、龙牙草、牛蒡、日本续断、风轮菜、酸模、窃衣、鼠掌老鹳草、椭圆叶花锚、广布野豌豆、牛尾蒿、木香、牧地香豌豆、大戟、野草莓、银叶委陵菜、一年蓬、烟管头草等。

（17）鸡骨柴灌丛 Form. *Elsholtzia fruticosa*

分布在保护区海拔 1 652.8~2 019.97m，E104° 47′ 9.439″~104° 47′ 35.804″，N32°57′22.401″~32°57′58.778″地带。伴生种有多花蔷薇、珍珠梅、疏花胡颓子、勾儿菜、荚蒾、尖叶绣线菊、野艾蒿、香青、千里光、大花金挖耳、异叶泽兰、小白酒菜、婆婆纳、牛蒡、琉璃草、落新妇、独活、大戟、牛蒡、水杨梅、风轮菜、黄花蒿、天名精、豨莶、野豌豆、大火草、紫菀、松蒿、广布野大豆、一年蓬等。

（18）马桑灌丛 Form. *Coriaria nepalensis*

分布在保护区海拔 1 652.8m，E104°47′9.439″，N32°57′22.401″地带，坡度 50°，坡向南 190°。伴生种有多花蔷薇、胡颓子、鸡骨柴、香蒿、一年蓬、大火草、天名精、鬼针草、大花金挖耳、千里光、狗尾草、野艾蒿、阴行草、紫菀、牛蒡、沙参等。

（19）山生柳灌丛 Form. *Salix oritrepha*

分布在保护区海拔 2 911.81～3 024.20m，E104°43′43.060″～104°44′43.422″，N32°59′0.036″～32°59′9.733″地带。伴生种有西北蔷薇、岷江杜鹃、头花杜鹃、散生枸子、黄芦木、缺苞箭竹、杜鹃、陕甘花楸、华西蔷薇、杯腺柳、峨眉蔷薇、大花金挖耳、尼泊尔香青、湿生扁蕾、光稃野燕麦、箭叶橐吾、灯心草、早熟禾、缬草、委陵菜、华北剪股颖、豫陕鳞毛蕨、尼泊尔香青、车前、扁蕾、黄腺香青等。

6）灌草丛植被型

（20）糙野青茅灌草丛 Form. *Deyeuxia scabrescens*

分布在保护区海拔 3 024.03m，E104°44′43.427″，N32°58′59.895″地带，坡向南160°。伴生种有山生柳、尼泊尔香青、箭叶橐吾、椭圆叶花锚、委陵菜、野鸢尾、湿生扁蕾、蓝苞葱等。

（21）驴蹄草灌草丛 Form. *Caltha palustris*

分布在保护区海拔 3 024.10m，E104°44′43.430″，N32°60′59.020″地带，坡向南155°。伴生种有山生柳、大丁草、大花金挖耳、禾叶风毛菊、团穗薹草、小杨梅、牛至等。

2.2　植物多样性

2.2.1　概述

通过实地调查并梳理相关文献资料的记载，主要对自然分布类群、逸散类群和成片分布的人工种植类群进行统计（零星栽培的类群不计入），按照《中国苔藓植物志》、《中国植物志》和 *Flora of China* 的植物分类系统，保护区有高等植物 177 科 683 属 1673种（含种下单位），其中苔藓植物 46 科 91 属 168 种、维管植物 131 科 592 属 1505 种，维管植物中蕨类植物 19 科 36 属 88 种（含种下单位）、裸子植物 6 科 12 属 22 种（含种下单位）、被子植物门 106 科 544 属 1395 种（含种下单位）。苔藓植物占我国苔藓植物科属种总数的比例分别为 30.67%、15.40%、5.56%，占秦岭苔藓植物科属种总数的比例分别为 50.55%、40.99%、26.67%；维管植物占我国维管植物科属种总数的比例分别为42.95%、18.36%、4.69%（C. Y. Wu，Peter Raven，2014；王利松，贾渝等，2015；杨永，2015；刘冰，叶建飞等，2015）；占甘肃省维管植物科属种总数的比例分别为 59.82%、48.68%、28.90%；占秦岭维管植物科属种总数的比例分别为 68.59%、52.53%、36.20%（中国科学院西北植物研究所，1976；郭晓思，徐养鹏等，2013；李思峰，黎斌等，2013）（详见表 2-2）。

按照科属所含种数的不同，该区维管植物包括大科 17 个、中等科 23 个、寡种科60 个、单种科 31 个，大属 18 个、中等属 64 个、小属 209 个、单属 301 个。由科属的组成来看，该区寡种科和单种科共 91 科，占该区维管植物总科数的 69.47%；小属和

表2-2 保护区维管植物多样性比较

区域类群	尖山维管植物			秦岭维管植物			甘肃维管植物			中国维管植物		
	科数	属数	种数	科数	属数	种数	科数	属数	种数	科数	属数	种数
蕨类植物	19	36	88	27	75	319	38	83	317	38	176	2 124
裸子植物	6	12	22	9	21	43	7	18	53	10	45	237
被子植物	106	544	1395	155	1031	3796	174	1115	4837	257	3003	29 716
合计	131	592	1505	191	1127	4158	219	1216	5207	305	3224	32 077

单种属共510属825种，占该区维管植物总属数的86.15%，总种数的54.82%，充分体现尖山自然保护区维管植物区系的过渡性和复杂性。尖山自然保护区维管植物中，前十大科有蔷薇科、菊科、禾本科、毛茛科、百合科、豆科、兰科、唇形科、虎耳草科、忍冬科和伞形科，共703种，占该区维管植物总种数46.71%，构成该区维管植物区系的优势科；前十大属有薹草属、柳属、悬钩子属、蓼属、忍冬属、栒子属、杜鹃花属、槭属、蔷薇属、蒿属和铁线莲属，共173种，占该区维管植物总种数11.50%（表2-3、4）。

表2-3 保护区维管植物科属的数量统计

级别	科数	占总科数比例（%）	级别	属数	占总属数比例（%）
大科（>20种）	17	12.98	大属（>10种）	18	3.04
中等科（11~20种）	23	17.56	中等属（5~10种）	64	10.81
寡种科（2~10种）	60	45.80	小属（2~4种）	209	35.30
单种科（仅含1种）	31	23.66	单种属（仅含1种）	301	50.84

表2-4 保护区维管植物科和属的大小排序

序号	科	种数（占比）	属	种数（占比）
1	蔷薇科 Rosaceae	132（8.77%）	薹草属 Carex	21（1.40%）
2	菊科 Compositae	115（7.64%）	柳属 Salix	18（1.20%）
3	禾本科 Gramineae	68（4.52%）	悬钩子属 Rubus	17（1.13%）
4	毛茛科 Ranunculaceae	66（4.39%）	蓼属 Persicaria	17（1.13%）
5	百合科 Liliaceae	63（4.19%）	忍冬属 Lonicera	16（1.06%）
6	豆科 Leguminosae	58（3.85%）	栒子属 Cotoneaster	16（1.06%）
7	兰科 Orchidaceae	46（3.06%）	杜鹃花属 Rhododendron	14（0.93%）
8	唇形科 Labiatae	46（3.06%）	槭属 Acer	14（0.93%）
9	虎耳草科 Saxifragaceae	37（2.46%）	蔷薇属 Rosa	14（0.93%）
10	忍冬科 Caprifoliaceae	36（2.39%）	蒿属 Artemisia	13（0.86%）
11	伞形科 Umbelliferae	36（2.39%）	铁线莲属 Clematis	13（0.86%）

整体而言，自然保护区内维管植物多样性丰富，尤其是属的多样性较高，保护区内植物种类和植被类型均反映了保护区生态系统是从亚热带向暖温带过渡的典型森林生态系统，保存较完好，具有很高的保护价值和保护意义。

2.2.2　中国特有植物

通过对《中国植物志》、*Flora of China*、《中国蕨类植物多样性与地理分布》、《中国种子植物特有属》、《中国特有种子植物的多样性及其地理分布》等文献资料的查阅，结合保护区维管植物名录，仅对自然分布至保护区的物种进行统计。

经过整理发现，保护区存在的中国特有属 6 个，分别为羌活属、双盾木属、斜萼草属、金钱槭属、车前紫草属，银杏属，其中木本属 3 个、草本属 3 个，所有特有属在本分布区均为单型属，本区各分布有 1 种。

中国特有植物 495 种，隶属于 3 门 76 科 254 属，其中蕨类植物门 1 科 2 属 2 种、裸子植物门 6 科 10 属 19 种、被子植物门 73 科 242 属 474 种（见表 2-5）。甘肃特有种共 17 种，包括甘肃天门冬、异苞紫菀、裂瓣穗状报春、锐齿西风芹、白溇疏等。

表 2-5　保护区内中国特有植物

科名	属名	种名	生活型
水龙骨科	瓦韦属	有边瓦韦 *Lepisorus marginatus*	草本
	石韦属	华北石韦 *Pyrrosia davidii*	草本
银杏科	银杏属	银杏 *Ginkgo biloba*	木本
松科	冷杉属	秦岭冷杉 *Abies chensiensis*	木本
		岷江冷杉 *Abies fargesii* var. *faxoniana*	木本
	云杉属	麦吊云杉 *Picea brachytyla*	木本
		青杆 *Picea wilsonii*	木本
	落叶松属	红杉 *Larix potaninii*	木本
		华北落叶松 *Larix gmelinii* var. *principis-rupprechtii*	木本
	松属	油松 *Pinus tabuliformis*	木本
		华山松 *Pinus armandii*	木本
杉科	杉木属	杉木 *Cunninghamia lanceolata*	木本
柏科	柏木属	柏木 *Cupressus funebris*	木本
		干香柏 *Cupressus duclouxiana*	木本
	刺柏属	刺柏 *Juniperus formosana*	木本
		圆柏 *Juniperus chinensis*	木本
		高山柏 *Juniperus squamata*	木本
三尖杉科	三尖杉属	三尖杉 *Cephalotaxus fortunei*	木本
		粗榧 *Cephalotaxus sinensis*	木本
		三尖杉 *Cephalotaxus fortunei*	木本
		粗榧 *Cephalotaxus sinensis*	木本

科名	属名	种名	生活型
红豆杉科	红豆杉属	红豆杉 *Taxus wallichiana* var. *chinensis*	木本
		南方红豆杉 *Taxus wallichiana* var. *mairei*	木本
金粟兰科	金粟兰属	多穗金粟兰 *Chloranthus multistachys*	草本
杨柳科	杨属	冬瓜杨 *Populus purdomii*	木本
		川杨 *Populus szechuanica*	木本
		毛白杨 *Populus tomentosa*	木本
	柳属	川滇柳 *Salix rehderiana*	木本
		碧口柳 *Salix bikouensis*	木本
		乌柳 *Salix cheilophila*	木本
		川鄂柳 *Salix fargesii*	木本
		旱柳 *Salix matsudana*	木本
		中国黄花柳 *Salix sinica*	木本
		匙叶柳 *Salix spathulifolia*	木本
		周至柳 *Salix tangii*	木本
		秋华柳 *Salix variegata*	木本
		甘肃柳 *Salix fargesii* var. *kansuensis*	木本
桦木科	桦木属	红桦 *Betula albosinensis*	木本
	虎榛子属	虎榛子 *Ostryopsis davidiana*	木本
		滇虎榛 *Ostryopsis nobilis*	木本
	榛属	榛 *Corylus heterophylla*	木本
		华榛 *Corylus chinensis*	木本
		披针叶榛 *Corylus fargesii*	木本
	鹅耳枥属	千金榆 *Carpinus cordata*	木本
		鹅耳枥 *Carpinus turczaninowii*	木本
壳斗科	水青冈属	米心水青冈 *Fagus engleriana*	木本
	栎属	岩栎 *Quercus acrodonta*	木本
		橿子栎 *Quercus baronii*	木本
		匙叶栎 *Quercus dolicholepis*	木本
		尖叶栎 *Quercus oxyphylla*	木本
榆科	青檀属	青檀 *Pteroceltis tatarinowii*	木本
	榉属	大叶榉树 *Zelkova schneideriana*	木本
檀香科	米面蓊属	秦岭米面蓊 *Buckleya graebneriana*	木本
		米面蓊 *Buckleya lanceolata*	木本
蓼科	荞麦属	疏穗野荞麦 *Fagopyrum caudatum*	草本
		细柄野荞麦 *Fagopyrum gracilipes*	草本
	蓼属	蓝药蓼 *Polygonum cyanandrum*	草本
	酸模属	尼泊尔酸模 *Rumex nepalensis*	草本

续表

科名	属名	种名	生活型
蓼科	金线草属	短毛金线草 *Antenoron filiforme* var. *neofiliforme*	草本
	何首乌属	何首乌 *Fallopia multiflora*	草本
商陆科	商陆属	多雄蕊商陆 *Phytolacca polyandra*	草本
石竹科	蝇子草属	湖北蝇子草 *Silene hupehensis*	草本
		石生蝇子草 *Silene tatarinowii*	草本
	繁缕属	贺兰山繁缕 *Stellaria alaschanica*	草本
		柳叶繁缕 *Stellaria salicifolia*	草本
		巫山繁缕 *Stellaria wushanensis*	草本
毛茛科	芍药属	美丽芍药 *Paeonia mairei*	草本
	乌头属	川鄂乌头 *Aconitum henryi*	草本
		高乌头 *Aconitum sinomontanum*	草本
	侧金盏花属	蜀侧金盏花 *Adonis sutchuenensis*	草本
	银莲花属	小银莲花 *Anemone exigua*	草本
		打破碗花花 *Anemone hupehensis*	草本
		大火草 *Anemone tomentosa*	草本
	耧斗菜属	无距耧斗菜 *Aquilegia ecalcarata*	草本
		甘肃耧斗菜 *Aquilegia oxysepala* var. *kansuensis*	草本
		华北耧斗菜 *Aquilegia yabeana*	草本
	铁线莲属	甘南铁线莲 *Clematis austrogansuensis*	木本
		毛花铁线莲 *Clematis dasyandra*	木本
		薄叶铁线莲 *Clematis gracilifolia*	木本
		粗齿铁线莲 *Clematis grandidentata*	木本
		钝萼铁线莲 *Clematis peterae*	木本
		秦岭铁线莲 *Clematis obscura*	木本
		须蕊铁线莲 *Clematis pogonandra*	木本
	翠雀花属	秦岭翠雀花 *Delphinium giraldii*	草本
		多枝翠雀花 *Delphinium maximowiczii*	草本
		黑水翠雀花 *Delphinium potaninii*	草本
		拟蓝翠雀花 *Delphinium pseudocaeruleum*	草本
		松潘翠雀花 *Delphinium sutchuenense*	草本
	人字果属	纵肋人字果 *Dichocarpum fargesii*	草本
	铁筷子属	铁筷子 *Helleborus thibetanus*	草本
	独叶草属	独叶草 *Kingdonia uniflora*	草本
	毛茛属	康定毛茛 *Ranunculus dielsianus*	草本
		褐鞘毛茛 *Ranunculus vaginatus*	草本
	唐松草属	西南唐松草 *Thalictrum fargesii*	草本
		长喙唐松草 *Thalictrum macrorhynchum*	草本

续表

科名	属名	种名	生活型
毛茛科	金莲花属	矮金莲花 *Trollius farreri*	草本
		毛茛状金莲花 *Trollius ranunculoides*	草本
木通科	串果藤属	串果藤 *Sinofranchetia chinensis*	木本
木兰科	五味子属	华中五味子 *Schisandra sphenanthera*	木本
樟科	山胡椒属	卵叶钓樟 *Lindera limprichtii*	木本
	木姜子属	宜昌木姜子 *Litsea ichangensis*	木本
		木姜子 *Litsea pungens*	木本
		秦岭木姜子 *Litsea tsinlingensis*	木本
罂粟科	紫堇属	文县紫堇 *Corydalis amphipogon*	草本
		金雀花黄堇 *Corydalis cytisiflora*	草本
		条裂黄堇 *Corydalis linarioides*	草本
	博落回属	小果博落回 *Macleaya microcarpa*	草本
	绿绒蒿属	川西绿绒蒿 *Meconopsis henrici*	草本
		五脉绿绒蒿 *Meconopsis quintuplinervia*	草本
十字花科	碎米荠属	光头山碎米荠 *Cardamine engleriana*	草本
	独行菜属	楔叶独行菜 *Lepidium cuneiforme*	草本
景天科	孔岩草属	孔岩草 *Kungia aliciae*	草本
	景天属	火焰草 *Sedum stellariifolium*	草本
虎耳草科	岩白菜属	峨眉岩白菜 *Bergenia emeiensis*	草本
		秦岭岩白菜 *Bergenia scopulosa*	草本
	金腰属	秦岭金腰 *Chrysosplenium biondianum*	草本
		纤细金腰 *Chrysosplenium giraldianum*	草本
		大叶金腰 *Chrysosplenium macrophyllum*	草本
		微子金腰 *Chrysosplenium microspermum*	草本
		陕甘金腰 *Chrysosplenium qinlingense*	草本
	溲疏属	白溲疏 *Deutzia albida*	木本
		异色溲疏 *Deutzia discolor*	木本
		长叶溲疏 *Deutzia longifolia*	木本
	绣球属	东陵绣球 *Hydrangea bretschneideri*	木本
		莼兰绣球 *Hydrangea longipes*	木本
		蜡莲绣球 *Hydrangea strigosa*	木本
	山梅花属	山梅花 *Philadelphus incanus*	木本
	茶藨子属	华西茶藨子 *Ribes maximowiczii*	木本
		宝兴茶藨子 *Ribes moupinense*	木本
	鬼灯檠属	七叶鬼灯檠 *Rodgersia aesculifolia*	草本
	虎耳草属	优越虎耳草 *Saxifraga egregia*	草本
		红毛虎耳草 *Saxifraga rufescens*	草本

科名	属名	种名	生活型
虎耳草科	虎耳草属	繁缕虎耳草 *Saxifraga stellariifolia*	草本
海桐花科	海桐花属	崖花子 *Pittosporum truncatum*	木本
杜仲科	杜仲属	杜仲 *Eucommia ulmoides*	木本
蔷薇科	绣线梅属	中华绣线梅 *Neillia sinensis*	木本
		毛叶绣线梅 *Neillia ribesioides*	木本
	珍珠梅属	高丛珍珠梅 *Sorbaria arborea*	木本
		华北珍珠梅 *Sorbaria kirilowii*	木本
	绣线菊属	翠蓝绣线菊 *Spiraea henryi*	木本
		鄂西绣线菊 *Spiraea veitchii*	木本
		陕西绣线菊 *Spiraea wilsonii*	木本
	桃属	山桃 *Amygdalus davidiana*	木本
		甘肃桃 *Amygdalus kansuensis*	木本
	火棘属	火棘 *Pyracantha fortuneana*	木本
	花楸属	湖北花楸 *Sorbus hupehensis*	木本
		陕甘花楸 *Sorbus koehneana*	木本
		石灰花楸 *Sorbus folgneri*	木本
		江南花楸 *Sorbus hemsleyi*	木本
		泡吹叶花楸 *Sorbus meliosmifolia*	木本
		四川花楸 *Sorbus setschwanensis*	木本
	唐棣属	唐棣 *Amelanchier sinica*	木本
	苹果属	山荆子 *Malus baccata*	木本
		湖北海棠 *Malus hupehensis*	木本
		陇东海棠 *Malus kansuensis*	木本
		楸子 *Malus prunifolia*	木本
	栒子属	灰栒子 *Cotoneaster acutifolius*	木本
		西北栒子 *Cotoneaster zabelii*	木本
		平枝栒子 *Cotoneaster horizontalis*	木本
		细尖栒子 *Cotoneaster apiculatus*	木本
		木帚栒子 *Cotoneaster dielsianus*	木本
		散生栒子 *Cotoneaster divaricatus*	木本
		麻核栒子 *Cotoneaster foveolatus*	木本
		细弱栒子 *Cotoneaster gracilis*	木本
		宝兴栒子 *Cotoneaster moupinensis*	木本
		柳叶栒子 *Cotoneaster salicifolius*	木本
	悬钩子属	喜阴悬钩子 *Rubus mesogaeus*	木本
		秀丽莓 *Rubus amabilis*	木本
		陕西悬钩子 *Rubus piluliferus*	木本

续表

科名	属名	种名	生活型
蔷薇科	悬钩子属	密刺悬钩子 *Rubus subtibetanus*	木本
		西藏悬钩子 *Rubus thibetanus*	木本
		黄果悬钩子 *Rubus xanthocarpus*	木本
	蛇莓属	蛇莓 *Duchesnea indica*	草本
	梨属	麻梨 *Pyrus serrulata*	木本
	草莓属	纤细草莓 *Fragaria gracilis*	草本
		五叶草莓 *Fragaria pentaphylla*	草本
		西南草莓 *Fragaria moupinensis*	草本
	蔷薇属	黄刺玫 *Rosa xanthina*	木本
		峨眉蔷薇 *Rosa omeiensis*	木本
		钝叶蔷薇 *Rosa sertata*	木本
		单瓣白木香 *Rosa banksiae* var. *normalis*	木本
		西北蔷薇 *Rosa davidii*	木本
		软条七蔷薇 *Rosa henryi*	木本
		黄蔷薇 *Rosa hugonis*	木本
		小叶蔷薇 *Rosa willmottiae*	木本
		钝叶蔷薇 *Rosa sertata*	木本
		扁刺蔷薇 *Rosa sweginzowii*	木本
		悬钩子蔷薇 *Rosa rubus*	木本
		铁杆蔷薇 *Rosa prattii*	木本
		华西蔷薇 *Rosa moyesii*	木本
		峨眉蔷薇 *Rosa omeiensis*	木本
		拟木香 *Rosa banksiopsis*	木本
	臭樱属	锐齿臭樱 *Prunus hypoleuca*	木本
	樱属	微毛樱桃 *Prunus clarofolia*	木本
		锥腺樱桃 *Prunus conadenia*	木本
		多毛樱桃 *Prunus polytricha*	木本
		樱桃 *Prunus pseudocerasus*	木本
		刺毛樱桃 *Prunus setulosa*	木本
		托叶樱桃 *Prunus stipulacea*	木本
	稠李属	细齿稠李 *Padus obtusata*	木本
		短梗稠李 *Prunus brachypoda*	木本
		毡毛稠李 *Prunus velutina*	木本
		绢毛稠李 *Prunus wilsonii*	木本
豆科	槐属	白刺花 *Sophora davidii*	木本
	皂荚属	皂荚 *Gleditsia sinensis*	木本
	锦鸡儿属	甘蒙锦鸡儿 *Caragana opulens*	木本

科名	属名	种名	生活型
豆科	黄耆属	莲山黄耆 *Astragalus leansanicus*	草本
		四川黄耆 *Astragalus sutchuenensis*	草本
	黄檀属	大金刚藤 *Dalbergia dyeriana*	木本
	杭子梢属	杭子梢 *Campylotropis macrocarpa*	木本
	鹿藿属	菱叶鹿藿 *Rhynchosia dielsii*	草本
	岩黄耆属	多序岩黄耆 *Hedysarum polybotrys*	草本
	木兰属	多花木蓝 *Indigofera amblyantha*	木本
		四川木蓝 *Indigofera szechuensis*	木本
	鹿藿属	菱叶鹿藿 *Rhynchosia dielsii*	草本
	野豌豆属	西南野豌豆 *Vicia nummularia*	草本
		精致野豌豆 *Vicia perelegans*	草本
芸香科	茵芋属	黑果茵芋 *Skimmia melanocarpa*	木本
	花椒属	川陕花椒 *Zanthoxylum piasezkii*	木本
		竹叶花椒 *Zanthoxylum armatum*	木本
		狭叶花椒 *Zanthoxylum stenophyllum*	木本
大戟科	地构叶属	地构叶 *Speranskia tuberculata*	木本
	假奓包叶属	假奓包叶 *Discocleidion rufescens*	木本
漆树科	盐肤木属	盐肤木 *Rhus chinensis*	木本
		青麸杨 *Rhus potaninii*	木本
	黄连木属	黄连木 *Pistacia chinensis*	木本
冬青科	冬青属	猫儿刺 *Ilex pernyi*	木本
卫矛科	南蛇藤属	苦皮藤 *Celastrus angulatus*	木本
		粉背南蛇藤 *Celastrus hypoleucus*	木本
		大芽南蛇藤 *Celastrus gemmatus*	木本
	卫矛属	纤齿卫矛 *Euonymus giraldii*	木本
		小卫矛 *Euonymus nanoides*	木本
		石枣子 *Euonymus sanguineus*	木本
		疣点卫矛 *Euonymus verrucosoides*	木本
省沽油科	省沽油属	膀胱果 *Staphylea holocarpa*	木本
槭树科	槭属	毛花槭 *Acer erianthum*	木本
		建始槭 *Acer henryi*	木本
		五尖槭 *Acer maximowiczii*	木本
		五裂槭 *Acer oliverianum*	木本
	金钱槭属	金钱槭 *Dipteronia sinensis*	木本
清风藤科	泡花树属	泡花树 *Meliosma cuneifolia*	木本
凤仙花科	凤仙花属	齿瓣凤仙花 *Impatiens odontopetala*	草本
		宽距凤仙花 *Impatiens platyceras*	草本

科名	属名	种名	生活型
凤仙花科	凤仙花属	陇南凤仙花 *Impatiens potaninii*	草本
鼠李科	勾儿茶属	多花勾儿茶 *Berchemia floribunda*	木本
		勾儿茶 *Berchemia sinica*	木本
	雀梅藤属	少脉雀梅藤 *Sageretia paucicostata*	木本
	鼠李属	冻绿 *Rhamnus utilis*	木本
		甘青鼠李 *Rhamnus tangutica*	木本
		异叶鼠李 *Rhamnus heterophylla*	木本
		小冻绿树 *Rhamnus rosthornii*	木本
葡萄科	蛇葡萄属	乌头叶蛇葡萄 *Ampelopsis aconitifolia*	木本
		蓝果蛇葡萄 *Ampelopsis bodinieri*	木本
	葡萄属	桦叶葡萄 *Vitis betulifolia*	木本
锦葵科	椴树属	华椴 *Tilia chinensis*	木本
猕猴桃科	藤山柳属	藤山柳 *Clematoclethra scandens*	木本
	猕猴桃属	四萼猕猴桃 *Actinidia tetramera*	木本
堇菜科	堇菜属	鸡腿堇菜 *Viola acuminata*	草本
		球果堇菜 *Viola collina*	草本
		圆叶堇菜 *Viola striatella*	草本
伞形科	丝瓣芹属	条叶丝瓣芹 *Acronema chienii*	草本
	变豆菜属	长序变豆菜 *Sanicula elongata*	草本
	羌活属	羌活 *Notopterygium incisum*	草本
		宽叶羌活 *Notopterygium franchetii*	草本
	柴胡属	北柴胡 *Bupleurum chinense*	草本
		马尔康柴胡 *Bupleurum malconense*	草本
		马尾柴胡 *Bupleurum microcephalum*	草本
	囊瓣芹属	丛枝囊瓣芹 *Pternopetalum caespitosum*	草本
		异叶囊瓣芹 *Pternopetalum heterophyllum*	草本
	茴芹属	菱叶茴芹 *Pimpinella rhomboidea*	草本
		直立茴芹 *Pimpinella smithii*	草本
	蛇床属	蛇床 *Cnidium monnieri*	草本
	当归属	疏叶当归 *Angelica laxifoliata*	草本
		管鞘当归 *Angelica pseudoselinum*	草本
	独活属	城口独活 *Heracleum fargesii*	草本
		尖叶独活 *Heracleum franchetii*	草本
	前胡属	前胡 *Peucedanum praeruptorum*	草本
	棱子芹属	松潘棱子芹 *Pleurospermum franchetianum*	草本
五加科	楤木属	黄毛楤木 *Aralia chinensis*	草本
		柔毛龙眼独活 *Aralia henryi*	草本

科名	属名	种名	生活型
五加科	楤木属	甘肃土当归 *Aralia kansuensis*	草本
	五加属	红毛五加 *Acanthopanax giraldii*	草本
		糙叶五加 *Acanthopanax henryi*	草本
紫草科	盾果草属	弯齿盾果草 *Thyrocarpus glochidiatus*	草本
		盾果草 *Thyrocarpus sampsonii*	草本
	车前紫草属	短蕊车前紫草 *Sinojohnstonia moupinensis*	草本
	附地菜属	祁连山附地菜 *Trigonotis petiolaris*	草本
	斑种草属	狭苞斑种草 *Bothriospermum kusnezowii*	草本
	琉璃草属	甘青琉璃草 *Cynoglossum gansuense*	草本
	微孔草属	长叶微孔草 *Microula trichocarpa*	草本
	滇紫草属	小叶滇紫草 *Onosma sinicum*	草本
紫葳科	角蒿属	角蒿 *Incarvillea sinensis*	草本
列当科	藨寄生属	宝兴藨寄生 *Gleadovia mupinense*	草本
苦苣苔科	直瓣苣苔属	直瓣苣苔 *Oreocharis saxatilis*	草本
	珊瑚苣苔属	小石花 *Corallodiscus conchaefolius*	草本
小檗科	淫羊藿属	淫羊藿 *Epimedium brevicornu*	草本
旌节花科	旌节花属	中国旌节花 *Stachyurus chinensis*	木本
瑞香科	荛花属	武都荛花 *Wikstroemia haoi*	木本
	瑞香属	黄瑞香 *Daphne giraldii*	木本
		唐古特瑞香 *Daphne tangutica*	木本
胡颓子科	胡颓子属	披针叶胡颓子 *Elaeagnus lanceolata*	木本
		长叶胡颓子 *Elaeagnus bockii*	木本
		星毛羊奶子 *Elaeagnus stellipila*	木本
	八角枫属	八角枫 *Alangium chinense*	木本
柳叶菜科	露珠草属	高山露珠草 *Circaea alpina*	草本
山茱萸科	山茱萸属	四照花 *Cornuis kousa* subsp. *chinensis*	木本
		红椋子 *Swida hemsleyi*	木本
	青荚叶属	青荚叶 *Helwingia japonica*	木本
		中华青荚叶 *Helwingia chinensis*	木本
杜鹃花科	杜鹃花属	无柄杜鹃 *Rhododendron watsonii*	木本
		多鳞杜鹃 *Rhododendron polylepis*	木本
		山光杜鹃 *Rhododendron oreodoxa*	木本
		麻花杜鹃 *Rhododendron maculiferum*	木本
		绝伦杜鹃 *Rhododendron invictum*	木本
		岷江杜鹃 *Rhododendron hunnewellianum*	木本
		楔叶杜鹃 *Rhododendron cuneatum*	木本
		秀雅杜鹃 *Rhododendron concinnum*	木本

科名	属名	种名	生活型
杜鹃花科	杜鹃花属	头花杜鹃 *Rhododendron capitatum*	木本
		毛肋杜鹃 *Rhododendron augustinii*	木本
	吊钟花属	灯笼树 *Enkianthus chinensis*	木本
报春花科	珍珠菜属	腺药珍珠菜 *Lysimachia stenosepala*	草本
		北延叶珍珠菜 *Lysimachia silvestrii*	草本
		狭叶珍珠菜 *Lysimachia pentapetala*	草本
		距萼过路黄 *Lysimachia crista-galli*	草本
		过路黄 *Lysimachia christinae*	草本
	报春花属	齿萼报春 *Primula odontocalyx*	草本
		掌叶报春 *Primula palmata*	草本
		狭萼报春 *Primula stenocalyx*	草本
		穗花报春 *Primula deflexa*	草本
		蔓茎报春 *Primula alsophila*	草本
		裂瓣穗状报春 *Primula aerinantha*	草本
	点地梅属	峨眉点地梅 *Androsace paxiana*	草本
白花丹科	蓝雪花属	小蓝雪花 *Ceratostigma minus*	木本
木犀科	连翘属	秦连翘 *Forsythia giraldiana*	木本
	梣属	秦岭梣 *Fraxinus paxiana*	木本
	女贞属	丽叶女贞 *Ligustrum henryi*	木本
		女贞 *Ligustrum lucidum*	木本
		宜昌女贞 *Ligustrum strongylophyllum*	木本
	丁香属	西蜀丁香 *Syringa komarowii*	木本
柿树科	柿属	君迁子 *Diospyros lotus*	木本
马钱科	醉鱼草属	巴东醉鱼草 *Buddleja albiflora*	草本
龙胆科	扁蕾属	湿生扁蕾 *Gentianopsis paludosa*	草本
	龙胆属	六叶龙胆 *Gentiana hexaphylla*	草本
		陕南龙胆 *Gentiana piasezkii*	草本
		红花龙胆 *Gentiana rhodantha*	草本
萝藦科	杠柳属	杠柳 *Periploca sepium*	木本
	娃儿藤属	汶川娃儿藤 *Tylophora nana*	木本
	萝藦属	华萝藦 *Metaplexis hemsleyana*	木本
	南山藤属	苦绳 *Dregea sinensis*	木本
	鹅绒藤属	朱砂藤 *Cynanchum officinale*	木本
		大理白前 *Cynanchum forrestii*	草本
旋花科	菟丝子属	金灯藤 *Cuscuta japonica*	草本
马鞭草科	紫珠属	老鸦糊 *Callicarpa giraldii*	木本
	大青属	海州常山 *Clerodendrum trichotomum*	木本

续表

科名	属名	种名	生活型
马鞭草科	莸属	光果莸 *Caryopteris tangutica*	木本
		三花莸 *Caryopteris terniflora*	木本
唇形科	筋骨草属	筋骨草 *Ajuga ciliata*	草本
	夏枯草属	夏枯草 *Prunella vulgaris*	草本
	糙苏属	糙苏 *Phlomis umbrosa*	草本
	水苏属	甘露子 *Stachys sieboldii*	草本
	鼠尾草属	甘西鼠尾草 *Salvia przewalskii*	草本
		鄂西鼠尾草 *Salvia maximowicziana*	草本
		犬形鼠尾草 *Salvia cynica*	草本
	香薷属	鸡骨柴 *Elsholtzia fruticosa*	木本
		木香薷 *Elsholtzia stauntoni*	木本
	香茶菜属	碎米桠 *Isodon rubescens*	草本
		鄂西香茶菜 *Isodon henryi*	草本
		拟缺香茶菜 *Isodon excisoides*	草本
		小叶香茶菜 *Rabdosia parvifolia*	草本
		显脉香茶菜 *Rabdosia nervosa*	草本
	异野芝麻属	异野芝麻 *Heterolamium debile*	草本
	风轮菜属	灯笼草 *Clinopodium polycephalum*	草本
	活血丹属	白透骨消 *Glechoma biondiana*	草本
	益母草属	錾菜 *Leonurus pseudomacranthus*	草本
	龙头草属	肉叶龙头草 *Meehania faberi*	草本
	钩子木属	钩子木 *Rostrinucula dependens*	草本
玄参科	沟酸浆属	四川沟酸浆 *Mimulus szechuanensis*	草本
	地黄属	地黄 *Rehmannia glutinosa*	草本
	小米草属	短腺小米草 *Euphrasia regelii*	草本
	马先蒿属	大卫氏马先蒿 *Pedicularis davidii*	草本
		美观马先蒿 *Pedicularis decora*	草本
		藓状马先蒿 *Pedicularis muscoides*	草本
		南川马先蒿 *Pedicularis nanchuanensis*	草本
		粗野马先蒿 *Pedicularis rudis*	草本
		四川马先蒿 *Pedicularis szetschuanica*	草本
	玄参属	长梗玄参 *Scrophularia fargesii*	草本
		长柱玄参 *Scrophularia stylosa*	草本
	婆婆纳属	唐古拉婆婆纳 *Veronica vandellioides*	草本
车前科	车前属	车前 *Plantago asiatica*	草本
茜草科	茜草属	卵叶茜草 *Rubia ovatifolia*	草本
	香果树属	香果树 *Emmenopterys henryi*	草本

科名	属名	种名	生活型
茜草科	野丁香属	黄杨叶野丁香 *Leptodermis buxifolia*	草本
		文水野丁香 *Leptodermis diffusa*	草本
		甘肃野丁香 *Leptodermis purdomii*	草本
忍冬科	接骨木属	接骨木 *Sambucus williamsii*	木本
	双盾木属	双盾木 *Dipelta floribunda*	木本
	荚蒾属	桦叶荚蒾 *Viburnum betulifolium*	木本
	忍冬属	盘叶忍冬 *Lonicera tragophylla*	草本
		凹叶忍冬 *Lonicera retusa*	草本
败酱科	败酱属	墓头回 *Patrinia heterophylla*	草本
葫芦科	赤瓟属	头花赤瓟 *Thladiantha capitata*	草本
		鄂赤瓟 *Thladiantha oliveri*	草本
	裂瓜属	湖北裂瓜 *Schizopepon dioicus*	草本
桔梗科	沙参属	丝裂沙参 *Adenophora capillaris*	草本
		聚叶沙参 *Adenophora wilsonii*	草本
	党参属	党参 *Codonopsis pilosula*	草本
菊科	亚菊属	川甘亚菊 *Ajania potaninii*	木本
	香青属	黄腺香青 *Anaphalis aureopunctata*	草本
	蒿属	甘青蒿 *Artemisia tangutica*	草本
	紫菀属	异苞紫菀 *Aster heterolepis*	草本
		灰枝紫菀 *Aster poliothamnus*	木本
	天名精属	高原天名精 *Carpesium lipskyi*	草本
		长叶天名精 *Carpesium longifolium*	草本
		四川天名精 *Carpesium szechuanense*	草本
	火绒草属	薄雪火绒草 *Leontopodium japonicum*	草本
		峨眉火绒草 *Leontopodium omeiense*	草本
		绢茸火绒草 *Leontopodium smithianum*	草本
	橐吾属	掌叶橐吾 *Ligularia przewalskii*	草本
		离舌橐吾 *Ligularia veitchiana*	草本
	紫菊属	黑花紫菊 *Notoseris melanantha*	草本
	蟹甲草属	甘肃蟹甲草 *Parasenecio gansuensis*	草本
		太白山蟹甲草 *Parasenecio pilgerianus*	草本
		蛛毛蟹甲草 *Parasenecio roborowskii*	草本
	旋覆花属	旋覆花 *Inula japonica*	草本
	蓍属	云南蓍 *Achillea wilsoniana*	草本
	蓟属	魁蓟 *Cirsium leo*	草本
		马刺蓟 *Cirsium monocephalum*	草本
	多榔菊属	狭舌多榔菊 *Doronicum stenoglossum*	草本

续表

科名	属名	种名	生活型
菊科	飞蓬属	展苞飞蓬 *Erigeron patentisquama*	草本
	风毛菊属	杨叶风毛菊 *Saussurea populifolia*	草本
		风毛菊 *Saussurea japonica*	草本
		长梗风毛菊 *Saussurea dolichopoda*	草本
		禾叶风毛菊 *Saussurea graminea*	草本
		紫苞雪莲 *Saussurea iodostegia*	草本
		大耳叶风毛菊 *Saussurea macrota*	草本
		少花风毛菊 *Saussurea oligantha*	草本
		多头风毛菊 *Saussurea polycephala*	草本
	千里光属	密齿千里光 *Senecio densiserratus*	草本
	华蟹甲属	华蟹甲 *Sinacalia tangutica*	草本
	蒲儿根属	圆叶蒲儿根 *Sinosenecio rotundifolius*	草本
	蒲公英属	蒲公英 *Taraxacum mongolicum*	草本
		大头蒲公英 *Taraxacum calanthodium*	草本
		白花蒲公英 *Taraxacum albiflos*	草本
		川甘蒲公英 *Taraxacum lugubre*	草本
	黄鹌菜属	异叶黄鹌菜 *Youngia heterophylla*	草本
禾本科	早熟禾属	林地早熟禾 *Poa nemoralis*	草本
	芨芨草属	异颖芨芨草 *Achnatherum inaequiglume*	草本
	披碱草属	披碱草 *Elymus dahuricus*	草本
	隐子草属	丛生隐子草 *Cleistogenes caespitosa*	草本
	求米草属	求米草 *Oplismenus undulatifolius*	草本
	臭草属	细叶臭草 *Melica radula*	草本
莎草科	薹草属	陕西薹草 *Carex shaanxiensis*	草本
		武都薹草 *Carex wutuensis*	草本
		峨眉薹草 *Carex omeiensis*	草本
		卵穗薹草 *Carex ovatispiculata*	草本
		类白穗薹草 *Carex polyschoenoides*	草本
		眉县薹草 *Carex meihsienica*	草本
		亨氏薹草 *Carex henryi*	草本
		亲族薹草 *Carex gentilis*	草本
		干生薹草 *Carex aridula*	草本
		团穗薹草 *Carex agglomerata*	草本
天南星科	天南星属	花南星 *Arisaema lobatum*	草本
灯心草科	灯心草属	多花灯心草 *Juncus modicus*	草本
百合科	扭柄花属	扭柄花 *Streptopus obtusatus*	草本
	黄精属	湖北黄精 *Polygonatum zanlanscianense*	草本

续表

科名	属名	种名	生活型
百合科	扭柄花属	粗毛黄精 *Polygonatum hirtellum*	草本
	天门冬属	甘肃天门冬 *Asparagus kansuensis*	草本
	万寿竹属	短蕊万寿竹 *Disporum brachystemon*	草本
		大花万寿竹 *Disporum megalanthum*	草本
	百合属	野百合 *Lilium brownii*	草本
		宝兴百合 *Lilium duchartrei*	草本
	贝母属	甘肃贝母 *Fritillaria przewalskii*	草本
		太白贝母 *Fritillaria taipaiensis*	草本
	丫蕊花属	丫蕊花 *Ypsilandra thibetica*	草本
	菝葜属	托柄菝葜 *Smilax discotis*	草本
		短梗菝葜 *Smilax scobinicaulis*	草本
		糙柄菝葜 *Smilax trachypoda*	草本
		黑叶菝葜 *Smilax nigrescens*	草本
		小叶菝葜 *Smilax microphylla*	草本
		黑果菝葜 *Smilax glaucochina*	草本
	山麦冬属	禾叶山麦冬 *Liriope graminifolia*	草本
	葱属	卵叶山葱 *Allium ovalifolium*	草本
	粉条儿菜属	狭瓣粉条儿菜 *Aletris stenoloba*	草本
薯蓣科	薯蓣属	穿龙薯蓣 *Dioscorea nipponica*	草本
		盾叶薯蓣 *Dioscorea zingiberensis*	草本
兰科	虾脊兰属	弧距虾脊兰 *Calanthe arcuata*	草本
		少花虾脊兰 *Calanthe delavayi*	草本
		天府虾脊兰 *Calanthe fargesii*	草本
	杓兰属	毛杓兰 *Cypripedium franchetii*	草本
		绿花杓兰 *Cypripedium henryi*	草本
	手参属	角距手参 *Gymnadenia bicornis*	草本
	玉凤花属	小花玉凤花 *Habenaria acianthoides*	草本
		雅致玉凤花 *Habenaria fargesii*	草本
	山兰属	长叶山兰 *Oreorchis fargesii*	草本
	舌唇兰属	对耳舌唇兰 *Platanthera finetiana*	草本
	独蒜兰属	独蒜兰 *Pleione bulbocodioides*	草本
	火烧兰属	火烧兰 *Epipactis helleborine*	草本

保护区中国特有植物占维管植物总数的 75.57%，特有化程度超过半数。保护区内特有植物中，木本植物 228 种、草本植物 267 种。特有木本植物与特有草本植物比例基本上为 0.85∶1，特有草本种类明显多于木本。

保护区内中国特有植物种类十大科依次为，蔷薇科 17 属 68 种、毛茛科 13 属 31

种、菊科 20 属 39 种、百合科 11 属 20 种、虎耳草科 8 属 20 种、伞形科 11 属 18 种、豆科 11 属 14 种、杨柳科 2 属 13 种、兰科 8 属 12 种、唇形科 8 属 10 种。

保护区内中国特有植物分布与属内数量均较小，仅有报春花属中特有种数量超过 3 种，达到了 4 种，其余各属内特有种数量均在 3 种或者 3 种以下。

2.2.3 受威胁植物

世界自然保护联盟（IUCN）发布的《濒危物种红色名录》将物种的濒危程度划分为 9 个等级，依次是：未评估（NE）、数据缺乏（DD）、无危（LC）、近危（NT）、易危（VU）、濒危（EN）、极危（CR）、野外灭绝（EW）、灭绝（EX），濒危程度依次增加。根据 IUCN 的规定，将极危（CR）、濒危（EN）、易危（VU）这三个等级统称为受威胁（等级）物种。通过对保护区维管植物濒危等级的分析发现（环境保护部，中国科学院，2013；覃海宁等，2017），处于受威胁状态的物种共有 8 科 16 属 23 种及种下单位，其中极危物种 1 种、濒危物种 8 种、易危物种 14 种。

这些受威胁物种是保护区生物多样性优先保护的重点对象，为便于开展监测和保护工作，将处于受威胁等级的植物进行较为详尽的描述。

2.2.3.1 极危物种

（1）银杏

乔木，高可达 40m；幼树树皮浅纵裂，大树之皮呈灰褐色，深纵裂，粗糙；幼年及壮年树冠圆锥形，老则广卵形；枝近轮生，斜上伸展（雌株的大枝常较雄株开展）；一年生的长枝淡褐黄色，二年生以上变为灰色，并有细纵裂纹；短枝密被叶痕，黑灰色，短枝上亦可长出长枝；冬芽黄褐色，常为卵圆形，先端钝尖。叶扇形，有长柄，淡绿色，无毛，有多数叉状并列细脉，顶端宽 5~8cm，在短枝上常具波状缺刻，在长枝上常 2 裂，基部宽楔形，柄长 3~10（多为 5~8）cm，幼树及萌生枝上的叶常较大而深裂（叶片长达 13cm，宽 15cm），有时裂片再分裂（这与较原始的化石种类之叶相似），叶在一年生长枝上螺旋状散生，在短枝上 3~8 叶呈簇生状，秋季落叶前变为黄色。球花雌雄异株，单性，生于短枝顶端的鳞片状叶的腋内，呈簇生状；雄球花柔荑花序状，下垂，雄蕊排列疏松，具短梗，花药常 2 个，长椭圆形，药室纵裂，药隔不发达；雌球花具长梗，梗端常分两叉，稀 3~5 叉或不分叉，每叉顶生一盘状珠座，胚珠着生其上，通常仅一个叉端的胚珠发育成种子，风媒传粉。种子具长梗，下垂，常为椭圆形、长倒卵形、卵圆形或近圆球形，长 2.5~3.5cm，径为 2cm，外种皮肉质，熟时黄色或橙黄色，外被白粉，有臭味；中种皮白色，骨质，具 2~3 条纵脊；内种皮膜质，淡红褐色；胚乳肉质，味甘略苦；子叶 2 枚，稀 3 枚，发芽时不出土，初生叶 2~5 片，宽条形，长约 5mm，宽约 2mm，先端微凹，第 4 或第 5 片起之后生叶扇形，先端具一深裂及不规则的波状缺刻，叶柄长 0.9~2.5cm；有主根。花期 3~4 月，种子 9~10 月成熟。

银杏为中生代孑遗的稀有树种，系我国特产，仅浙江天目山有野生状态的树木，在尖山保护区栽培历史悠久。

2.2.3.2 濒危物种

（1）疙瘩七

多年生草本；根状茎长，匍匐，稀疏串珠状；根纤维状，不膨大成肉质。茎高30~50cm。掌状复叶3~6轮生茎顶；小叶5~7，薄膜质，长椭圆形，二回羽状深裂，长5~9cm，宽2~4cm，先端长渐尖，基部楔形，下延，上面脉上疏生刚毛，下面通常无毛；小叶柄长至2cm。伞形花序单个顶生，其下偶有1至数个侧生小伞形花序；花小，淡绿色；萼边缘有5齿；花瓣5；雄蕊5；子房下位，2室，稀3~4室；花柱2，稀3~4，分离，或基部合生，中部以上分离。果扁球形，成熟时红色，先端有黑点。

分布于甘肃、陕西、湖北、四川和西藏。生林下或草丛中。根状茎有止血疗伤功效。

（2）竹节参

多年生草本，高达1m；根茎竹鞭状，肉质。茎无毛。掌状复叶3~5轮生茎端；叶柄长8~11cm，无毛；小叶5，膜质，倒卵状椭圆形或长椭圆形，长5~18cm，先端渐尖或长渐尖，基部宽楔形或近圆，具锯齿或重锯齿，两面沿脉疏被刺毛。伞形花序单生茎顶，具50~80花，花序梗长12~21cm，无毛或稍被柔毛。花梗长0.7~1.2cm；萼具5小齿，无毛；花瓣5，长卵形；雄蕊5，花丝较花瓣短；子房2~5室；花柱2~5，连合至中部。果近球形，径5~7mm，红色。种子2~5，白色，卵球形，长3~5mm，径2~4mm。花期5~6月，果期7~9月。

产甘肃、青海、陕西南部、河南、湖北西部、湖南西南部、江西、浙江、安徽南部、福建西北部、广西北部、贵州、四川、云南及西藏。生于海拔1200~3200m林下或灌丛中。越南、缅甸、尼泊尔、日本及朝鲜有分布。根茎药用，可活血散瘀、消肿止痛、止咳化痰。

（3）珠子参

根茎念珠状；小叶倒卵状椭圆形或椭圆形，不裂，长较宽大2~3倍，上面沿脉疏被刚毛，下面无毛或沿脉稍被刚毛。

产甘肃、河南、山西、陕西、四川、西藏、云南西部及西北部、贵州。生于海拔1700~3600m山坡密林中。喜马拉雅山区、缅甸北部及越南有分布。根茎药效同竹节参。

（4）太白贝母

植株高达50cm，栽培时可更高。茎生叶5~10，栽培植株多达20，对生，中部兼有轮生或散生，线形或线状披针形，长7~13cm，宽2~8cm，最下一对叶先端钝圆，余叶先端渐尖，直伸或卷曲。花1~2朵，栽培时可多达8朵，钟形，黄绿色具紫色斑点，紫色斑点密集成片状，花被片紫色，具黄褐色斑点；叶状苞片与下面叶合生或不合生，具单花时叶状苞片通常与下面叶合生，先端直或弯曲，栽培时卷曲；花被片长 2.5~5cm，外花被片窄长圆形或倒卵状长圆形，宽 0.6~1.3cm，先端钝圆或钝尖，内花被片倒卵形、匙形或倒卵长圆形，宽 1.2~1.8cm，先端圆或具钝尖，蜜腺窝稍突出，蜜腺圆形或近圆形，长 2~3mm，紫或深黄绿色，离花被片基部约 5mm，花被片在蜜腺处弯成约钝角；花丝基部无乳突，上部有不明显或明显乳突；花柱分裂长 2~3mm，栽培时长达 3~5（8）mm。蒴果棱上具翅。花期 5~6 月。

产甘肃南部、山西、陕西南部、宁夏南部、四川、湖北西部及河南西部。生于海拔 2000~3200m 山坡草丛或灌丛内，或山沟石壁阶地草丛中。

（5）小白及

植株高 15~50cm。假鳞茎扁卵球形，较小，上面具荸荠似的环带，富黏性。茎纤细或较粗壮，具 3~5 枚叶。叶一般较狭，通常线状披针形、狭披针形至狭长圆形，长 6~20（40）cm，宽 5~10（20~45）mm，先端渐尖，基部收狭成鞘并抱茎。总状花序具（1）2~6 朵花；花序轴或多或少呈"之"字状曲折；花苞片长圆状披针形，长 1~1.3cm，先端渐尖，开花时凋落；子房圆柱形，扭转，长 8~12mm；花较小，淡紫色或粉红色，罕白色；萼片和花瓣狭长圆形，长 15~21mm，宽 4~6.5mm，近等大；萼片先端近急尖；花瓣先端稍钝；唇瓣椭圆形，长 15~18mm，宽 8~9mm，中部以上 3 裂；侧裂片直立，斜的半圆形，围抱蕊柱，先端稍尖或急尖，常伸达中裂片的 1/3 以上；中裂片近圆形或近倒卵形，长 4~5mm，宽 4~5mm，边缘微波状，先端钝圆，罕略凹缺；唇盘上具 5 条纵脊状褶片；褶片从基部至中裂片上面均为波状；蕊柱长 12~13mm，柱状，具狭翅，稍弓曲。花期 4~5（6）月。

产甘肃东南部、陕西南部、江西、台湾、广西、四川、贵州、云南中部至西北部和西藏东南部（察隅）。生于海拔 600~3100m 的常绿阔叶林、栎林、针叶林下、路边、沟谷草地或草坡及岩石缝中。

（6）黄花白及

植株高 25~55cm。假鳞茎扁斜卵形，较大，上面具荸荠似的环带，富黏性。茎较粗壮，常具 4 枚叶。叶长圆状披针形，长 8~35cm，宽 1.5~2.5cm，先端渐尖或急尖，基部收狭成鞘并抱茎。花序具 3~8 朵花，通常不分枝或极罕分枝；花序轴或多或少呈"之"字状折曲；花苞片长圆状披针形，长 1.8~2cm，先端急尖，开花时凋落；花中等大，黄色或萼片和花瓣外侧黄绿色，内面黄白色，罕近白色；萼片和花瓣近等长，长圆形，长 18~23mm，宽 5~7mm，先端钝或稍尖，背面常具细紫点；唇瓣椭圆形，白色或淡黄色，长 15~20mm，宽 8~12mm，在中部以上 3 裂；侧裂片直立，斜的长圆形，围抱蕊柱，先端钝，几不伸至中裂片旁；中裂片近正方形，边缘微波状，先端微凹；唇盘上面具 5 条纵脊状褶片；褶片仅在中裂片上面为波状；蕊柱长 15~18mm，柱状，具狭翅，稍弓曲。花期 6~7 月。

产甘肃东南部、陕西南部、河南、湖北、湖南、广西、四川、贵州和云南。生于海拔 300~2 350m 的常绿阔叶林、针叶林或灌丛下、草丛中或沟边。

（7）白及

植株高 18~60cm。假鳞茎扁球形，上面具荸荠似的环带，富黏性。茎粗壮，劲直。叶 4~6 枚，狭长圆形或披针形，长 8~29cm，宽 1.5~4cm，先端渐尖，基部收狭成鞘并抱茎。花序具 3~10 朵花，常不分枝或极罕分枝；花序轴或多或少呈"之"字状曲折；花苞片长圆状披针形，长 2~2.5cm，开花时常凋落；花大，紫红色或粉红色；萼片和花瓣近等长，狭长圆形，长 25~30mm，宽 6~8mm，先端急尖；花瓣较萼片稍宽；唇瓣较萼片和花瓣稍短，倒卵状椭圆形，长 23~28mm，白色带紫红色，具紫色脉；唇盘上面具 5 条纵褶片，从基部伸至中裂片近顶部，仅在中裂片上面为波状；蕊柱长 18~20mm，柱状，具狭翅，稍弓曲。花期 4~5 月。

产陕西南部、甘肃东南部、江苏、安徽、浙江、江西、福建、湖北、湖南、广东、广西、四川和贵州。生于海拔 100~3200m 的常绿阔叶林下，栎树林或针叶林下、路边草丛或岩石缝中。

（8）细叶石斛

茎丛生，直立，圆柱形，长达 80cm，粗 2~10mm，表面具深槽，上部多分枝。叶通常 3~6 枚生于主茎和分枝的顶端，条形，长 3~10cm，宽 3~6mm，顶端 2 圆裂。总状花序具 1~2 花；总花梗长 5~10mm；花苞片膜质，卵形，长约 3mm，顶端急尖；花黄色；萼片矩圆形，长（1）1.8~2.4cm，宽（3.5）5~8mm，顶端钝；萼囊长约 4mm；花瓣近矩圆形，与萼片等长而略较宽，顶端钝；唇瓣 3 裂，比萼片短，宽 7~18mm，中裂片比侧裂片小，近肾形，上表面密被柔毛，侧裂片半圆形。

产甘肃南部、陕西南部、河南西部、湖北西部、湖南东南部、广西西部、贵州、四川及云南。附生于林下石上。茎药用。

2.2.3.3　易危物种

（1）秦岭冷杉

乔木，高达 50m；一年生枝淡黄灰色、淡黄色或淡褐黄色，无毛或凹槽中有稀疏细毛，二、三年生枝淡黄灰色或灰色；冬芽圆锥形，有树脂。叶在枝上列成 2 列或近 2 列状，条形，长 1.5~4.8cm，上面深绿色，下面有 2 条白色气孔带；果枝之叶先端尖或钝，树脂道中生或近中生，营养枝及幼树的叶较长，先端 2 裂或微凹，树脂管边生；横切面上面至下面两侧边缘有皮下细胞 1 层，连续或不连续排列，下面中部 1~2 层，2 层者内层不连续排列。球果圆柱形或卵状圆柱形，长 7~11cm，径 3~4cm，近无梗，成熟前绿色，熟时褐色，中部种鳞肾形，长约 1.5cm，宽约 2.5cm，鳞背露出部分密生短毛；苞鳞长约种鳞的 3/4，不外露，上部近圆形，边缘有细缺齿，中央有短急尖头，中下部近等宽，基部渐窄；种子较种翅为长，倒三角状椭圆形，长 8mm，种翅宽大，倒三角形，上部宽约 1cm，连同种子长约 1.3cm。

为我国特有树种，产于甘肃南部、陕西南部、湖北西部海拔 2300~3000m 地带。

（2）红豆杉

乔木，高达 30m，胸径达 60~100cm；树皮灰褐色、红褐色或暗褐色，裂成条片脱落；大枝开展，一年生枝绿色或淡黄绿色，秋季变成绿黄色或淡红褐色，二、三年生枝黄褐色、淡红褐色或灰褐色；冬芽黄褐色、淡褐色或红褐色，有光泽，芽鳞三角状卵形，背部无脊或有纵脊，脱落或少数宿存于小枝的基部。叶排列成 2 列，条形，微弯或较直，长 1~3(多为 1.5~2.2)cm，宽 2~4(多为 3)mm，上部微渐窄，先端常微急尖，稀急尖或渐尖，上面深绿色，有光泽，下面淡黄绿色，有两条气孔带，中脉带上有密生均匀而微小的圆形角质乳头状突起点，常与气孔带同色，稀色较浅。雄球花淡黄色，雄蕊 8~14 枚，花药 4~8（多为 5~6）。种子生于杯状红色肉质的假种皮中，间或生于近膜质盘状的种托（即未发育成肉质假种皮的珠托）之上，常呈卵圆形，上部渐窄，稀倒卵状，长 5~7mm，径 3.5~5mm，微扁或圆，上部常具 2 钝棱脊，稀上部三角状具 3 条钝脊，先端有突起的短钝尖头，种脐近圆形或宽椭圆形，稀三角状圆形。

为我国特有树种，产于甘肃南部、陕西南部、四川、云南东北部及东南部、贵州西部及东南部、湖北西部、湖南东北部、广西北部和安徽南部（黄山）。常生于海拔 1000~1200m 以上的高山上部。

（3）南方红豆杉

叶常较宽长，多呈弯镰状，通常长 2~3.5(4.5)cm，宽 3~4(5)mm，上部常渐窄，先端渐尖，下面中脉带上无角质乳头状突起点，或局部有成片或零星分布的角质乳头状突起点，或与气孔带相邻的中脉带两边有 1 至数条角质乳头状突起点，中脉带明晰可见，其色泽与气孔带相异，呈淡黄绿色或绿色，绿色边带亦较宽而明显；种子通常较大，微扁，多呈倒卵圆形，上部较宽，稀柱状矩圆形，长 7~8mm，径 5mm，种脐常呈椭圆形。

产于安徽南部、浙江、台湾、福建、江西、广东北部、广西北部及东北部、湖南、湖北西部、河南西部、陕西南部、甘肃南部、四川、贵州及云南东北部。垂直分布一般较红豆杉低，在多数省区常生于海拔 1000~1200m 以下的地方。

（4）独叶草

多年生小草本，无毛。根茎细长，自顶芽生出 1 叶及 1 花葶。叶基生；叶心状圆形，宽 3.5~7cm，掌状 5 全裂，中、侧裂片 3 浅裂，最下裂片不等 2 深裂，顶部具小牙齿，下面粉绿色，叶脉二叉状分枝；叶柄长 5~11cm。花葶高达 12cm；花单生葶端，两性，径约 8mm。萼片(4)5~6(7)，淡绿色，卵形，长 5~7.5mm；无花瓣；退化雄蕊 8~11(13)，圆柱状，顶端头状膨大；雄蕊(3)5~8，花药椭圆形，花丝线形，具 1 纵脉；心皮 3~7(9)，子房具 1 垂悬胚珠，花柱钻形，与子房近等长。瘦果扁，窄倒披针形，向下反曲。特产单种属。花期 5~6 月。

产甘肃南部、云南西北部、四川西部及陕西南部。生于海拔 2750~3900m 山地冷杉林下或杜鹃灌丛中。

（5）长柱玄参

植株高达 60cm，不分枝或上部具短分枝，中空，生有在下部较疏而在上部较密的腺毛。叶全部对生，下面两对极小；柄长达 4cm，有狭翅；叶片质地较薄，狭卵形至宽卵形，长达 9cm，基部宽楔形至亚心形，上面绿色，下面带灰白色，边缘有大尖齿，稀浅圆齿，齿长达 5mm，基部宽过于长。聚伞花序具 1~3 花，全部腋生，总梗和花梗细长，生腺柔毛，前者长达 1.5cm，后者长达 2.5cm；花萼长 4~5mm，具短腺毛，裂片披针状卵形至披针形，顶端尖；花冠淡黄色，长 15~18mm，花冠筒稍肿大，长 9~11mm，上唇较下唇长 1.5mm，裂片近圆形，边缘相互重叠，下唇裂片均为圆卵形，中裂片稍大；雄蕊略短于下唇，退化雄蕊倒心形，长约 0.5mm；子房长约 3mm，具长约 8mm 的花柱。蒴果尖卵形，连同短喙长 9~11mm。花期 6 月，果期 7~9 月。

为我国特有种，产甘肃文县、陕西太白山南坡佛坪县。生石崖上，海拔 2000~3000m。

（6）甘肃贝母

草本。鳞茎粗 5~8mm，由 3~4 枚肥厚的鳞瓣组成。茎高 20~30（45）cm，中部以上具叶。叶 5~7 枚，条形，长 3.5~7.5cm，最下部的 2 枚对生，宽约 5mm，其余的互生，向上部叶渐狭，宽约 2mm，上部叶的顶端略卷曲。单花顶生，稀为 2 花，俯垂；花被钟状；花被片 6，矩圆形至倒卵状矩圆形，略钝，长 2.2~3cm，宽 0.6~1cm，外轮的略窄而短，黄色，散生紫色至黑紫色斑点，基部上方具卵形蜜腺；雄蕊 6，长约为花被片的 1/2；花丝除顶端外密被乳头状突起；花柱比子房长 1 倍，连同子房略比雄蕊长，柱头 3 浅裂。蒴果六棱柱形，长 1.2~1.5cm，宽约 1cm，具窄翅。

产甘肃南部、青海东部和南部、四川西部。生于 2000m 以上的山坡草丛或灌丛中。

（7）天府虾脊兰

假鳞茎短，常被叶柄腐烂后残留的纤维，具 2 枚鞘和 4~5 枚叶。假茎通常长 3~4cm。叶狭长圆形，长 30~40cm，中部宽 1.5~2.6cm，先端急尖，基部渐狭为鞘状叶柄；叶柄长达 15cm。花葶从叶腋抽出，远高出叶层外，长达 65cm，密被短毛，近中部具 1 枚鞘；鞘紧抱花序柄，长约 1.5cm；鞘口斜截形，先端急尖；总状花序约为花葶长的 1/3，疏生多数花；花苞片宿存，狭披针形，长 1.5~2cm，先端急尖，无毛；花梗纤细，连子房长约 2cm，密被短毛，子房棒状；花黄绿色带褐色，张开；中萼片狭卵状披针形，长 1.6~2.5cm，基部上方宽 4.2~6mm，先端急尖，具 5 条脉，背面的基部疏被短毛；侧萼片稍斜的狭卵状披针形，与中萼片等长，但稍窄，背面基部被疏毛；花瓣线形，长 1.2~2.4cm，中部宽 2~2.4mm，先端急尖，具 1~3 条脉，无毛；唇瓣基部与整个蕊柱翅合生，基部上方两侧缢缩而分为前后唇；前唇紫红色，菱形，长 0.6~1.1cm，中部宽 0.6~1.1cm，先端锐尖，边缘波状并多少啮蚀状；后唇近半圆形，宽 6~8mm；唇盘无毛或疏被毛；

距圆筒形，稍弯曲，长约 6mm，粗约 1mm，外面被短毛；蕊柱长 5mm，上端扩大，疏被短毛；药帽在前端收窄而呈喙状；花粉团狭卵球形，每群中有 2 个较小；蕊喙 2 裂，裂片尖牙齿状，长约 1.7mm。花期 7~8 月。

产甘肃南部（文县）、四川东北部和南部（城口、峨边）、贵州西部（纳雍）。生于海拔 1300~1650m 的山坡密林下阴湿处。

（8）建兰

地生植物；假鳞茎卵球形，长 1.5~2.5cm，宽 1~1.5cm，包藏于叶基之内。叶 2~4（6）枚，带形，有光泽，长 30~60cm，宽 1~1.5（2.5）cm，前部边缘有时有细齿，关节位于距基部 2~4cm 处。花葶从假鳞茎基部发出，直立，长 20~35cm 或更长，但一般短于叶；总状花序具 3~9（13）朵花；花苞片除最下面的一枚长可达 1.5~2cm 外，其余的长 5~8mm，一般不及花梗和子房长度的 1/3，至多不超过 1/2；花梗和子房长 2~2.5（3）cm；花常有香气，色泽变化较大，通常为浅黄绿色而具紫斑；萼片近狭长圆形或狭椭圆形，长 2.3~2.8cm，宽 5~8mm；侧萼片常向下斜展；花瓣狭椭圆形或狭卵状椭圆形，长 1.5~2.4cm，宽 5~8mm，近平展；唇瓣近卵形，长 1.5~2.3cm，略 3 裂；侧裂片直立，多少围抱蕊柱，上面有小乳突；中裂片较大，卵形，外弯，边缘波状，亦具小乳突；唇盘上 2 条纵褶片从基部延伸至中裂片基部，上半部向内倾斜并靠合，形成短管；蕊柱长 1~1.4cm，稍向前弯曲，两侧具狭翅；花粉团 4 个，成 2 对，宽卵形。蒴果狭椭圆形，长 5~6cm，宽约 2cm。花期通常为 6~10 月。

产甘肃南部、安徽、浙江、江西、福建、台湾、湖南、广东、海南、广西、四川西南部、贵州和云南。生于疏林下、灌丛中、山谷旁或草丛中，海拔 600~1800m。

（9）毛杓兰

植株高 20~35cm，具粗壮、较短的根状茎。茎直立，密被长柔毛，尤其上部为甚，基部具数枚鞘，鞘上方有 3~5 枚叶。叶片椭圆形或卵状椭圆形，长 10~16cm，宽 4~6.5cm，先端急尖或短渐尖，两面脉上疏被短柔毛，边缘具细缘毛。花序顶生，具 1 花；花序柄密被长柔毛；花苞片叶状，椭圆形或椭圆状披针形，长 6~8（12）cm，宽 2~3.5cm，先端渐尖或短渐尖，两面脉上具疏毛，边缘具细缘毛；花梗和子房长 4~4.5cm，密被长柔毛；花淡紫红色至粉红色，有深色脉纹；中萼片椭圆状卵形或卵形，长 4~5.5cm，宽 2.5~3cm，先端渐尖或短渐尖，背面脉上疏被短柔毛，边缘具细缘毛；合萼片椭圆状披针形，长 3.5~4cm，宽 1.5~2.5cm，先端 2 浅裂，背面脉上亦被短柔毛，边缘具细缘毛；花瓣披针形，长 5~6cm，宽 1~1.5cm，先端渐尖，内表面基部被长柔毛；唇瓣深囊状，椭圆形或近球形，长 4~5.5cm，宽 3~4cm；退化雄蕊卵状箭头形至卵形，长 1~1.5cm，宽 7~9mm，基部具短耳和很短的柄，背面略有龙骨状突起。花期 5~7 月。

产甘肃南部、山西南部、陕西南部、河南西部、湖北西部和四川东北部至西北部。生于海拔 1500~3700m 的疏林下或灌木林中湿润、腐殖质丰富和排水良好的地方，也见于湿润草坡上。

（10）斑唇盔花兰

植株高 12~25cm。无块茎，具狭圆柱状、粗壮、肉质、平展的根状茎。茎粗壮，直立，基部具 2~3 枚筒状鞘，鞘之上具叶。叶 2 枚，较肥厚，叶片宽椭圆形至长圆状披针形，长 7~15cm，宽 2.5~4.5cm，先端圆钝或具短尖，基部收狭成抱茎的鞘。花茎直立，粗壮，直径 2~3mm；花序具 5 至 10 余朵花，长 3.5~8cm，常不偏向一侧，花序轴无毛；花苞片披针形，最下部的长可达 3.5cm，较花长很多，从下向上渐变小，先端渐尖；子房圆柱形，扭转，无乳突，连花梗长 10~12mm；花紫红色，萼片、花瓣和唇瓣上均具深紫色斑点；萼片近等长，长 8~9mm，宽 3~3.5mm，具 3 脉，中萼片直立，狭卵状披针形，先端钝；侧萼片开展或反折，镰状狭卵状披针形，先端稍钝；花瓣直立，卵状披针形，长约 7mm，与中萼片靠合呈兜状，具 3 脉，边缘无睫毛，前侧基部边缘稍臌出；唇瓣向前伸展，宽卵形或近圆形，不裂，长 8~9mm，宽 8~9mm，因具深紫色斑块而呈紫黑色，先端圆钝，边缘具强烈蚀齿状和褶皱，基部具距，距圆筒状，长 7~10mm，下垂，稍向前弯曲，稍短于子房，末端钝。花期 6~7 月。

产于甘肃南部、四川西部、云南西北部和西藏东部。生于海拔 2400~4510m 的山坡林下或高山草甸中。

（11）角距手参

植株高 50~70cm。块茎椭圆形，长 3~5cm，肉质，下部成掌状分裂，裂片细长。茎直立，较粗壮，圆柱形，近基部具 2~3 枚筒状鞘，其上疏生 6~8 枚叶。叶片椭圆形、狭椭圆形或披针形，长 9~13cm，宽 2~4cm，先端渐尖，基部收狭成抱茎的鞘。总状花序具多数密生的花，圆柱状，长 8~11.5cm；花苞片卵状披针形至披针形，先端渐尖或长渐尖，最下面的长于花；子房纺锤形，连花梗长 6~7mm；花淡黄绿色，较小；萼片宽卵形，稍凹陷，先端钝，具 3 脉，中萼片直立，长 2.5mm，宽 2mm，较侧萼片稍窄；侧萼片基部反折，下弯，长 3mm，宽 2.3mm；花瓣菱状卵形，偏斜，长 3mm，宽 2.3mm，前侧边缘明显臌出，先端钝，具 3 脉；唇瓣菱状卵形，长 3mm，宽 2.5mm，几乎不裂，先端钝；距细圆筒状，下垂，长 3~3.5mm，约为子房长的 1/2，末端中部凹陷呈 2 个角状小突起；蕊柱短，花药 2 室；花粉团具柄和黏盘，黏盘裸露；蕊喙小，菱状四方形；柱头 2 个，棍棒状。花期 7~8 月。

产甘肃文县、西藏东部至东南部。生于海拔 3250~3600m 的山坡灌丛下。

（12）小花玉凤花

植株高 18~20cm。块茎肉质，卵圆形，长 1.5cm。茎纤细，直立或近直立，无毛，基部具 1 枚叶，在叶之上具 2~3 枚疏生的苞片状小叶。叶片平展，卵圆形，稍肉质，长 1.5~3cm，宽 2.2~2.8cm，绿色或紫红色，先端具短尖，基部微心形，下面的一枚苞片状小叶为卵状披针形，长 6mm，先端渐尖，上面的 1~2 枚很小，苞片状。总状花序具 10

余朵至 20 余朵较疏生的小花，长 8~12cm，花偏向一侧；花苞片直立伸展，卵状披针形，先端渐尖，较子房短近 1 倍；子房纺锤形，扭转，无毛，连花梗长 4.5mm；花很小，带绿色，直立伸展；中萼片直立，卵形，长 1.5mm，宽 1.2mm，先端钝，具 1 脉，与花瓣靠合呈兜状；侧萼片反折，斜卵形，长 1.75mm，宽约 1mm，先端钝，具 1 脉；花瓣直立，斜卵形，长 1.5mm，宽 1.5mm，先端钝尖，基部前侧边缘明显膨大臌出，具 1 脉；唇瓣在近基部的 1/3 处 3 深裂，基部近长圆形，长 0.8mm，具 3 脉；中裂片线形，长 2mm，直的；侧裂片丝状，与中裂片近垂直伸展，长 3.5mm，多少弯曲；距长圆状筒形，长 1.5mm，下垂，微向前弯曲，末端钝；花药近四方状球形，小，药室具短的、向前伸的沟槽；柱头 2 个，隆起，前伸，较药室前伸的沟槽几乎长 1 倍。花期 7 月，果期 8~9 月。

产于甘肃（文县）、青海（循化）、四川（汶川）。生于海拔 900~1900m 的山坡林下、灌丛下或山坡路旁。

（13）雅致玉凤花

植株高 13~24cm。块茎肉质，卵形或长圆形，长 1.5~3cm，直径 1~1.5cm。茎细长，直立或近直立，圆柱形，直径 1~2mm，被多数细乳突状短柔毛，基部具 2 枚近对生的叶，在叶之上具 1~3 枚鞘状苞片。叶片平展，卵圆形或近圆形，稍肉质，较薄，长 4~4.5cm，宽 4~5cm，先端急尖，基部圆钝，骤狭抱茎，上面绿色，具黄白色斑纹。总状花序具 4~9 朵疏生的花，长 5~15cm，花序轴被细乳突状柔毛；花苞片披针形，先端渐尖，较子房短多；子房细圆柱形，扭转，具喙，被乳突状柔毛，连花梗长 7~8mm；花黄绿色，较小；中萼片直立，凹陷呈舟状，卵形，长 3~3.5mm，宽约 2.5mm，先端急尖，具 3 脉，边缘具缘毛；侧萼片强烈反折，斜卵形，长 5~5.5mm，宽约 4mm，先端急尖，具 4 脉，边缘具缘毛；花瓣直立，与中萼片相靠合，2 深裂，上裂片镰状，向后弯，长圆形，长 4mm，较中萼片长；下裂片线形，狭窄，较上裂片长 1 倍多，向外伸；唇瓣向前伸，在基部之上 3 深裂；侧裂片丝状，叉开，长达 1.5cm，先端卷曲；中裂片线形，先端钝，较侧裂片短多；距上部细圆筒状，下垂，与子房并行，中部以下向末端膨大呈棒状，较子房长；蕊柱粗短；药隔宽，明显，药室近于平展，顶端突然直立，较蕊喙的侧裂片短；花粉团倒楔形，具细长、线形、内弯的柄和黏盘，黏盘半圆球形；蕊喙的中裂片不明显，退化成水平的片，侧裂片细长，半圆柱形；柱头的突起细长，环抱距口，尔后彼此贴近，先端外展；退化雄蕊矮小，半圆形。花期 8 月。

产于甘肃东南部、四川（乾宁、城口）。生于海拔 1400~3000m 的山坡或山沟林下。

（14）少花鹤顶兰

植株高 20~35cm，无明显的根状茎。假鳞茎近球形，粗约 1cm，具 2~3 枚鞘和 3~4 枚叶。假茎长 3~8cm。叶在花期几乎全部展开，椭圆形或倒卵状披针形，长 12~22cm，宽约 4cm，先端锐尖或急尖，基部收狭为长 2~6cm 的柄，两面无毛。花葶从叶丛中抽出，稍高出叶层之外，长达 25cm，近中部具 1 枚长 1~2.2cm 的鞘；总状花序长 3~5cm，俯垂，疏生 2~7 朵花，无毛；花苞片宿存，披针形，近等长于花梗和子房，先端稍钝；花梗和子房长约 2cm，稍弧曲，子房棒状；花紫红色或浅黄色，萼片和花瓣边缘带紫色斑点，无毛；萼片近相似，长圆状披针形，长约 2cm，中部宽 4mm，先端渐尖，具 5 条脉；花瓣狭长圆形至倒卵状披针形，长 18mm，中部宽 4mm，先端渐尖，具 5 条脉，中央 3 条较长；唇瓣基部稍与蕊柱基部的蕊柱翅合生，近菱形，长 2cm，中部宽 2cm，两侧围抱蕊柱，先端近截形而微凹并在凹口处具细尖，前端边缘啮蚀状；唇盘上具 3 条龙骨脊，脊上被短毛；距圆筒形，劲直，长 6~10mm，粗约 1.5mm，末端钝，无毛或疏被毛；蕊柱细长，长 7~8mm，上端扩大，两侧具翅，腹面被短毛；蕊喙近方形，不裂，长 1.5mm，宽 1mm，先端截形并具细尖；药帽先端截形；花粉团稍扁的卵球形或梨形，等大，长约 1mm，具短的花粉团柄；黏盘小，近圆形。花期 6~9 月。

产甘肃南部、四川和云南西南部至西部。生于海拔 2700~3450m 的山谷溪边和混交林下。

2.2.4 重点保护物种

我国珍稀濒危保护植物和国家重点野生保护植物先后由不同的部门分几次颁布。

最早于 1984 年由国务院环境保护委员会颁布的《中国珍稀濒危保护植物名录》（第一批）（含 354 种，分为三个等级）。在这个基础上，傅立国等于 1991 年出版了《中国植物红皮书》（第一册），共收录濒危植物 388 种。后来因 1997 年《中华人民共和国野生植物保护条例》的实施，经林业部确认，国务院于 1999 年批准并发布了《国家重点保护野生植物名录》（第一批）（含 419 种，分为两个等级）。

伴随着时代的发展，2000 年以后，2004 年，汪松和解焱主编的《中国物种红色名录》中的植物部分，记载了 4408 种植物。2012 年，国家林业局和国家发改委联合印发《全国极小种群野生植物拯救保护工程规划（2011—2015 年）》（含 120 种）。2013 年国家林业局野生动植物保护与自然保护区管理司和中国科学院植物研究所主编《中国珍稀濒危植物图鉴》。同一年，环境保护部和中国科学院联合编制《中国生物多样性红色名录　高等植物卷》。

2018 年 6 月，国家林业和草原局委托中国科学院植物研究所承担《国家重点保护野生植物名录》物种的遴选工作。中国科学院植物研究所成立工作组，广泛收集数据，在参考"名录"（第一批）所列物种、《中国高等植物红色名录》（覃海宁等，2017）、第二次全国重点保护野生植物资源调查结果和我国野生植物资源研究及保护 20 多年成果的基础上，并向社会各界公开征求意见，经各领域专家多次研究讨论、评估论证，不断修改完善，遴选出了一份涵盖我国当前重要且濒危的保护植物名录。2021 年 2 月 23 日，自然资源部、农业农村部向国务院上报"名录"调整方案，9 月 7 日，经国务院批准，国家林业和草原局、农业农村部发布实施 2021 版《国家重点保护野生植物名录》。

调整后的"名录"包括真菌类、藻类、苔藓、石松类和蕨类植物、裸子植物和被子植物，共计 1193 种（及种下等级），其中一级 143 种（及种下等级）、二级 1050 种（及种下等级）。

相关的国际文件有《濒危野生动植物种国际贸易公约（CITES）》附录（2019 版）和世界自然保护联盟发布的《濒危物种红色名录》。

《濒危野生动植物种国际贸易公约（CITES）》附录分为三个等级，附录 I 的物种为若再进行国际贸易会导致灭绝的动植物，明确规定禁止其国际性的交易；附录 II 的物种为目前无灭绝危机，管制其国际贸易的物种；附录 III 是各国视其国内需要，区域性管制国际贸易的物种。如在 2.2.3 节中所述，IUCN 将物种的濒危程度划分为 9 个等级，并将极危（CR）、濒危（EN）、易危（VU）这三个等级统称为受威胁（等级）物种。

参照上述各类名录和相关文献，通过对保护区高等植物，特别是维管植物的综合分析，编制完成保护区濒危保护名录（见表 2-6）。

表 2-6　保护区国家重点保护野生植物及受威胁植物名录

科名	种名	国家保护级别次和等级	IUCN等级	CITES 附录收录状况
裸子植物				
银杏科	银杏 *Ginkgo biloba*	一级	CR	
松科	秦岭冷杉 *Abies chensiensis*	二级	VU	
红豆杉科	穗花杉 *Amentotaxus argotaenia*	二级	LC	
	红豆杉 *Taxus chinensis*	一级	VU	II
	南方红豆杉 *Taxns wallichiana* var. *mairei*	一级	VU	II
被子植物				
壳斗科	尖叶栎 *Quercus oxyphylla*	二级	LC	
榆科	大叶榉树 *Zelkova schneideriana*	二级	NT	
连香树科	连香树 *Cercidiphyllum japonicum*	二级	LC	
毛茛科	独叶草 *Kingdonia uniflora*	二级	VU	
小檗科	桃儿七 *Sinopodophyllum hexandrum*	二级	LC	II
景天科	云南红景天 *Rhodiola yunnanensis*	二级	LC	
蔷薇科	甘肃桃 *Amygdalus kansuensis*	二级	LC	
豆科	野大豆 *Glycine soja*	二级	LC	
五加科	疙瘩七 *Panax bipinnatifidus*	二级	EN	
	竹节参 *Panax japonicus*	二级	EN	
	珠子参 *Panax. japonicus* var. *major*	二级	EN	
玄参科	长柱玄参 *Scrophularia stylosa*	二级	VU	
茜草科	香果树 *Emmenopterys henryi*	二级	NT	
百合科	甘肃贝母 *Fritillaria przewalskii*	二级	VU	

续表

科名	种名	国家保护级别次和等级	IUCN等级	CITES 附录收录状况
百合科	太白贝母 *Fritillaria taipaiensis*	二级	EN	
	七叶一枝花 *Paris polyphylla*	二级	NT	
	狭叶重楼 *Paris polyphylla* var. *stenophylla*	二级	NT	
	黑籽重楼 *Paris thibetica*	二级	NT	
兰科	小白及 *Bletilla formosana*		EN	II
	黄花白及 *Bletilla ochracea*		EN	II
	白及 *Bletilla striata*	二级	EN	II
	流苏虾脊兰 *Calanthe alpina*		LC	II
	弧距虾脊兰 *Calanthe arcuata*		NT	II
	肾唇虾脊兰 *Calanthe brevicornu*		LC	II
	剑叶虾脊兰 *Calanthe davidii*		LC	II
	天府虾脊兰 *Calanthe fargesii*		VU	II
	三棱虾脊兰 *Calanthe tricarinata*		LC	II
	三褶虾脊兰 *Calanthe triplicata*		LC	II
	银兰 *Cephalanthera erecta*		LC	II
	头蕊兰 *Cephalanthera longifolia*		LC	II
	杜鹃兰 *Cremastra appendiculata*	二级	NT	II
	建兰 *Cymbidium ensifolium*	二级	VU	II
	对叶杓兰 *Cypripedium debile*	二级	LC	II
	毛杓兰 *Cypripedium franchetii*	二级	VU	II
	绿花杓兰 *Cypripedium henryi*	二级	NT	II
	西藏杓兰 *Cypripedium tibeticum*	二级	LC	II
	凹舌掌裂兰 *Dactylorhiza viridis*		LC	II
	细叶石斛 *Dendrobium hancockii*	二级	EN	II
	火烧兰 *Epipactis helleborine*		LC	II
	大叶火烧兰 *Epipactis mairei*		NT	II
	二叶盔花兰 *Galearis spathulata*		LC	II
	斑唇盔花兰 *Galearis wardii*		VU	II
	天麻 *Gastrodia elata*	二级	DD	II
	斑叶兰 *Goodyera schlechtendaliana*		NT	II
	角距手参 *Gymnadenia bicornis*		VU	II
	小花玉凤花 *Habenaria acianthoides*		VU	II
	雅致玉凤花 *Habenaria fargesii*		VU	II
	裂瓣角盘兰 *Herminium alaschanicum*		NT	II
	叉唇角盘兰 *Herminium lanceum*		LC	II
	瘦房兰 *Ischnogyne mandarinorum*		LC	II

科名	种名	国家保护级别次和等级	IUCN等级	CITES 附录收录状况
兰科	羊耳蒜 *Liparis japonica*		LC	II
	沼兰 *Malaxis monophyllos*		LC	II
	尖唇鸟巢兰 *Neottia acuminata*		LC	II
	长叶山兰 *Oreorchis fargesii*		NT	II
	少花鹤顶兰 *Phaius delavayi*		VU	II
	对耳舌唇兰 *Platanthera finetiana*		NT	II
	舌唇兰 *Platanthera japonica*		LC	II
	小花舌唇兰 *Platanthera minutiflora*		NT	II
	蜻蜓舌唇兰 *Platanthera souliei*		NT	II
	独蒜兰 *Pleione bulbocodioides*		LC	II
	广布小红门兰 *Ponerorchis chusua*		LC	II
	华西小红门兰 *Ponerorchis limprichtii*		NT	II
	绶草 *Spiranthes sinensis*		LC	II

经过统计发现，保护区共有各类保护及珍稀濒危植物 16 科 42 属 68 种，均为种子植物。保护植物最多的为兰科，共有 25 属 45 种，为全科保护。

属于《国家重点保护野生植物名录》（2021）的 16 科 23 属 32 种，其中一级保护植物 1 科 2 属 3 种、二级保护植物 15 科 21 属 29 种。

属于《濒危野生动植物种国际贸易公约（CITES）》附录 II 的 3 科 27 属 48 种，除红豆杉科红豆杉、南方红豆杉和小檗科桃儿七外，其余均为兰科植物。

在这些保护及珍稀濒危植物中，按世界自然保护联盟物种濒危程度等级，受威胁的物种有 8 科 16 属 23 种，其中极危（CR）1 种、濒危（EN）8 种、易危（VU）14 种，这些受威胁物种的详尽介绍见 2.5.3。此外，还有近危（NT）物种 4 科 12 属 16 种，无危（LC）物种 28 种。

2.3　植物区系

植物区系是某一地区，或者是某一时期，某一分类群，某类植被等所有植物种类的总称（吴征镒等，2010）。一个地区的植物区系是植物一定自然环境中长期发展演化的结果。

本次科学考察发现保护区内高等植物 177 科 683 属 1673 种（含种下单位），有少量为人工引入栽培植物。对于保护区内的植物区系分析，以维管植物类群为分析对象，从科属两个层面进行植物区系分析。

2.3.1 科的区系特征

保护区维管植物共 131 科，按地理成分可划分为 11 个分布型和 8 个变型（表 2–7）。世界分布共 48 科，占该区维管植物总科数 36.64%，包括紫萁科、蹄盖蕨科、十字花科等。

表 2–7 保护区维管植物科属的分布型

分布型及其变型	科数	占总科数比例（%）	属数	占总属数比例（%）
1. 世界分布	48	36.64	64	10.81
2. 泛热带分布	31	23.66	69	11.66
2–1. 热带亚洲、大洋洲和南美洲间断分布	—	—	1	0.17
2–2. 热带亚洲、非洲和南美洲间断分布	1	0.76	1	0.17
2S. 以南半球为主的泛热带分布	1	0.76	—	—
3. 热带亚洲和热带美洲间断分布	7	5.34	6	1.01
4. 旧世界热带分布	2	1.54	14	2.36
5. 热带亚洲至热带大洋洲分布	1	0.76	12	2.03
6. 热带亚洲至热带非洲分布	—	—	11	1.86
6d. 南非分布	1	0.76	—	—
7. 热带亚洲分布	2	1.54	16	2.70
8. 北温带分布	7	5.34	166	28.04
8–4. 北温带和南温带间断分布	16	12.21	—	—
8–5. 欧亚和南美洲间断分布	1	0.76	—	—
8–6. 地中海、东亚、新西兰和墨西哥—智利间断分布	1	0.76	—	—
9. 东亚和北美间断分布	3	2.30	40	6.76
10. 旧世界温带分布	—	—	70	11.82
10–1. 地中海区、西亚和东亚间断分布	—	—	1	0.17
10–3. 欧亚和南非洲间断分布	1	0.76	—	—
11. 温带亚洲分布	—	—	14	2.36
12. 地中海区、西亚至中亚分布	1	0.76	11	1.86
13. 中亚分布	—	—	2	0.34
14. 东亚分布	4	3.05	36	6.08
14SH. 中国—喜马拉雅分布	—	—	23	3.89
14SJ. 中国—日本分布	1	0.76	14	2.36
15. 中国特有分布	2	1.54	21	3.55
总计	131	100	592	100

热带分布共 46 科，占该区维管植物总科数 35.11%。其中，泛热带分布共 31 科，占该区维管植物总科数 23.66%，包括凤尾蕨科、书带蕨科、漆树科、萝摩科等。其变型热带亚洲、非洲和南美洲间断分布的鸢尾科和以南半球为主的泛热带分布的商陆科。

热带亚洲和热带美洲间断分布共 7 科，占该区维管植物总科数 5.34%，包括杉科、木通科和马鞭草科等。旧世界热带分布有 2 科，包括海桐花科和八角枫科。热带亚洲分布包括清风藤科和膜蕨科。其余含 1 科的热带成分包括热带亚洲至大洋洲分布的马钱科以及南非分布的杜鹃花科。

温带分布共 35 科，占该区维管植物总科数 26.72%。其中，北温带分布共 7 科，占该区维管植物总科数 5.34%，包括阴地蕨科、岩蕨科、松科和列当科等。其变型北温带和南温带间断分布共 16 科，占该区维管植物总科数 12.21%，包括胡桃科、黄杨科、鹿蹄草科和壳斗科等；另外两个变型是欧亚和南美洲间断分布的小檗科和地中海、东亚、新西兰和墨西哥—智利间断分布的马桑科。东亚和北美间断分布有 3 科，包括三白草科、木兰科和透骨草科。东亚分布有 4 科，包括三尖杉科、领春木科、旌节花科和猕猴桃科。其余含 1 科的温带成分包括欧亚和南非洲间断分布的川续断科、地中海区、西亚至中亚分布的石榴科以及中国—日本分布的连香树科。

中国特有分布的科较少，仅有银杏科和杜仲科 2 科，占该区维管植物总科数 1.54%。

2.3.2 属的区系特征

保护区维管植物共 592 属，按地理成分可划分为 15 个分布型和 5 个变型（表 2-7）。其中，世界分布共 64 属，占该区维管植物总属数 10.81%，包括卷柏属 Selaginella、粉背蕨属、独行菜属和卫矛属等。

热带分布共 130 属，占该区维管植物总属数 21.96%。其中，泛热带分布最多，共 69 属，占该区维管植物总属数 11.66%，包括凤尾蕨属、短肠蕨属、商陆属、南蛇藤属。其变型热带亚洲、大洋洲和南美洲间断分布的烟草属和热带亚洲、非洲和南美洲间断分布的旱蕨属。热带亚洲和热带美洲间断分布有 6 属，占该区维管植物总属数 1.01%，包括雀梅藤属、百日菊属和木姜子属等。旧世界热带分布有 14 属，占该区维管植物总属数 2.36%，包括牛膝属、海桐花属和八角枫属等。热带亚洲至热带大洋洲分布有 12 属，占该区维管植物总属数 2.03%，包括槲蕨属、雀舌木属、荛花属等。热带亚洲至热带非洲分布有 11 属，包括瓦韦属、贯众属、铁仔属等。热带亚洲分布有 16 属，占该区维管植物总属数 2.70%，包括大血藤属、盾果草属和香果树属等。

温带分布共 377 属，占该区维管植物总属数 63.68%。其中，北温带分布最多，共 166 属，占该区维管植物总属数 28.04%，包括卵果蕨属、阴地蕨属、红豆杉属和紫堇属等。东亚和北美间断分布有 40 属，占该区维管植物总属数 6.76%，包括峨眉蕨属、五味子属、落新妇属等。旧世界温带分布有 70 属，占该区维管植物总属数 11.82%，包括麦蓝菜属、瓦松属、天名精属等，其变型地中海区、西亚和东亚间断分布的窃衣属。温带亚洲分布有 14 属，占该区维管植物总属数 2.36%，包括假冷蕨属、岩白菜属、狗娃花属等。地中海区、西亚至中亚分布有 11 属，包括假瘤蕨属、紫柄蕨属、苦马豆属等。

中亚分布有 2 属，包括星叶草属和角蒿属。东亚分布有 36 属，占该区维管植物总属数 6.08%，包括人字果属、五加属和野丁香属等，其变型中国—喜马拉雅分布有 23 属，包括骨牌蕨属、穗花杉属、秃疮花属等以及中国—日本分布有 14 属，包括丝带蕨属、木通属、博落回属和棣棠花属等。

中国特有分布共 21 属，占该区维管植物总属数 3.55%，包括杜仲属、串果藤属、羌活属、双盾木属、独叶草属等。

2.3.3 区系特征

综上所述，保护区植物区系具有以下主要特征：

(1)维管植物种类丰富，优势现象显著

保护区维管植物共 131 科 592 属 1505 种，其中蕨类植物 19 科 36 属 88 种，种子植物 112 科 556 属 1417 种，这与邻近的白水江自然保护区植物物种丰富性相比较少。在科属组成上，大科所含种数最多为 859 种，占该区维管植物总种数 57.08%，在该区维管植物区系的构建上发挥着主导作用，其余科所含种数依次为中等科（335 种）>寡种科（280 种）>单种科（31 种）。小属所含种数最多为 524 种，占该区维管植物总种数 34.82%，其余属所含种数依次为中等属（426 种）>单种属（301 种）>大属（254 种）。特有现象是一个地区植物区系最重要的特征之一。保护区维管植物中国特有科共 2 科，特有种共 700 种，特有属 21 属占中国植物区系特有属 8.79%。以上充分体现了保护区维管植物区系物种组成具有丰富性和多元化的特点。优势科能够反映某植物区系的特征，且在一定程度上具有表征作用。保护区维管植物区系优势现象明显，前十大科共 703 种，占该区维管植物总种数 46.71%，构成该区优势科。

(2)区系地理成分复杂，温带性质明显

从科属地理成分来看，保护区 131 科划分为 11 个分布型和 8 个变型，592 属划分为 15 个分布型和 5 个变型，体现该区维管植物区系地理成分复杂性。植物分布区类型中属比科更能体现植物区系的特性，更加能够反映植物界在进化过程中的地理特征。该区维管植物温带分布的属有 377 属，占该区维管植物总属数 63.68%，且明显高于热带分布总属数 65.52%。其中，北温带分布最多为 166 属，占该区维管植物总属数 28.04%，表现出典型的温带性质。

(3)区系表现出过渡性和交汇性

保护区维管植物科级水平上，热带成分较高于温带成分；属级水平上，温带成分显著高于热带成分，体现出该区维管植物成分由温带向热带过渡的特性。在中国特有种水平上，甘肃特有种共 17 种，包括甘肃天门冬、异苞紫菀、裂瓣穗状报春、锐齿西风芹、白溲疏等，其余 683 种与周围省份所共有，其中与四川共有 600 种、与陕西共有 479 种、与云南共有 311 种、与西藏共有 137 种、与青海共有 122 种、与内蒙古共有 60 种、与宁夏共有 60 种、与新疆共有 18 种，充分体现保护区维管植物区系的交汇性。

（4）存有古老、残遗及珍稀濒危物种

珍稀濒危物种是物种因自然或人类活动等因素而面临灭绝危险的生物种类，是某一区域生物多样性重要组成成分。保护区内的银杏、红豆杉、连香树、香果树、杜仲、领春木等均为第三纪古老孑遗植物以及南方红豆杉为白垩纪的残遗树种。该区维管植物中共有 62 种国家重点保护野生植物，占甘肃省珍稀保护植物 19.62%。其中，重点保护的兰科植物有 46 种，约占中国兰科植物总种数 2.88%，占甘肃省兰科植物总种数 46.94%。因此，应加强对保护区植物资源的保护。

2.4　资源植物

在生态系统中植物是生产者，是整个生态系统中的基石，是太阳能转化为生物化学能的起点，因此植物就是人类赖以生存和利用的重要资源。从广义上讲，所有的植物类群均有其资源价值，都是资源植物，但是人类科技水平的发展是步进式的，不同阶段人们掌握的科学技术不同，对植物的利用程度不同，因而对不同植物的资源利用类型也不同，不同的植物对人类生活的影响价值也有所差异。基于此，通常我们所说的资源植物是一个狭义的概念，主要是指在人类历史上和各类文献专著中已经指明其资源价值，且具有良好获取途径的植物物种。

本次科学考察发现甘肃省尖山自然保护区内植物物种丰富，植物资源蕴藏量大，所包含的已经可以合理开发利用和地区群众已经拥有悠久利用历史的植物种类非常多。为了便于保护区对重要资源植物的保护，以及能够利用科学的方法作指导，更好地实现对植物资源的可持续开发利用，本次科学考察从药用、食用、蜜源、观赏等方面对资源植物进行论述。

由于一种植物往往具有多种资源价值，为了便于统计分析，又不重复介绍，本次科学考察从资源价值高、植物主要利用方式和有开发前景作为筛选资源植物的基本原则，对植物资源进行介绍。

2.4.1　**药用植物**

药用植物是指一类经过人类使用被认为具有治疗、预防疾病效果或者具有保健价值的植物。本文所论的药用植物主要是指用于给人治病的药用植物。

根据《中华人民共和国药典》（2020 年版）、《新编中药志》（第 1~5 卷）、《中国资源植物》、《甘肃小陇山药用植物手册》、《甘肃中草药资源志》等专著对药用植物的研究论述，本文统计了保护区内具有较高药用价值的野生植物的相关信息，可作为药用植物后续深入研究及可持续利用的工作基础。保护区内共计有药用植物 500 种，分属于 110 科 357 属，这些植物中蕨类植物 15 科 18 属 22 种、裸子植物 4 科 6 属 9 种、被子植物 91 科 333 属 469 种（见表 2-8）。

表 2-8 保护区药用植物资源

科名	种名	入药部位	特有性
蕨类植物门			
石松科	多穗石松 Lycopodium annotinum	全草	N
	兖州卷柏 Selaginella involvens	全草	N
	江南卷柏 Selaginella moellendorffii	全草	N
紫萁科	紫萁 Osmunda japonica	根茎	N
凤尾蕨科	蜈蚣凤尾蕨 Pteris vittata	根茎	N
铁线蕨科	铁线蕨 Adiantum capillus-veneris	全草	N
	掌叶铁线蕨 Adiantum pedatum	全草	N
裸子蕨科	普通凤丫蕨 Coniogramme intermedia	根茎	N
蹄盖蕨科	中华蹄盖蕨 Athyrium sinense	根茎、叶	Y
金星蕨科	延羽卵果蕨 Phegopteris decursive-pinnata	全草	N
球子蕨科	荚果蕨 Matteuccia struthiopteris	根茎	N
鳞毛蕨科	革叶耳蕨 Polystichum neolobatum	根茎	N
水龙骨科	中华水龙骨 Goniophlebium chinense	根茎	Y
	石韦 Pyrrosia lingua	根茎	N
	长瓦韦 Lepisorus pseudonudus	全草	N
	华北石韦 Pyrrosia davidii	地上部分	Y
	有柄石韦 Pyrrosia petiolosa	地上部分	N
木贼科	节节草 Equisetum ramosissimum	全草	
凤尾蕨科	井栏边草 Pteris multifida	全草	N
蹄盖蕨科	日本蹄盖蕨 Athyrium niponicum	全草	N
铁角蕨科	北京铁角蕨 Asplenium pekinense	全草	N
鳞毛蕨科	贯众 Cyrtomium fortunei	根状茎	N
裸子植物			
银杏科	银杏 Ginkgo biloba	种子	Y
松科	油松 Pinus tabuliformis	松节、松针、松花粉	Y
柏科	侧柏 Platycladus orientalis	枝叶、种子	N
	刺柏 Juniperus formosana	果实	Y
	圆柏 Juniperus chinensis	枝叶	N
三尖杉科	三尖杉 Cephalotaxus fortunei	叶、枝、果实、根	Y
	粗榧 Cephalotaxus sinensis	根、叶、树皮	Y
	红豆杉 Taxus wallichiana var. chinensis	树皮	Y
	南方红豆杉 Taxus wallichiana var. mairei	树皮	Y
被子植物门			
三白草科	蕺菜 Houttuynia cordata	全草	N
杨柳科	山杨 Populus davidiana	叶、树皮、枝	N
	垂柳 Salix babylonica	柳枝、根、花序	N

续表

科名	种名	入药部位	特有性
胡桃科	胡桃 *Juglans regia*	仁、叶、壳、花、根	N
桦木科	白桦 *Betula platyphylla*	桦树皮、桦树液	N
	榛 *Corylus heterophylla*	种仁	N
壳斗科	锐齿槲栎 *Quercus aliena* var. *acutiserrata*	果实	N
	辽东栎 *Quercus mongolica*	果实	N
	栓皮栎 *Quercus variabilis*	果壳或果实	N
榆科	黑弹树 *Celtis bungeana*	树干、枝条	N
杜仲科	杜仲 *Eucommia ulmoides*	树皮	Y
桑科	葎草 *Humulus scandens*	地上部分	N
	柘 *Maclura tricuspidata*	根皮、果实	N
	鸡桑 *Morus australis*	叶	N
荨麻科	荨麻 *Urtica fissa*	地上部分	N
	珠芽艾麻 *Laportea bulbifera*	根	N
马兜铃科	单叶细辛 *Asarum himalaicum*	全草	N
蓼科	尼泊尔酸模 *Rumex nepalensis*	根	N
	掌叶大黄 *Rheum palmatum*	根状茎及根	N
	短毛金线草 *Antenoron filiforme* var. *neofiliforme*	根或茎叶	N
	荞麦 *Fagopyrum esculentum*	全草	N
	苦荞麦 *Fagopyrum tataricum*	根	N
	萹蓄 *Polygonum aviculare*	地上部分	N
	赤胫散 *Polygonum runcinatum* var. *sinense*	根状茎	N
	尼泊尔蓼 *Polygonum nepalense*	全草	N
	红蓼 *Polygonum orientale*	全草	N
	长鬃蓼 *Polygonum longisetum*	全草	N
	酸模叶蓼 *Polygonum lapathifolium*	地上部分	N
	何首乌 *Fallopia multiflora*	茎枝或根	N
	珠芽蓼 *Polygonum viviparum*	根状茎	N
藜科	灰绿藜 *Chenopodium glaucum*	嫩叶	N
	猪毛菜 *Salsola collina*	全草	N
商陆科	垂序商陆 *Phytolacca americana*	根	N
苋科	牛膝 *Achyranthes bidentata*	根	N
马齿苋科	马齿苋 *Portulaca oleracea*	全草	N
石竹科	无心菜 *Arenaria serpyllifolia*	全草	N
	鹅肠菜 *Myosoton aquaticum*	全草	N
	漆姑草 *Sagina japonica*	全草	N
	女娄菜 *Silene aprica*	全草	N
	麦瓶草 *Silene conoidea*	全草	N

科名	种名	入药部位	特有性
石竹科	孩儿参 *Pseudostellaria heterophylla*	块根	N
	中国繁缕 *Stellaria chinensis*	地上部分	N
	繁缕 *Stellaria media*	全草	N
	箐姑草 *Stellaria vestita*	地上部分	N
	麦蓝菜 *Vaccaria hispanica*	种子	N
	狗筋蔓 *Cucubalus baccifer*	全草	N
	石竹 *Dianthus chinensis*	地上部分	N
连香树科	连香树 *Cercidiphyllum japonicum*	果实	N
毛茛科	升麻 *Cimicifuga foetida*	根状茎	N
	类叶升麻 *Actaea asiatica*	根状茎	N
	无距耧斗菜 *Aquilegia ecalcarata*	全草	Y
	铁破锣 *Beesia calthifolia*	根状茎	N
	驴蹄草 *Caltha palustris*	全草	N
	钝齿铁线莲 *Clematis apiifolia* var. *argentilucida*	茎	N
	小蓑衣藤 *Clematis gouriana*	根、茎	N
	粗齿铁线莲 *Clematis grandidentata*	根	N
	绣球藤 *Clematis montana*	茎藤	N
	柱果铁线莲 *Clematis uncinata*	根	N
	还亮草 *Delphinium anthriscifolium*	全草	N
	铁筷子 *Helleborus thibetanus*	地下部分	Y
	黄三七 *Souliea vaginata*	根状茎	N
	长喙唐松草 *Thalictrum macrorhynchum*	根及根状茎	Y
	爪哇唐松草 *Thalictrum javanicum*	全草	N
	东亚唐松草 *Thalictrum minus* var. *hypoleucum*	根	N
	乌头 *Aconitum carmichaelii*	块根	N
	高乌头 *Aconitum sinomontanum*	根	N
	花莛乌头 *Aconitum scaposum*	根	N
	松潘乌头 *Aconitum sungpanense*	块根	N
	蜀侧金盏花 *Adonis sutchuenensis*	全草	N
	打破碗花花 *Anemone hupehensis*	根状茎	N
	草玉梅 *Anemone rivularis*	根状茎、叶	N
	小花草玉梅 *Anemone rivularis* var. *flore-minore*	根状茎	N
	大火草 *Anemone tomentosa*	根状茎	N
	毛茛 *Ranunculus japonicus*	全草	N
	茴茴蒜 *Ranunculus chinensis*	全草	N
	小花草玉梅 *Anemone rivularis* var. *flore-minore*	全草	N
	矮金莲花 *Trollius farreri*	全草	N

续表

科名	种名	入药部位	特有性
毛茛科	川赤芍 *Paeonia anomala* subsp. *veitchii*	根	N
木通科	木通 *Akebia quinata*	茎、根、果实	N
	八月瓜藤 *Holboellia fargesii*	根	N
小檗科	黄芦木 *Berberis amurensis*	根皮或茎皮	N
	堆花小檗 *Berberis aggregata*	根	N
	秦岭小檗 *Berberis circumserrata*	根	N
	淫羊藿 *Epimedium brevicornu*	全草	Y
	红毛七 *Caulophyllum robustum*	根、根茎	N
	南方山荷叶 *Diphylleia sinensis*	根茎、须根	N
	桃儿七 *Sinopodophyllum hexandrum*	根茎、须根、果实	N
木兰科	华中五味子 *Schisandra sphenanthera*	成熟果实	Y
樟科	木姜子 *Litsea pungens*	果实	Y
罂粟科	白屈菜 *Chelidonium majus*	地上部分	N
	紫堇 *Corydalis edulis*	全草	N
	条裂黄堇 *Corydalis linarioides*	块根	N
	蛇果黄堇 *Corydalis ophiocarpa*	根	N
	秃疮花 *Dicranostigma leptopodum*	全草	Y
	荷青花 *Hylomecon japonica*	根及根状茎	N
	蛇果黄堇 *Corydalis ophiocarpa*	全草	N
	博落回 *Macleaya cordata*	全草	N
	小果博落回 *MaMeconopsis integrifoliapa*	全草	N
	全缘叶绿绒蒿 *Meconopsis integrifolia*	全草	N
	五脉绿绒蒿 *Meconopsis quintuplinervia*	全草	N
	多刺绿绒蒿 *Meconopsis horridula*	全草	N
十字花科	芸薹 *Brassica rapa* var. *oleifera*	种子	N
	荠 *Capsella bursa-pastoris*	全草	N
	白花碎米荠 *Cardamine leucantha*	全草	N
	大叶碎米荠 *Cardamine macrophylla*	全草	N
	菥蓂 *Thlaspi arvense*	全草	N
	播娘蒿 *Descurainia sophia*	种子	N
	独行菜 *Lepidium apetalum*	种子	N
	蔊菜 *Rorippa indica*	全草	N
景天科	菱叶红景天 *Rhodiola henryi*	根	N
	繁缕景天 *Sedum stellariifolium*	地上部分	Y
	费菜 *Sedum aizoon*	全草	N
	佛甲草 *Sedum lineare*	茎叶	N
虎耳草科	秦岭岩白菜 *Bergenia scopulosa*	根状茎	Y

续表

科名	种名	入药部位	特有性
虎耳草科	大叶金腰 *Chrysosplenium macrophyllum*	全草	N
	中华金腰 *Chrysosplenium sinicum*	全草	N
	细枝茶藨子 *Ribes tenue*	根	N
	七叶鬼灯檠 *Rodgersia aesculifolia*	根状茎	N
	鸡肫梅花草 *Parnassia wightiana*	全草	N
	落新妇 *Astilbe chinensis*	根状茎	N
	黄水枝 *Tiarella polyphylla*	全草	N
蔷薇科	唐棣 *Amelanchier sinica*	树皮	N
	山桃 *Amygdalus davidiana*	果仁	N
	假升麻 *Aruncus sylvester*	根	N
	甘肃山楂 *Crataegus kansuensis*	果实	Y
	湖北海棠 *Malus hupehensis*	果实	Y
	樱桃 *Cerasus pseudocerasus*	枝、叶、花	N
	灰栒子 *Cotoneaster acutifolius*	枝叶、果实	N
	平枝栒子 *Cotoneaster horizontalis*	枝叶或根	N
	鸡麻 *Rhodotypos scandens*	果实或根	N
	路边青 *Geum aleppicum*	地上部分	N
	东方草莓 *Fragaria orientalis*	果实	N
	蛇莓 *Duchesnea indica*	地上部分	N
	路边青 *Geum aleppicum*	全草	N
	柔毛路边青 *Geum japonicum* var. *chinense*	全草	N
	龙芽草 *Agrimonia pilosa*	地上部分	N
	棣棠花 *Kerria japonica*	茎髓	N
	苹果 *Malus pumila*	果实	N
	蕨麻 *Potentilla anserina*	根	N
	委陵菜 *Potentilla chinensis*	全草	N
	金露梅 *Potentilla fruticosa*	花、叶	N
	银露梅 *Potentilla glabra*	花、叶	N
	蛇含委陵菜 *Potentilla kleiniana*	全草	N
	火棘 *Pyracantha fortuneana*	果实、根、叶	N
	李 *Prunus salicina*	果实	N
	沙梨 *Pyrus pyrifolia*	果实	Y
	麻梨 *Pyrus serrulata*	果实	N
	单瓣白木香 *Rosa banksiae* var. *normalis*	根	Y
	针刺悬钩子 *Rubus pungens*	根	N
	水榆花楸 *Sorbus alnifolia*	果实	N
	石灰花楸 *Sorbus folgneri*	茎	N

续表

科名	种名	入药部位	特有性
蔷薇科	黄果悬钩子 *Rubus xanthocarpus*	全草	N
	地榆 *Sanguisorba officinalis*	根	N
	高丛珍珠梅 *Sorbaria arborea*	根	N
	绣球绣线菊 *Spiraea blumei*	根、果	N
豆科	山槐 *Albizia kalkora*	树皮、花	N
	小雀花 *Campylotropis polyantha*	根	Y
	紫荆 *Cercis chinensis*	树皮	Y
	皂荚 *Gleditsia sinensis*	果荚、刺、种子	N
	大豆 *Glycine max*	种子	N
	野大豆 *Glycine soja*	全草	Y
	米口袋 *Gueldenstaedtia verna*	全草	N
	多序岩黄耆 *Hedysarum polybotrys*	根	Y
	多花木蓝 *Indigofera amblyantha*	全草	Y
	河北木蓝 *Indigofera bungeana*	全草	N
	甘肃木蓝 *Indigofera potaninii*	根	Y
	长萼鸡眼草 *Kummerowia stipulacea*	全草	N
	胡枝子 *Lespedeza bicolor*	全草	N
	美丽胡枝子 *Lespedeza thunbergii* subsp. *formosa*	根	N
	截叶铁扫帚 *Lespedeza cuneata*	全草	N
	兴安胡枝子 *Lespedeza davurica*	全草	N
	多花胡枝子 *Lespedeza floribunda*	根	N
	百脉根 *Lotus corniculatus*	根	N
	紫苜蓿 *Medicago sativa*	全草	N
	草木犀 *Melilotus officinalis*	地上部分	N
	白花草木犀 *Melilotus alba*	地上部分	N
	杭子梢 *Campylotropis macrocarpa*	枝叶	N
	歪头菜 *Vicia unijuga*	嫩茎叶	N
	广布野豌豆 *Vicia cracca*	嫩茎叶	N
	山野豌豆 *Vicia amoena*	全草	N
	救荒野豌豆 *Vicia sativa*	全草	N
	牧地山黧豆 *Lathyrus pratensis*	地上部分	N
	菱叶鹿藿 *Rhynchosia diclsii*	茎叶或根	Y
	槐 *Styphnolobium japonicum*	花、果、叶	N
	野葛 *Pueraria montana* var. *lobata*	块根	N
酢浆草科	白花酢浆草 *Oxalis acetosella*	全草	N
牻牛儿苗科	牻牛儿苗 *Erodium stephanianum*	全草	N
	鼠掌老鹳草 *Geranium sibiricum*	全草	N

续表

科名	种名	入药部位	特有性
牻牛儿苗科	尼泊尔老鹳草 Geranium nepalense	全草	N
	毛蕊老鹳草 Geranium platyanthum	全草	N
	老鹳草 Geranium wilfordii	全草	N
亚麻科	亚麻 Linum usitatissimum	种子	N
蒺藜科	蒺藜 Tribulus terrestris	果实、嫩茎	N
芸香科	竹叶花椒 Zanthoxylum armatum	果实、根、叶	N
	毛竹叶花椒 Zanthoxylum armatum var. ferrugineum	果实、根、叶	N
	花椒 Zanthoxylum bungeanum	干燥果皮	N
	异叶花椒 Zanthoxylum dimorphophyllum	根皮	N
	狭叶花椒 Zanthoxylum stenophyllum	根皮	Y
	黄檗 Phellodendron amurense	树皮	N
苦木科	臭椿 Ailanthus altissima	根皮或树皮	N
远志科	瓜子金 Polygala japonica	根或全草	N
	西伯利亚远志 Polygala sibirica	根皮	N
	远志 Polygala tenuifolia	根皮	N
大戟科	铁苋菜 Acalypha australis	全草	N
	泽漆 Euphorbia helioscopia	全草	N
	地锦草 Euphorbia humifusa	全草	N
	地构叶 Speranskia tuberculata	全草	N
马桑科	马桑 Coriaria nepalensis	叶	N
漆树科	毛黄栌 Cotinus coggygria var. pubescens	根皮	N
	黄连木 Pistacia chinensis	根皮、叶	N
	野漆 Toxicodendron succedaneum	根、皮、果	N
	漆 Toxicodendron vernicifluum	干漆	N
卫矛科	苦皮藤 Celastrus angulatus	根皮	Y
	南蛇藤 Celastrus orbiculatus	果	N
	粉背南蛇藤 Celastrus hypoleucus	根	Y
	卫矛 Euonymus alatus	枝条	N
清风藤科	泡花树 Meliosma cuneifolia	根皮	N
鼠李科	多花勾儿茶 Berchemia floribunda	藤叶或根	N
	枳椇 Hovenia acerba	种子	N
	枣 Ziziphus jujuba	果实、种子	N
	酸枣 Ziziphus jujuba var. spinosa	种子	N
葡萄科	蓝果蛇葡萄 Ampelopsis bodinieri	根皮	Y
锦葵科	苘麻 Abutilon theophrasti	全草、种子	N
猕猴桃科	葛枣猕猴桃 Actinidia polygama	虫瘿	N
金丝桃科	黄海棠 Hypericum ascyron	全草	N

续表

科名	种名	入药部位	特有性
金丝桃科	贯叶连翘 *Hypericum perforatum*	全草	N
堇菜科	鸡腿堇菜 *Viola acuminata*	全草	N
	双花堇菜 *Viola biflora*	全草	N
	球果堇菜 *Viola collina*	全草	N
	萱 *Viola moupinensis*	全草	N
	早开堇菜 *Viola prionantha*	全草	N
	紫花地丁 *Viola philippica*	全草	N
瑞香科	黄瑞香 *Daphne giraldii*	茎皮或根皮	Y
	狼毒 *Stellera chamaejasme*	根及茎皮	N
	河朔荛花 *Wikstroemia chamaedaphne*		
胡颓子科	牛奶子 *Elaeagnus umbellata*	果实	N
	披针叶胡颓子 *Elaeagnus lanceolata*	根或叶	Y
千屈菜科	千屈菜 *Lythrum salicaria*	地上部分	N
石榴科	石榴 *Punica granatum*	果皮	N
	瓜木 *Alangium platanifolium*	根	N
柳叶菜科	柳叶菜 *Epilobium hirsutum*	地上部分	N
	柳兰 *Chamerion angustifolium*	全草	N
	露珠草 *Circaea cordata*	全草	N
五加科	楤木 *Aralia chinensis*	茎皮或茎	Y
	食用土当归 *Aralia cordata*	根	N
	刺五加 *Eleutherococcus senticosus*	树皮	N
	红毛五加 *Eleutherococcus giraldii*	根皮	Y
	蜀五加 *Eleutherococcus setchuenensis*	根皮	N
伞形科	变豆菜 *Sanicula chinensis*	全草	N
	峨参 *Anthriscus sylvestris*	根	N
	羌活 *Notopterygium incisum*	根状茎	Y
	宽叶羌活 *Notopterygium franchetii*	根状茎	Y
	窃衣 *Torilis scabra*	全草或果实	N
	小窃衣 *Torilis japonica*	全草或果实	N
	北柴胡 *Bupleurum chinense*	根	Y
	鸭儿芹 *Cryptotaenia japonica*	地上部分	N
	异叶茴芹 *Pimpinella diversifolia*	全草	N
山茱萸科	青荚叶 *Helwingia japonica*	叶或果实	N
	中华青荚叶 *Helwingia chinensis*	叶、果实	N
鹿蹄草科	鹿蹄草 *Pyrola calliantha*	全草	N
杜鹃花科	照山白 *Rhododendron micranthum*	枝叶	N
	头花杜鹃 *Rhododendron capitatum*	枝叶	N

续表

科名	种名	入药部位	特有性
紫金牛科	铁仔 *Myrsine africana*	枝叶	N
报春花科	过路黄 *Lysimachia christiniae*	全草	N
	临时救 *Lysimachia congestiflora*	全草	N
	虎尾草 *Lysimachia barystachys*	全草	N
白花丹科	小蓝雪花 *Ceratostigma minus*	地下部分	Y
	二色补血草 *Limonium bicolor*	全草	N
柿树科	柿 *Diospyros kaki*	果实	Y
	君迁子 *Diospyros lotus*	果实	N
木犀科	白蜡树 *Fraxinus chinensis*	树皮	N
	秦岭梣 *Fraxinus paxiana*	茎皮	Y
	女贞 *Ligustrum lucidum*	叶、果	N
马钱科	大叶醉鱼草 *Buddleja davidii*	全株	N
	密蒙花 *Buddleja officinalis*	全株	N
龙胆科	红花龙胆 *Gentiana rhodantha*	全草	Y
	湿生扁蕾 *Gentianopsis paludosa*	全草	N
	椭圆叶花锚 *Halenia elliptica*	全草	N
	北方獐牙菜 *Swertia diluta*	全草	N
萝藦科	络石 *Trachelospermum jasminoides*	根、茎、叶、果实	N
	牛皮消 *Cynanchum auriculatum*	块根	N
	白首乌 *Cynanchum bungei*	块根	N
	鹅绒藤 *Cynanchum chinense*	全草	Y
	大理白前 *Cynanchum forrestii*	根	Y
	竹灵消 *Cynanchum inamoenum*	根	N
	朱砂藤 *Cynanchum officinale*	根	Y
	苦绳 *Dregea sinensis*	全草	Y
	青蛇藤 *Periploca calophylla*	茎	N
	杠柳 *Periploca sepium*	根皮	Y
	萝藦 *Metaplexis japonica*	藤叶或根	N
旋花科	菟丝子 *Cuscuta chinensis*	种子	N
	金灯藤 *Cuscuta japonica*	种子	N
	打碗花 *Calystegia hederacea*	全草	N
	田旋花 *Convolvulus arvensis*	全草	N
	北鱼黄草 *Merremia sibirica*	全草	N
	牵牛 *Ipomoea nil*	种子	N
紫草科	梓木草 *Lithospermum zollingeri*	果实	N
	琉璃草 *Cynoglossum furcatum*	根、叶	N
	小花琉璃草 *Cynoglossum lanceolatum*	全草	N

科名	种名	入药部位	特有性
紫草科	盾果草 *Thyrocarpus sampsonii*	全草	N
	附地菜 *Trigonotis peduncularis*	全草	N
	老鸦糊 *Callicarpa giraldii*	全株	Y
	三花莸 *Caryopteris terniflora*	全草	Y
	臭牡丹 *Clerodendrum bungei*	根、茎、叶	N
马鞭草科	海州常山 *Clerodendrum trichotomum*	嫩枝、叶	N
	马鞭草 *Verbena officinalis*	全草	N
	藿香 *Agastache rugosa*	全草	N
唇形科	水棘针 *Amethystea caerulea*	全草	N
	筋骨草 *Ajuga ciliata*	地上部分	Y
	细风轮菜 *Clinopodium gracile*	全草	N
	灯笼草 *Clinopodium polycephalum*	全草	N
	荆芥 *Nepeta cataria*	地上部分	N
	夏枯草 *Prunella vulgaris*	果穗	N
	糙苏 *Phlomis umbrosa*	全草	Y
	鼬瓣花 *Galeopsis bifida*	地上部分	N
	宝盖草 *Lamium amplexicaule*	全草	N
	益母草 *Leonurus japonicus*	地上部分	N
	甘露子 *Stachys sieboldii*	全草	N
	甘西鼠尾草 *Salvia przewalskii*	根	Y
	密花香薷 *Elsholtzia densa*	全草	N
	香薷 *Elsholtzia ciliata*	地上部分	N
	鸡骨柴 *Elsholtzia fruticosa*	茎枝	N
	碎米桠 *Isodon rubescens*	茎叶	Y
茄科	曼陀罗 *Datura stramonium*	全株	N
	天仙子 *Hyoscyamus niger*	根、叶、种子	N
	龙葵 *Solanum nigrum*	地上部分	N
	白英 *Solanum lyratum*	果实	N
	青杞 *Solanum septemlobum*	地上部分	N
玄参科	地黄 *Rehmannia glutinosa*	根	Y
	阴行草 *Siphonostegia chinensis*	全草	N
	松蒿 *Phtheirospermum japonicum*	地上部分	N
	小米草 *Euphrasia pectinata*	全草	N
	短腺小米章 *Euphrasia regelii*	全草	N
	藓生马先蒿 *Pedicularis muscicola*	根	Y
列当科	丁座草 *Boschniakia himalaica*	全草	N
苦苣苔科	吊石苣苔 *Lysionotus pauciflorus*	全草	N

科名	种名	入药部位	特有性
透骨草科	透骨草 *Phryma leptostachya* subsp. *asiatica*	根或茎叶	N
车前科	车前 *Plantago asiatica*	种子	N
	平车前 *Plantago depressa*	种子	N
茜草科	原拉拉藤 *Galium aparine*	全草	N
	茜草 *Rubia cordifolia*	根	N
忍冬科	接骨木 *Sambucus williamsii*	茎枝	N
	莛子藨 *Triosteum pinnatifidum*	根	N
	南方六道木 *Abelia dielsii*	果实	Y
	淡红忍冬 *Lonicera acuminata*	花蕾	N
	盘叶忍冬 *Lonicera tragophylla*	花蕾	Y
	刚毛忍冬 *Lonicera hispida*	花蕾	N
	苦糖果 *Lonicera fragrantissima* subsp. *standishii*	茎叶或根	Y
败酱科	缬草 *Valeriana officinalis*	根及根状茎	N
川续断科	川续断 *Dipsacus asper*	根	N
	日本续断 *Dipsacus japonicus*	根	N
葫芦科	赤瓟 *Thladiantha dubia*	果实	N
	绞股蓝 *Gynostemma pentaphyllum*		
	栝楼 *Trichosanthes kirilowii*	根	N
桔梗科	紫斑风铃草 *Campanula punctata*	全草	N
	泡沙参 *Adenophora potaninii*	根	Y
	党参 *Codonopsis pilosula*	根	N
菊科	蓍 *Achillea millefolium*	全草	N
	云南蓍 *Achillea wilsoniana*	全草	Y
	杏香兔儿风 *Ainsliaea fragrans*	全草	N
	牛蒡 *Arctium lappa*	种子	N
	莳萝蒿 *Artemisia anethoides*	基生叶	N
	黄花蒿 *Artemisia annua*	全草	N
	艾 *Artemisia argyi*	叶	N
	牛尾蒿 *Artemisia dubia*	全草	N
	无毛牛尾蒿 *Artemisia dubia* var. *subdigitata*	全草	N
	牡蒿 *Artemisia japonica*	全草	N
	矮蒿 *Artemisia lancea*	叶或全草	N
	蒙古蒿 *Artemisia mongolica*	全草	N
	魁蒿 *Artemisia princeps*	全草	N
	阿尔泰狗娃花 *Heteropappus altaicus*	全草	N
	小蓬草 *Conyza canadensis*	地上部分	N
	三脉紫菀 *Aster ageratoides*	全草	N

续表

科名	种名	入药部位	特有性
菊科	婆婆针 Bidens bipinnata	全草	N
	薄雪火绒草 Leontopodium japonicum	地上部分	N
	珠光香青 Anaphalis margaritacea	全草	N
	铃铃香青 Anaphalis hancockii	地上部分	Y
	尼泊尔香青 Anaphalis nepalensis	全草	N
	旋覆花 Inula japonica	地上部分	N
	天名精 Carpesium abrotanoides	全草或果实	N
	烟管头草 Carpesium cernuum	全草	N
	大花金挖耳 Carpesium macrocephalum	全草或根皮	N
	和尚菜 Adenocaulon himalaicum	根及根状茎	N
	苍耳 Xanthium sibiricum	果实	N
	豨莶 Siegesbeckia orientalis	地上部分	N
	鳢肠 Eclipta prostrata	地上部分	N
	蒲儿根 Sinosenecio oldhamianus	全草	N
	刺儿菜 Cirsium segetum	全草	N
	风毛菊 Saussurea japonica	地上部分	N
	蒲公英 Taraxacum mongolicum	全草	N
	毛连菜 Picris hieracioides	花序	N
	黄鹌菜 Youngia japonica	全草	N
香蒲科	宽叶香蒲 Typha latifolia	花粉	N
禾本科	莜麦 Avena chinensis	种子	Y
	芸香草 Cymbopogon distans	茎叶	N
	狗牙根 Cynodon dactylon	全草	N
	牛筋草 Eleusine indica	全草	N
	黄茅 Heteropogon contortus	全草	N
	大白茅 Imperata cylindrica var. major	全草	N
	芦苇 Phragmites australis	根状茎	N
	狗尾草 Setaria viridis	秆、叶	N
莎草科	香附子 Cyperus rotundus	根状茎	N
天南星科	魔芋 Setaria viridis	块茎	N
	象南星 Arisaema elephas	块茎	Y
	一把伞南星 Arisaema erubescens	块茎	N
	天南星 Arisaema heterophyllum	块茎	N
	花南星 Arisaema lobatum	块茎	Y
	半夏 Pinellia ternata	块茎	N
	独角莲 Pinellia ternata	块茎	Y
鸭跖草科	鸭跖草 Commelina communis	全草	N

续表

科名	种名	入药部位	特有性
鸭跖草科	竹叶子 *Streptolirion volubile*	全草	N
灯芯草科	灯心草 *Commelina communis*	髓	N
	多花地杨梅 *Luzula multiflora*	果实全草或	N
百合科	薤白 *Allium macrostemon*	鳞茎	N
	韭 *Allium tuberosum*	种子	N
	羊齿天门冬 *Asparagus filicinus*	快根	N
	绵枣儿 *Barnardia japonica*	鳞茎	N
	粉条儿菜 *Aletris spicata*	全草	N
	七筋姑 *Clintonia udensis*	全草	N
	短蕊万寿竹 *Disporum bodinieri*	根	N
	甘肃贝母 *Fritillaria przewalskii*	鳞茎	Y
	太白贝母 *Fritillaria taipaiensis*	鳞茎	Y
	扭柄花 *Streptopus obtusatus*	根状茎	N
	大苞黄精 *Polygonatum megaphyllum*	根状茎	Y
	卷叶黄精 *Polygonatum cirrhifolium*	根状茎	N
	舞鹤草 *Maianthemum bifolium*	全草	N
	管花鹿药 *Maianthemum henryi*	根状茎	N
	鹿药 *Maianthemum japonicum*	根状茎	N
	万寿竹 *Disporum cantoniense*	根状茎	N
	七叶一枝花 *Paris polyphylla*	根状茎	N
	藜芦 *Veratrum nigrum*	根状茎	N
	野百合 *Lilium brownii*	鳞茎或花	Y
	山丹 *Lilium pumilum*	鳞茎	N
	卷丹 *Lilium tigrinum*	鳞茎或花	N
	禾叶山麦冬 *Liriope graminifolia*	块根	N
	山麦冬 *Liriope spicata*	块根	N
	西藏洼瓣花 *Lloydia tibetica*	鳞茎	N
	沿阶草 *Ophiopogon bodinieri*	块根	N
	麦冬 *Ophiopogon japonicus*	块根	N
	玉竹 *Polygonatum odoratum*	根状茎	N
	黄精 *Polygonatum sibiricum*	根状茎	N
	轮叶黄精 *Polygonatum verticillatum*	根状茎	N
	黄花油点草 *Tricyrtis pilosa*	全草或根	N
	土茯苓 *Sniilax glabra*	根状茎	N
	托柄菝葜 *Smilax discotis*	根状茎	Y
百合科	短梗菝葜 *Smilax scobinicaulis*	根状茎	Y
薯蓣科	穿龙薯蓣 *Dioscorea nipponica*	根状茎	N

科名	种名	入药部位	特有性
薯蓣科	薯蓣 *Dioscorea polystachya*	块茎	N
	盾叶薯蓣 *Dioscorea zingiberensis*	根状茎	Y
鸢尾科	射干 *Belamcanda chinensis*	根状茎	N
	鸢尾 *Iris tectorum*	根状茎	N
兰科	白及 *Bletilla striata*	块茎	N
	黄花白及 *Bletilla ochracea*	块茎	Y
	毛杓兰 *Cypripedium franchetii*	根状茎	N
	凹舌掌裂兰 *Dactylorhiza viridis*	块茎	N
	叉唇角盘兰 *Herminium lanceum*	全草	N
	火烧兰 *Epipactis helleborine*	根	N
	大叶火烧兰 *Epipactis mairei*	根及根状茎	N
	天麻 *Gastrodia elata*	块茎	N
	斑叶兰 *Goodyera schlechtendaliana*	全草	N
	银兰 *Cephalanthera erecta*	全草	N
	广布红门兰 *Orchis chusua*	块茎	N
	绶草 *Spiranthes sinensis*	全草	N
	羊耳蒜 *Liparis japonica*	全草	N
	流苏虾脊兰 *Calanthe alpina*	假鳞茎	N
	杜鹃兰 *Cremastra appendiculata*	假鳞茎	N

注：1. 种级单位在保护区有分布的，种下单位均不记录。

2. 特有性列表中的 Y 是指为中国特有，N 是指非中国特有。

2.4.2 食用植物

食用植物是指可以直接或间接为人类补充蛋白质、维生素等营养物质，且对人体无害的植物的统称，通俗地说就是可以作为人类食物的植物。食用植物一般根据其利用的价值不同，可以分为淀粉植物、油脂植物、植物蛋白质、植物维生素等。本次科学考察所说的食用植物，是指植物的部分或者全部，通过直接或者间接的方式被人类用来食用的植物的统称。自然保护区内的食用植物主要包括野菜、野果。

由于食用植物是一个包含范围很大的一类资源植物，为了掌握食用植物的状况，通过搜集已经发表的相关专著和相关文献把各处的相关记录综合到一起，对自然保护区内的食用植物进行介绍，为后续的食用植物有序开发和利用提供研究基础。

根据对相关资料的整理分析，结合自然保护区的科学考察，发现自然保护区内具有食用价值的野生植物有 193 种，分属于 44 科 108 属，中国特有植物 19 种，这些植物中蕨类植物 4 科 6 属 6 种、裸子植物 2 科 2 属 3 种、被子植物 38 科 100 属 184 种（见表 2-9）。

表 2-9 保护区食用植物资源

科名	种名	食用部位	特有性
蕨类植物门			
木贼科	笔管草 *Equisetum hyemale*	孢囊柄	N
	紫萁 *Pteridium aquilinum* var. *latiusculum*	拳卷叶	N
凤尾蕨科	普通凤丫蕨 *Coniogramme intermedia*	拳卷叶	N
	中华蹄盖蕨 *Athyrium sinense*	拳卷叶	N
球子蕨科	荚果蕨 *Matteuccia struthiopteris*	拳卷叶	N
鳞毛蕨科	贯众 *Cyrtomium fortunei*	拳卷叶	N
裸子植物门			
银杏科	银杏 *Ginkgo biloba*	种子	Y
松科	华山松 *Pinus armandii*	种仁	N
	油松 *Pinus tabuliformis*	种仁	N
被子植物门			
三白草科	蕺菜 *Houttuynia cordata*	嫩茎叶	N
胡桃科	胡桃 *Juglans regia*	种仁	N
桦木科	榛 *Corylus heterophylla*	果实	N
	毛榛 *Corylus mandshurica*	果实	N
壳斗科	刺叶高山栎 *Quercus spinosa*	种仁酿酒	N
	锐齿槲栎 *Quercus aliena* var. *acuteserrata*	种仁酿酒	N
	辽东栎 *Quercus mongolica*	种仁酿酒	N
	榆树 *Ulmus pumila*	幼果	N
桑科	鸡桑 *Morus australis*	果实	N
蓼科	萹蓄 *Polygonum aviculare*	嫩茎叶	N
	山蓼 *Oxyria digyna*	嫩茎叶	N
	水蓼 *Polygonum hydropiper*	嫩茎叶	N
	皱叶酸模 *Rumex crispus*	嫩茎叶	N
	巴天酸模 *Rumex patientia*	嫩茎叶	N
	酸模叶蓼 *Polygonum lapathifolium*	嫩茎叶	N
	何首乌 *Fallopia multiflora*	块根	N
藜科	灰绿藜 *Chenopodium glaucum*	嫩茎叶	N
	藜 *Chenopodium album*	嫩茎叶	N
苋科	苋 *Amaranthus tricolor*	嫩茎叶	N
	牛膝 *Achyranthes bidentata*	嫩茎叶	N
	繁穗苋 *Amaranthus cruentus*	嫩茎叶	N
木兰科	华中五味子 *Schisandra sphenanthera*	果实	Y
十字花科	菥蓂 *Thlaspi arvense*	嫩茎叶	N
	白花碎米荠 *Cardamine leucantha*	嫩茎叶	N
	离子芥 *Chorispora tenella*	嫩茎叶	N

续表

科名	种名	食用部位	特有性
十字花科	蕺菜 *Houttuynia cordata*	嫩茎叶	N
	沼生蕹菜 *Rorippa palustris*	嫩茎叶	N
	风花菜 *Rorippa globosa*	嫩茎叶	N
	独行菜 *Lepidium apetalum*	嫩茎叶	N
	芸薹 *Brassica rapa* var. *oleifera*	嫩茎叶	N
	大叶碎米荠 *Cardamine macrophylla*	嫩茎叶	N
	光头山碎米荠 *Cardamine impatiens*	嫩茎叶	N
景天科	费菜 *Phedimus aizoon*	嫩茎叶	N
	佛甲草 *Sedum lineare*	嫩茎叶	N
虎耳草科	宝兴茶藨子 *Ribes moupinense*	果实酿酒、食用	Y
蔷薇科	甘肃山楂 *Crataegus kansuensis*	果实酿酒、食用	Y
	湖北花楸 *Sorbus hupehensis*	果实酿酒、食用	Y
	陕甘花楸 *Sorbus koehneana*	果实酿酒、食用	Y
	山荆子 *Malus baccata*	果实酿酒、食用	N
	陇东海棠 *Malus kansuensis*	果实酿酒、食用	Y
	湖北海棠 *Malus hupehensis*	果实酿酒、食用	Y
	楸子 *Malus prunifolia*	果实酿酒、食用	Y
	苹果 *Malus pumila*	果实酿酒、食用	N
	西北栒子 *Cotoneaster zabelii*	果实酿酒、食用	Y
	匍匐栒子 *Cotoneaster adpressus*	果实酿酒、食用	N
	平枝栒子 *Cotoneaster horizontalis*	果实酿酒、食用	N
	喜阴悬钩子 *Rubus mesogaeus*	果实酿酒、食用	N
	秀丽莓 *Rubus amabilis*	果实酿酒、食用	N
	粉枝莓 *Rubus biflorus*	果实酿酒、食用	N
	毛叶插田泡 *Rubus coreanus* var. *tomentosus*	果实酿酒、食用	N
	凉山悬钩子 *Rubus fockeanus*	果实酿酒、食用	N
	光滑高粱泡 *Rubus lambertianus* var. *glaber*	果实酿酒、食用	N
	绵果悬钩子 *Rubus lasiostylus*	果实酿酒、食用	N
	喜阴悬钩子 *Rubus mesogaeus*	果实酿酒、食用	N
	红泡刺藤 *Rubus niveus*	果实酿酒、食用	N
	琴叶悬钩子 *Rubus panduratus*	果实酿酒、食用	N
	腺花茅莓 *Rubus parvifolius* var. *adenochlamys*	果实酿酒、食用	N
	菰帽悬钩子 *Rubus pileatus*	果实酿酒、食用	N
	陕西悬钩子 *Rubus piluliferus*	果实酿酒、食用	Y
	针刺悬钩子 *Rubus pungens*	果实酿酒、食用	N
	单茎悬钩子 *Rubus simplex*	果实酿酒、食用	N

续表

科名	种名	食用部位	特有性
蔷薇科	密刺悬钩子 *Rubus subtibetanus*	果实酿酒、食用	N
	西藏悬钩子 *Rubus thibetanus*	果实酿酒、食用	Y
	黄果悬钩子 *Rubus xanthocarpus*	果实酿酒、食用	N
	柔毛路边青 *Geum japonicum* var. *chinense*	嫩茎叶	N
	路边青 *Geum aleppicum*	嫩茎叶	N
	地榆 *Sanguisorba officinalis*	嫩茎叶	N
	野草莓 *Fragaria vesca*	果实酿酒食用	N
	东方草莓 *Fragaria orientalis*	果实根酒食用嫩茎叶	N
	纤细草莓 *Fragaria gracilis*	果实酿酒食用	N
	西南草莓 *Fragaria moupinensis*	果实酿酒食用	N
	黄毛草莓 *Fragaria nilgerrensis*	果实酿酒食用	N
	五叶草莓 *Fragaria pentaphylla*	果实酿酒食用	N
	委陵菜 *Potentilla chinensis*	嫩茎叶	N
	朝天委陵菜 *Potentilla supina*	嫩茎叶	N
	蕨麻 *Potentilla anserina*	嫩茎叶	N
	李 *Prunus salicina*	果实	N
	麻梨 *Pyrus serrulata*	果实	N
	沙梨 *Pyrus pyrifolia*	果实	Y
豆科	落花生 *Arachis hypogaea*	种子	N
	美丽胡枝子 *Lespedeza formosa*	嫩茎叶	N
	大豆 *Glycine max*	种子	N
	救荒野豌豆 *Vicia sativa*	嫩茎叶	N
	长萼鸡眼草 *Kummerowia stipulacea*	嫩茎叶	N
	歪头菜 *Vicia unijuga*	嫩茎叶	N
	广布野豌豆 *Vicia cracca*	嫩茎叶	N
	野大豆 *Glycine soja*	果荚	N
	野葛 *Pueraria montana* var. *lobata*	块根	N
	槐 *Styphnolobium japonicum*	花蕾	N
	刺槐 *Robinia pseudoacacia*	花蕾	N
	紫苜蓿 *Medicago sativa*	嫩茎叶	N
	豌豆 *Pisum sativum*	嫩茎叶、种子	N
亚麻科	亚麻 *Linum usitatissimum*	种子	N
芸香科	竹叶花椒 *Zanthoxylum armatum*	果壳、嫩芽	Y
	花椒 *Zanthoxylum bungeanum*	嫩茎叶、成熟果壳	N
漆树科	漆 *Toxicodendron vernicifluum*	幼芽、嫩叶	N
	盐肤木 *Rhus chinensis*	幼芽、嫩叶	N
	青麸杨 *Rhus potaninii*	幼芽、嫩叶	Y

续表

科名	种名	食用部位	特有性
漆树科	红麸杨 Rhus punjabensis var. sinica	幼芽、嫩叶	Y
	黄连木 Pistacia chinensis	嫩芽、雄花序	N
鼠李科	多花勾儿茶 Berchemia floribunda	果实酿酒、食用	N
	枣 Ziziphus jujuba	果实	N
葡萄科	蓝果蛇葡萄 Ampelopsis bodinieri	果实酿酒、食用	Y
	乌头叶蛇葡萄 Ampelopsis aconitifolia	果实酿酒、食用	Y
	桦叶葡萄 Vitis betulifolia	果实酿酒、食用	N
猕猴桃科	狗枣猕猴桃 Actinidia kolomikta	果实	N
	葛枣猕猴桃 Actinidia polygama	果实	N
	四萼猕猴桃 Actinidia tetramera	果实	Y
堇菜科	鸡腿堇菜 Viola acuminata	嫩茎叶	N
	萱 Viola moupinensis	嫩茎叶	N
	紫花地丁 Viola philippica	嫩茎叶	N
胡颓子科	牛奶子 Elaeagnus umbellata	果实	N
千屈菜科	千屈菜 Lythrum salicaria	嫩茎叶	N
石榴科	石榴 Punica granatum	果实酿酒食用	N
柳叶菜科	柳叶菜 Epilobium hirsutum	嫩茎叶	N
	矮桃 Lysimachia clethroides	嫩茎叶	N
	狼尾花 Lysimachia barystachys	嫩茎叶	N
柿树科	柿 Diospyros kaki	果实酿酒食用	N
	君迁子 Diospyros lotus	果实酿酒食用	N
五加科	楤木 Aralia elata	嫩芽	N
	黄毛楤木 Aralia chinensis	嫩叶、幼芽	N
	东北土当归 Aralia continentalis	嫩叶、幼芽	N
	食用土当归 Aralia cordata	嫩叶、幼芽	N
	红毛五加 Eleutherococcus giraldii	嫩叶、幼芽	N
	刺五加 Eleutherococcus senticosus	嫩叶、幼叶	N
	糙叶五加 Eleutherococcus henryi	嫩叶、幼芽	N
	藤五加 Eleutherococcus leucorrhizus	嫩叶、幼芽	N
	糙叶藤五加 Eleutherococcus leucorrhizus var. fulvescens	嫩叶、幼芽	N
	蜀五加 Eleutherococcus setchuenensis	嫩芽头	N
伞形科	鸭儿芹 Cryptotaenia japonica	嫩茎叶	N
	野胡萝卜 Daucus carota	嫩茎叶	N
	田葛缕子 Carum buriaticum	嫩茎叶	N
	防风 Saposhnikovia divaricata	嫩茎叶	N
山茱萸科	四照花 Cornus kousa subsp. chinensis	果实酿酒食用	N

科名	种名	食用部位	特有性
山茱萸科	青荚叶 *Helwingia japonica*	嫩茎叶	N
旋花科	旋花 *Calystegia sepium*	嫩茎叶	N
	藤长苗 *Calystegia pellita*	嫩茎叶	N
	打碗花 *Calystegia hederacea*	嫩茎叶	N
马鞭草科	海州常山 *Clerodendrum trichotomum*	嫩芽头	N
唇形科	甘露子 *Stachys sieboldii*	嫩茎叶	N
	藿香 *Agastache rugosa*	嫩茎叶	N
	紫苏 *Perilla frutescens*	嫩茎叶	N
	薄荷 *Mentha canadensis*	嫩茎叶	N
茄科	辣椒 *Capsicum annuum*	果实	N
	挂金灯 *Physalis alkekengi* var. *franchetii*	成熟果实	N
	龙葵 *Solanum nigrum*	嫩茎叶	N
	阳芋 *Solanum tuberosum*	块茎	N
车前科	车前 *Plantago asiatica*	嫩茎叶	N
	大车前 *Plantago major*	嫩茎叶	N
	平车前 *Plantago depressa*	嫩茎叶	N
葫芦科	赤瓟 *Thladiantha dubia*	幼果	N
菊科	三脉紫菀 *Aster ageratoides*	嫩茎叶	N
	茵陈蒿 *Artemisia capillaris*	嫩茎叶	N
	蒌蒿 *Artemisia selengensis*	嫩茎叶	N
	艾 *Artemisia argyi*	嫩茎叶	N
	牡蒿 *Artemisia japonica*	嫩茎叶	N
	蹄叶橐吾 *Ligularia fischeri*	嫩茎叶	N
	刺儿菜 *Cirsium segetum*	嫩茎叶	N
	蒲公英 *Taraxacum mongolicum*	嫩茎叶	N
	药用蒲公英 *Taraxacum officinale*	嫩茎叶	N
	川甘蒲公英 *Taraxacum lugubre*	嫩叶	N
	华蒲公英 *Taraxacum sinicum*	嫩叶	N
	毛连菜 *Picris hieracioides*	嫩茎叶	N
	日本毛连菜 *Picris japonica*	嫩茎叶	N
	黄鹌菜 *Youngia japonica*	嫩茎叶	N
天南星科	魔芋 *Amorphophallus konjac*	块茎	N
百合科	野葱 *Allium chrysanthum*	幼嫩全草	Y
	卵叶韭 *Allium ovalifolium*	幼嫩全草	N
	白头韭 *Allium leucocephalum*	幼嫩全草	Y
	韭 *Allium tuberosum*	幼嫩全草	N
	薤白 *Allium macrostemon*	幼嫩全草	N

续表

科名	种名	食用部位	特有性
百合科	玉竹 *Polygonatum odoratum*	根状茎	N
	卷叶黄精 *Polygonatum cirrhifolium*	根状茎	N
	小黄花菜 *Hemerocallis minor*	花蕾	N
	北黄花菜 *Hemerocallis lilioasphodelus*	花蕾	N
	野百合 *Lilium brownii*	鳞茎	N
	山丹 *Lilium pumilum*	鳞茎	N
	百合 *Lilium brownii* var. *viridulum*	鳞茎	N
	萱草 *Hemerocallis fulva*	花蕾	N
	卷丹 *Lilium tigrinum*	鳞茎	N
	绵枣儿 *Barnardia japonica*	鳞茎	N
薯蓣科	薯蓣 *Dioscorea polystachya*	块茎	N

注：1. 种级单位在保护区有分布的，种下单位均不记录。

　　2. 特有性列表中的 Y 是指为中国特有，N 是指非中国特有。

2.4.3　蜜源植物

蜜源植物是指能为养蜂生产提供蜜蜂采集花蜜或花粉的植物。根据为蜜蜂提供物质不同，分为狭义蜜源植物和粉源植物。狭义蜜源植物是指具有蜜腺而且能分泌甜液并被蜜蜂采集酿造成蜂蜜的植物。它们是蜜蜂食料的主要来源之一，是发展养蜂生产的物质基础。

粉源植物是指能产生较多的花粉，并为蜜蜂采集利用的植物。花粉是蜜蜂调制蜂粮的主要原料和蜜蜂生长发育所需的蛋白质、脂肪、维生素、矿质元素等的主要来源，是生产蜂花粉和蜂王浆的物质基础。

根据《甘肃蜜源植物志》等专著和文献的论述（何智慧等，2015），本文摘录了保护区内具有较高蜜源价值的野生植物，可用于养蜂生产的合理规划指导，避免无序开发造成的不可逆破坏。保护区内共计有蜜源植物 269 种，分属于 48 科 98 属，中国特有植物 60 种，这些植物中裸子植物 1 科 1 属 2 种、被子植物 47 科 97 属 267 种（见表 2-10）。

表 2-10　保护区蜜源植物资源表

科名	种名	蜜源价值	特有性
裸子植物门			
松科	油松 *Pinus tabuliformis*	粉源	Y
	华山松 *Pinus armandii*	粉源	Y
被子植物门			
三白草科	蕺菜 *Houttuynia cordata*	辅助蜜源	N

续表

科名	种名	蜜源价值	特有性
杨柳科	山杨 *Populus davidiana*	粉源	N
	冬瓜杨 *Populus purdomii*	粉源	Y
	箭杆杨 *Populus nigra* var. *thevestina*	粉源	N
	小叶杨 *Populus simonii*	粉源	N
	川杨 *Populus szechuanica*	粉源	Y
	毛白杨 *Populus tomentosa*	粉源	Y
	垂柳 *Salix babylonica*	粉源	N
	碧口柳 *Salix bikouensis*	粉源	N
	中华柳 *Salix cathayana*	粉源	N
	乌柳 *Salix cheilophila*	粉源	N
	杯腺柳 *Salix cupularis*	粉源	N
	川鄂柳 *Salix fargesii*	粉源	N
	甘肃柳 *Salix fargesii* var. *kansuensis*	粉源	Y
	丝毛柳 *Salix luctuosa*	粉源	N
	旱柳 *Salix matsudana*	粉源	N
	兴山柳 *Salix mictotricha*	粉源	N
	毛坡柳 *Salix obscura*	粉源	N
	中国黄花柳 *Salix sinica*	粉源	N
	川滇柳 *Salix rehderiana*	粉源	Y
	匙叶柳 *Salix spathulifolia*	粉源	N
	周至柳 *Salix tangii*	粉源	Y
	细叶周至柳 *Salix tangii* var. *angustifolia*	粉源	N
	秋华柳 *Salix variegata*	粉源	Y
	皂柳 *Salix wallichiana*	粉源	N
胡桃科	野胡桃 *Juglans mandshurica*	粉源	N
	胡桃 *Juglans regia*	粉源	N
	化香 *Platycarya strobilacea*	粉源	N
	甘肃枫杨 *Pterocarya macroptera*	粉源	N
	华西枫杨 *Pterocarya macroptera* var. *insignis*	粉源	Y
桦木科	白桦 *Betula platyphylla*	粉源	N
	红桦 *Betula albosinensis*	粉源	Y
	糙皮桦 *Betula utilis*	粉源	N
	千金榆 *Carpinus cordata*	粉源	N
	毛叶千金榆 *Carpinus cordata* var. *mollis*	粉源	N
	榛 *Corylus heterophylla*	粉源	Y
	鹅耳枥 *Carpinus turczaninowii*	粉源	Y
	华榛 *Corylus chinensis*	粉源	Y

续表

科名	种名	蜜源价值	特有性
桦木科	披针叶榛 *Corylus fargesii*	粉源	Y
	藏刺榛 *Corylus ferox* var. *tibetica*	粉源	N
	川榛 *Corylus heterophylla* var. *sutchuenensi*	粉源	N
	毛榛 *Corylus mandshurica*	粉源	N
	虎榛子 *Ostryopsis davidiana*	粉源	N
	滇虎榛 *Ostryopsis nobilis*	粉源	Y
壳斗科	栗 *Castanea mollissima*	粉源	Y
	槲栎 *Quercus aliena*	粉源	N
	锐齿槲栎 *Quercus aliena* var. *acutiserrata*	粉源	N
	橿子栎 *Quercus baronii*	粉源	Y
	尖叶栎 *Quercus oxyphylla*	粉源	Y
	枹栎 *Quercus serrata*	粉源	N
	刺叶高山栎 *Quercus spinosa*	粉源	N
	辽东栎 *Quercus mongolica*	粉源	N
	栓皮栎 *Quercus variabilis*	粉源	N
榆科	榆树 *Ulmus pumila*	粉源	N
桑科	葎草 *Humulus scandens*	粉源	N
	鸡桑 *Morus australis*	粉源	N
	华桑 *Morus cathayana*	粉源	N
	构树 *Broussonetia papyrifera*	粉源、蜜源	N
蓼科	疏穗野荞麦 *Fagopyrum caudatum*	辅助蜜源	Y
	荞麦 *Fagopyrum esculentum*	辅助蜜源	N
	苦荞麦 *Fagopyrum tataricum*	辅助蜜源	N
	何首乌 *Fallopia multiflora*	辅助蜜源	Y
	萹蓄 *Polygonum aviculare*	辅助蜜源	N
	蓝药蓼 *Polygonum cyanandrum*	辅助蜜源	Y
	冰岛蓼 *Koenigia islandica*	辅助蜜源	N
	水蓼 *Polygonum hydropiper*	辅助蜜源	N
	酸模叶蓼 *Polygonum lapathifolium*	辅助蜜源	N
	圆穗蓼 *Polygonum macrophyllum*	辅助蜜源	N
	尼泊尔蓼 *Polygonum nepalense*	辅助蜜源	N
	红蓼 *Polygonum orientale*	辅助蜜源	N
	赤胫散 *Polygonum runcinatum* var. *sinense*	辅助蜜源	N
	珠芽蓼 *Polygonum viviparum*	辅助蜜源	N
	酸模 *Rumex acetosa*	辅助蜜源	N
	皱叶酸模 *Rumex crispus*	辅助蜜源	N
	尼泊尔酸模 *Rumex nepalensis*	辅助蜜源	Y

科名	种名	蜜源价值	特有性
蓼科	巴天酸模 *Rumex patientia*	辅助蜜源	N
商陆科	商陆 *Phytolacca acinosa*	辅助蜜源	N
	垂序商陆 *Phytolacca americana*	辅助蜜源	N
马齿苋科	马齿苋 *Portulaca oleracea*	辅助蜜源	N
石竹科	无心菜 *Arenaria serpyllifolia*	辅助蜜源	N
	卷耳 *Cerastium arvense*	辅助蜜源	N
	披针叶卷耳 *Cerastium falcatum*	辅助蜜源	N
	簇生卷耳 *Cerastium fontanum* subsp. *vulgare*	辅助蜜源	N
	狗筋蔓 *Cucubalus baccifera*	辅助蜜源	N
	石竹 *Dianthus chinensis*	辅助蜜源	N
	鹅肠菜 *Myosoton aquaticum*	辅助蜜源	N
	女娄菜 *Silene aprica*	辅助蜜源	N
	繁缕 *Stellaria media*	辅助蜜源	N
	麦蓝菜 *Vaccaria hispanica*	辅助蜜源	N
连香树科	连香树 *Cercidiphyllum japonicum*	辅助蜜源	N
毛茛科	升麻 *Cimicifuga foetida*	辅助蜜源	N
	类叶升麻 *Actaea asiatica*	辅助蜜源	N
	小银莲花 *Anemone exigua*	辅助蜜源	Y
	草玉梅 *Anemone rivularis*	辅助蜜源	N
	小花草玉梅 *Anemone rivularis* var. *flore-minore*	辅助蜜源	N
	钝齿铁线莲 *Clematis apiifolia* var. *argentilucida*	辅助蜜源	N
	粗齿铁线莲 *Clematis grandidentata*	辅助蜜源	Y
	秦岭铁线莲 *Clematis obscura*	辅助蜜源	Y
	薄叶铁线莲 *Clematis gracilifolia*	辅助蜜源	Y
	毛蕊铁线莲 *Clematis lasiandra*	辅助蜜源	N
	无距耧斗菜 *Aquilegia ecalcarata*	辅助蜜源	Y
	甘肃耧斗菜 *Aquilegia oxysepala* var. *kansuensis*	辅助蜜源	Y
	华北耧斗菜 *Aquilegia yabeana*	辅助蜜源	Y
	西南唐松草 *Thalictrum fargesii*	辅助蜜源	Y
	长喙唐松草 *Thalictrum macrorhynchum*	辅助蜜源	Y
	爪哇唐松草 *Thalictrum javanicum*	辅助蜜源	N
	亚欧唐松草 *Thalictrum minus*	辅助蜜源	N
	瓣蕊唐松草 *Thalictrum petaloideum*	辅助蜜源	N
	贝加尔唐松草 *Thalictrum baicalense*	辅助蜜源	N
	乌头 *Aconitum carmichaelii*	有毒蜜源	N
	松潘乌头 *Aconitum sungpanense*	有毒蜜源	N
	毛茛 *Ranunculus japonicus*	辅助蜜源	N

续表

科名	种名	蜜源价值	特有性
毛茛科	茴茴蒜 *Ranunculus chinensis*	辅助蜜源	N
	打破碗花花 *Anemone hupehensis*	辅助蜜源	N
	绣球藤 *Clematis montana*	辅助蜜源	N
	川赤芍 *Paeonia veitchii*	辅助蜜源	Y
	美丽芍药 *Paeonia mairei*	辅助蜜源	Y
小檗科	黄芦木 *Berberis amurensis*	辅助蜜源	N
	秦岭小檗 *Berberis circumserrata*	辅助蜜源	Y
	置疑小檗 *Berberis dubia*	辅助蜜源	N
	甘肃小檗 *Berberis kansuensis*	辅助蜜源	Y
	金花小檗 *Berberis wilsoniae*	辅助蜜源	N
木兰科	玉兰 *Yulania denudata*	辅助蜜源	N
	武当木兰 *Yulania sprengeri*	辅助蜜源	Y
	红花五味子 *Schisandra rubriflora*	辅助蜜源	M
	华中五味子 *Schisandra sphenanthera*	辅助蜜源	Y
樟科	三桠乌药 *Lindera obtusiloba*	早春蜜源	N
	木姜子 *Litsea pungens*	辅助蜜源	N
	宜昌木姜子 *Litsea ichangensis*	辅助蜜源	Y
罂粟科	秃疮花 *Dicranostigma leptopodum*	辅助蜜源	N
	多刺绿绒蒿 *Meconopsis horridula*	辅助蜜源	N
	全缘叶绿绒蒿 *Meconopsis integrifolia*	辅助蜜源	N
十字花科	蔊菜 *Rorippa indica*	辅助蜜源	N
	芸薹 *Brassica rapa* var. *oleifera*	粉源、蜜源	N
	菥蓂 *Thlaspi arvense*	辅助蜜源	N
	播娘蒿 *Descurainia sophia*	粉源、蜜源	N
	垂果南芥 *Arabis pendula*	辅助蜜源	N
	大叶碎米荠 *Cardamine macrophylla*	辅助粉源	N
景天科	费菜 *Sedum aizoon*	粉源、蜜源	N
虎耳草科	虎耳草 *Saxifraga stolonifera*	辅助蜜源	N
	黄水枝 *Tiarella polyphylla*	辅助蜜源	N
	落新妇 *Astilbe chinensis*	辅助粉源	N
	白溲疏 *Deutzia albida*	辅助蜜源	Y
蔷薇科	高丛珍珠梅 *Sorbaria arborea*	优质蜜源	Y
	山桃 *Amygdalus davidiana*	辅助蜜源	N
	陕甘山桃 *Amygdalus davidiana* var. *potaninii*	辅助蜜源	Y
	甘肃桃 *Amygdalus kansuensis*	辅助蜜源	Y
	微毛樱桃 *Cerasus clarofolia*	辅助蜜源	N
	毛樱桃 *Cerasus tomentosa*	辅助蜜源	N

科名	种名	蜜源价值	特有性
蔷薇科	托叶樱桃 *Cerasus stipulacea*	辅助蜜源	N
	甘肃山楂 *Crataegus kansuensis*	优质蜜源	Y
	水榆花楸 *Sorbus alnifolia*	辅助蜜源	N
	湖北花楸 *Sorbus hupehensis*	辅助蜜源	Y
	北京花楸 *Sorbus discolor*	辅助蜜源	Y
	陕甘花楸 *Sorbus koehneana*	辅助蜜源	Y
	湖北海棠 *Malus hupehensis*	辅助蜜源	Y
	灰栒子 *Cotoneaster acutifolius*	辅助蜜源	N
	匍匐栒子 *Cotoneaster adpressus*	辅助蜜源	N
	喜阴悬钩子 *Rubus mesogaeus*	辅助蜜源	N
	弓茎悬钩子 *Rubus flosculosus*	辅助蜜源	Y
	东方草莓 *Fragaria orientalis*	优质蜜源	N
	黄毛草莓 *Fragaria nilgerrensis*	优质蜜源	Y
	纤细草莓 *Fragaria gracilis*	优质蜜源	Y
	五叶草莓 *Fragaria pentaphylla*	优质蜜源	Y
	山荆子 *Malus baccata*	辅助蜜源	Y
	湖北海棠 *Malus hupehensis*	辅助蜜源	Y
	楸子 *Malus prunifolia*	辅助蜜源	Y
	苹果 *Malus pumila*	辅助蜜源	N
	委陵菜 *Potentilla chinensis*	辅助蜜源	N
	莓叶委陵菜 *Potentilla fragarioides*	辅助蜜源	N
	李 *Prunus salicina*	辅助蜜源	N
	沙梨 *Pyrus pyrifolia*	辅助蜜源	N
	麻梨 *Pyrus serrulata*	辅助蜜源	Y
	单瓣白木香 *Rosa banksiae* var. *normalis*	辅助蜜源	N
	黄蔷薇 *Rosa hugoni*	辅助蜜源	N
	西北蔷薇 *Rosa davidii*	辅助蜜源	Y
	绣球绣线菊 *Spiraea blumei*	辅助蜜源	N
	土庄绣线菊 *Spiraea pubescens*	辅助蜜源	N
	蛇莓 *Duchesnea indica*	辅助蜜源	N
	龙芽草 *Agrimonia pilosa*	良好蜜源	N
	地榆 *Sanguisorba officinalis*	秋季蜜源	N
	黄刺玫 *Rosa xanthina*	辅助蜜源	N
豆科	刺槐 *Robinia pseudoacacia*	优质蜜源	N
	白刺花 *Sophora davidii*	优质蜜源	Y
	紫苜蓿 *Medicago sativa*	优质蜜源	N
	草木犀 *Melilotus officinalis*	优质蜜源	N

续表

科名	种名	蜜源价值	特有性
豆科	白花草木犀 *Melilotus alba*	优质蜜源	N
	胡枝子 *Lespedeza bicolor*	良好蜜源、粉源	N
	美丽胡枝子 *Lespedeza formosa*	良好蜜源、粉源	N
	截叶铁扫帚 *Lespedeza cuneata*	良好蜜源、粉源	N
	歪头菜 *Vicia unijuga*	辅助蜜源	N
	广布野豌豆 *Vicia cracca*	优质蜜源	N
	野大豆 *Glycine soja*	辅助蜜源	N
苦木科	臭椿 *Ailanthus altissima*	辅助蜜源	N
楝科	楝 *Melia azedarach*	辅助蜜源	N
漆树科	漆 *Toxicodendron vernicifluum*	优质蜜源	N
	盐肤土 *Rhus chinensis*	优质蜜源	N
	黄连木 *Pistacia chinensis*	优质蜜源	N
槭树科	茶条槭 *Acer ginnala*	优质粉源、蜜源	N
	青榨槭 *Acer davidii*	辅助蜜源	N
锦葵科	华椴 *Tilia chinensis*	优质蜜源	Y
猕猴桃科	狗枣猕猴桃 *Actinidia kolomikta*	辅助蜜源	N
	葛枣猕猴桃 *Actinidia polygama*	辅助蜜源	N
胡颓子科	牛奶子 *Elaeagnus umbellata*	良好蜜源	N
柳叶菜科	柳兰 *Chamerion angustifolium*	优质蜜源	N
五加科	楤木 *Aralia elata*	辅助蜜源	N
	黄毛楤木 *Aralia chinensis*	辅助蜜源	N
伞形科	短毛独活 *Heracleum moellendorffii*	辅助蜜源	N
	野胡萝卜 *Daucus carota*	辅助蜜源	N
	宽叶羌活 *Notopterygium franchetii*	辅助蜜源	N
	羌活 *Notopterygium incisum*	辅助蜜源	N
	前胡 *Peucedanum praeruptorum*	辅助蜜源	N
山茱萸科	梾木 *Cornus macrophylla*	辅助蜜源	N
	四照花 *Cornus kousa* subsp. *chinensis*	辅助蜜源	N
	灯台树 *Cornus controversa*	辅助粉源	N
杜鹃花科	照山白 *Rhododendron micranthum*	辅助蜜源	N
木犀科	女贞 *Ligustrum lucidum*	辅助蜜源	N
龙胆科	秦艽 *Gentiana macrophylla*	辅助蜜源	N
	北方獐牙菜 *Swertia diluta*	辅助粉源	N
旋花科	打碗花 *Calystegia hederacea*	良好粉源	N
	藤长苗 *Calystegia pellita*	良好蜜源	N
	田旋花 *Convolvulus arvensis*	良好粉源	N
	刺旋花 *Convolvulus tragacanthoides*	良好蜜源	N

续表

科名	种名	蜜源价值	特有性
旋花科	牵牛 *Ipomoea nil*	良好蜜源	N
	圆叶牵牛 *Ipomoea purpurea*	良好蜜源	N
唇形科	荆芥 *Nepeta cataria*	优质蜜源	N
	夏枯草 *Prunella vulgaris*	优质粉源、蜜源	N
	野芝麻 *Lamium barbatum*	优质蜜源	N
	益母草 *Leonurus japonicus*	优质蜜源	N
	甘西鼠尾草 *Salvia przewalskii*	优质蜜源	Y
	粘毛鼠尾草 *Salvia roborowskii*	优质蜜源	N
	密花香薷 *Elsholtzia densa*	优质蜜源	N
	香薷 *Elsholtzia ciliata*	优质蜜源	N
茄科	青杞 *Solanum septemlobum*	辅助蜜源	N
	阳芋 *Solanum tuberosum*	辅助蜜源	N
	黄花烟草 *Nicotiana rustica*	辅助蜜源	N
玄参科	松蒿 *Phtheirospermum japonicum*	辅助蜜源	N
	地黄 *Rehmannia glutinosa*	辅助蜜源	N
	疏花婆婆纳 *Veronica laxa*	辅助蜜源	N
紫葳科	两头毛 *Incarvillea arguta*	辅助蜜源	N
	角蒿 *Incarvillea sinensis*	辅助蜜源	N
忍冬科	接骨木 *Sambucus williamsii*	辅助蜜源	N
	刚毛忍冬 *Lonicera hispida*	优质蜜源	N
	忍冬 *Lonicera japonica*	优质蜜源	N
川续断科	川续断 *Dipsacus asper*	优质蜜源	N
	日本续断 *Dipsacus japonicus*	优质蜜源	N
胡芦科	赤瓟 *Thladiantha dubia*	辅助粉源	N
	南赤瓟 *Thladiantha nudiflora*	辅助蜜源	N
	鄂赤瓟 *Thladiantha oliveri*	辅助蜜源	N
	栝楼 *Trichosanthes kirilowii*	辅助粉源	N
桔梗科	党参 *Codonopsis pilosula*	优质蜜源	N
	石沙参 *Adenophora polyantha*	优质蜜源	N
	聚叶沙参 *Adenophora wilsonii*	优质蜜源	N
	紫斑风铃草 *Campanula punctata*	优质蜜源	N
菊科	旋覆花 *Inula japonica*	优质蜜源	N
	毛裂蜂斗菜 *Petasites tricholobus*	辅助蜜源	N
	牛蒡 *Arctium lappa*	辅助粉源	N
	丝毛飞廉 *Carduus crispus*	辅助粉源	N
	魁蓟 *Cirsium leo*	辅助蜜源	N
	刺儿菜 *Cirsium segetum*	优质蜜源	N

续表

科名	种名	蜜源价值	特有性
菊科	风毛菊 *Saussurea japonica*	辅助蜜源	N
	蒲公英 *Taraxacum mongolicum*	优质蜜源	N
百合科	藜芦 *Veratrum nigrum*	有毒蜜源	N
薯蓣科	穿龙薯蓣 *Dioscorea nipponica*	辅助粉源	N

注：1. 种级单位在保护区有分布的，种下单位均不记录。

　　2. 特有性列表中的 Y 是指为中国特有，N 是指非中国特有。

2.4.4　观赏植物

观赏植物是指具有观赏价值的植物的统称。因受不同国家、地域、文化、种族、宗教等多个因素的影响，观赏植物的统计会出现较大差异，本次科学考察对花卉植物的界定，主要来源于已出版发表的观赏植物专著和文献。

根据 2002 年由曾宋君、邢福武编著的《观赏蕨类》，2010 年由谢儒、柏梁真等编著的《中国甘肃野生观赏植物》等专著和文献，本文统计了保护区内野生观赏植物的种类，可为观赏植物的保护与利用提供参考资料。保护区内野生观赏价值的植物有 129 种，分属于 56 科 108 属，中国特有植物 43 种，这些植物中蕨类植物 4 科 4 属 7 种、裸子植物 4 科 10 属 14 种，被子植物 48 科 93 属 108 种（见表 2-11）。

表 2-11　保护区观赏植物资源

科名	种名	观赏价值	特有性
蕨类植物门			
凤尾蕨科	井栏边草 *Pteris multifida*	观形	N
铁线蕨科	掌叶铁线蕨 *Adiantum pedatum*	观形	N
	铁线蕨 *Adiantum capillus-veneris*	观形	N
铁角蕨科	铁角蕨 *Asplenium trichomanes*	观形	N
	北京铁角蕨 *Asplenium pekinense*	观形	N
水龙骨科	华北石韦 *Pyrrosia davidii*	观形	Y
	有柄石韦 *Pyrrosia petiolosa*	观形	N
裸子植物门			
银杏科	银杏 *Ginkgo bilob*	观形	Y
	秦岭冷杉 *Abies chensiensis*	观形	Y
	岷江冷杉 *Abies fargesii* var. *faxoniana*	观形	Y
松科	华山松 *Pinus armandii*	观形	Y
	油松 *Pinus tabuliformis*	观形	N
	麦吊云杉 *Picea brachytyla*	观形	Y
	青杆 *Picea wilsonii*	观形	Y

续表

科名	种名	观赏价值	特有性
柏科	千香柏 *Cupressus duclouxiana*	观形	Y
	侧柏 *Platycladus orientalis*	观形	Y
	刺柏 *Juniperus formosana*	观形	Y
	圆柏 *Juniperus chinensis*	观形	Y
	高山柏 *Juniperus squamata*	观形	Y
三尖杉科	粗榧 *Cephalotaxus sinensis*	观形	Y
	三尖杉 *Cephalotaxus fortunei*	观形	Y
被子植物门			
杨柳科	山杨 *Populus davidiana*	观形	N
	冬瓜杨 *Populus purdomii*	观形	Y
	垂柳 *Salix babylonica*	观形	N
	旱柳 *Salix matsudana*	观形	N
桦木科	白桦 *Betula platyphylla*	观形	N
	榛 *Corylus heterophylla*	观形	N
	鹅耳枥 *Carpinus turczaninowii*	观形	N
壳斗科	刺叶高山栎 *Quercus spinosa*	观形	N
	锐齿槲栎 *Quercus aliena* var. *acuteserrata*	观形	N
	辽东栎 *Quercus mongolica*	观形	N
	栓皮栎 *Quercus variabilis*	观形	N
榆科	榆 *Ulmus pumila*	观形	Y
杜仲科	杜仲 *Eucommia ulmoides*	观形	Y
商陆科	商陆 *Phytolacca acinosa*	观花、果	N
石竹科	石竹 *Dianthus chinensis*	观花	N
领春木科	领春木 *Euptelea pleiospermum*	观花、果	N
连香树科	连香树 *Cercidiphyllum japonicum*	观形	N
毛茛科	无距耧斗菜 *Aquilegia ecalcarata*	观花	Y
	华北耧斗菜 *Aquilegia yabeana*	观花	Y
	秦岭翠雀花 *Delphinium giraldii*	观花	Y
	大火草 *Anemone tomentosa*	观花	N
	绣球藤 *Clematis montana*	观形、花	N
小檗科	假豪猪刺 *Berberis soulieana*	观花、果	Y
	黄芦木 *Berberis amurensis*	观花、果	N
木兰科	华中五味子 *Schisandra sphenanthera*	观果	Y
樟科	三桠乌药 *Lindera obtusiloba*	观形、叶	N
罂粟科	秃疮花 *Dicranostigma leptopodum*	观花	N
景天科	费菜 *Sedum aizoon*	观叶、果	N
虎耳草科	东陵绣球 *Hydrangea bretschneideri*	观花	N

科名	种名	观赏价值	特有性
虎耳草科	山梅花 *Philadelphus incanus*	观花	Y
	白溲疏 *Deutzia albida*	观花	Y
蔷薇科	中华绣线梅 *Neillia sinensis*	观花	Y
	高丛珍珠梅 *Sorbaria arborea*	观花	Y
	陕甘花楸 *Sorbus koehneana*	观果	Y
	唐棣 *Amelanchier sinica*	观花	N
	湖北海棠 *Malus hupehensis*	观花、果	Y
	西北栒子 *Cotoneaster zabelii*	观花、果	Y
	平枝栒子 *Cotoneaster horizontalis*	观花	N
	棣棠花 *Kerria japonica*	观花	N
	黄蔷薇 *Rosa hugonis*	观花	N
	峨眉蔷薇 *Rosa omeiensis*	观花	Y
豆科	美丽胡枝子 *Lespedeza formosa*	观花、叶	N
	绿叶胡枝子 *Lespedeza buergeri*	观花、叶	N
	截叶铁扫帚 *Lespedeza cuneata*	观花	N
	杭子梢 *Campylotropis macrocarpa*	观花	N
楝科	楝 *Melia azedarach*	观形	N
漆树科	毛黄栌 *Cotinus coggygria* var. *pubescens*	观形、秋叶	N
	漆 *Toxicodendron vernicifluum*	观形、秋叶	N
	青麸杨 *Rhus potaninii*	观形、花果	Y
	黄连木 *Pistacia chinensis*	观形、秋叶	N
卫矛科	粉背南蛇藤 *Celastrus hypoleucus*	观形、秋叶	Y
	卫矛 *Euonymus alatus*	观果	N
省沽油科	膀胱果 *Staphylea holocarpa*	观形、果	Y
槭树科	金钱槭 *Dipteronia sinensis*	观形	N
	青榨槭 *Acer davidii*	观形、秋叶	N
清风藤科	泡花树 *Meliosma cuneifolia*	观叶、花	N
凤仙花科	水金凤 *Impatiens noli-tangere*	观花	Y
	陇南凤仙花 *Impatiens potaninii*	观花	Y
鼠李科	少脉雀梅藤 *Sageretia paucicostata*	观形、果	Y
	冻绿 *Rhamnus utilis*	观形、果	N
	枳椇 *Hovenia acerba*	观形、果	N
葡萄科	蓝果蛇葡萄 *Ampelopsis bodinieri*	观形、果	Y
锦葵科	华椴 *Tilia chinensis*	观形	Y
金丝桃科	黄海棠 *Hypericum ascyron*	观花	N
	贯叶连翘 *Hypericum perforatum*	观花	N
旌节花科	中国旌节花 *Stachyurus chinensis*	观叶、花	Y

科名	种名	观赏价值	特有性
瑞香科	黄瑞香 *Daphne giraldii*	观花	Y
胡颓子科	牛奶子 *Elaeagnus umbellata*	观花、果	N
柳叶菜科	柳兰 *Chamerion angustifolium*	观花	N
五加科	红毛五加 *Eleutherococcus giraldii*	观形、果	Y
	蜀五加 *Eleutherococcus setchuenensis*	观形、果	N
山茱萸科	灯台树 *Cornus controversa*	观形、叶	N
	四照花 *Cornus kousa* subsp. *chinensis*	观形、花	N
	青荚叶 *Helwingia japonica*	观形、叶	N
杜鹃花科	照山白 *Rhododendron micranthum*	观花	N
木犀科	流苏树 *Chionanthus retusus*	观形、花	N
马钱科	巴东醉鱼草 *Buddleja albiflora*	观花、叶	Y
夹竹桃科	络石 *Trachelospermum jasminoides*	观花、叶	N
马鞭草科	海州常山 *Clerodendrum trichotomum*	观果	N
旋花科	牵牛 *Ipomoea nil*	观花	N
	圆叶牵牛 *Ipomoea purpurea*	观花	N
玄参科	松蒿 *Phtheirospermum japonicum*	观花	N
	藓生马先蒿 *Pedicularis muscicola*	观花	Y
	甘肃野丁香 *Leptodermis purdomii*	观花	N
茜草科	香果树 *Emmenopterys henryi*	观花	Y
	鸡矢藤 *Paederia scandens*	观叶	N
忍冬科	接骨木 *Sambucus williamsii*	观花、果	N
	双盾木 *Dipelta floribunda*	观果	Y
	香荚蒾 *Viburnum farreri*	观花	Y
	桦叶荚蒾 *Viburnum betulifolium*	观花	Y
	盘叶忍冬 *Lonicera tragophylla*	观花、果	Y
菊科	云南蓍 *Achillea wilsoniana*	观花	Y
百合科	野百合 *Lilium brownie*	观花	Y
鸢尾科	射干 *Belamcanda chinensis*	观花	N
	鸢尾 *Iris tectorum*	观花	N
兰科	毛杓兰 *Cypripedium franchetii*	观花	N
	凹舌掌裂兰 *Dactylorhiza viridis*	观花	N
	角盘兰 *Herminium monorchis*	观花	N
	火烧兰 *Epipactis helleborine*	观花	N
	大叶火烧兰 *Epipactis mairei*	观花	N
	银兰 *Cephalanthera erecta*	观花	N
	广布红门兰 *Orchis chusua*	观花	N
	绶草 *Spiranthes sinensis*	观花	N

续表

科名	种名	观赏价值	特有性
兰科	羊耳蒜 *Liparis japonica*	观花	N
	流苏虾脊兰 *Calanthe alpina*	观花	N
	杜鹃兰 *Cremastra appendiculata*	观花	N

注：1. 种级单位在保护区有分布的，种下单位均不记录。

　　2. 特有性列表中的 Y 是指为中国特有，N 是指非中国特有。

2.4.5　其他

保护区内的植物资源除了上述的四大类以外，还有其他的一些资源类型，如纤维植物、能源植物，以及各类植物提取物所形成的间接植物资源。

森林是乔木、灌木和草本植物共同构成的一种复杂的生态结构，同时与土壤、气候、水文以及动物和微生物等组成的一个完善的生态系统。森林资源的直接作用，就是人类社会对其进行的直接利用包括木材及其副产品等，更重要的是森林的间接作用，包括调节气候、涵养水源、保持水土、防风固沙、净化空气、美化环境、维持生态平衡、保护自然环境等多种有益功能。

第三章　脊　椎　动　物

2020 年 1 月至 11 月，采用样线法、红外相机观测法以及走访和查阅文献，对保护区脊椎动物多样性进行了调查。调查结果表明，该区域共分布脊椎动物 18 目 62 科 202 种，其中两栖类 2 目 3 科 6 种、爬行动物 2 目 5 科 21 种、鸟类 9 目 36 科 139 种、哺乳类 5 目 18 科 36 种，国家一级保护物种 6 种（鸟类 2 种、哺乳类 4 种）、二级保护物种有 31 种（25 种鸟类、6 种哺乳类）。

3.1　调查方法

3.1.1　技术依据

原环保部《生物多样性观测技术导则》（HJ 710—2014）；

云南省《自然保护区与国家公园生物多样性监测技术规程》（DB 53/T 391—2012）；

云南省《国家公园资源调查与评价技术规程》（DB 53/T 299—2009）；

《自然保护区生物多样性调查规范》（LY/T 1814—2009）；

《甘肃省第四次大熊猫调查报告》，兰州：甘肃科学技术出版社，2017。

3.1.2　调查范围

调查范围为文县尖山省级自然保护区。项目调查区域位于华中区—西部山地高原亚区—秦巴武当省，适用森林生态系统陆生野生动物资源调查。项目调查范围面积不大，面积 10 214hm²，在保证调查抽样面积不低于 0.3% 的前提下，结合相关人员介绍，选择滴水崖—分水岭—山根村一线人为干扰较小、动物分布密集的区域布设样线和样点。

3.1.3　样线布设

在选定的调查区域内随机布设样线，并考虑生境类型、海拔梯度、透视度和可通行条件等因素。样线长度 1~5km，以调查在当天能够完成并返回为主要依据。样线单侧宽度两栖类 5~15m、爬行类 10~15m、鸟类 25~30m、兽类 20~25m。

本项目共布设样线 10 条（表 3–1），总长度 22.58km，以样线两侧平均宽各 15m 计算，调查总面积 0.677km²，总抽样强度 0.67%。此外，本项目还在不同生境、海拔布设了 20 台红外相机（表 3–2）。

表 3-1　调查样线基本信息汇总

编号	起点坐标		终点坐标		长度（km）
	东经	北纬	东经	北纬	
JS01	104.7584381	33.0058136	104.768898	33.00115967	4.93
JS02	104.7240677	33.00606537	104.7377625	33.00846100	1.87
JS03	104.7103119	33.00592804	104.7227859	33.00559998	1.95
JS04	104.7614746	33.00720215	104.7711716	33.00616455	1.54
JS05	104.7290421	33.00565338	104.7274323	32.99855042	2.55
JS06	104.7446365	33.00636292	104.7493896	33.00616074	2.80
JS07	104.7360764	33.00595474	104.7350235	33.00057602	0.84
JS08	104.7179489	33.00471115	104.7291870	32.99691391	2.85
JS09	104.7600250	33.00713730	104.7446976	33.00688553	2.00
JS10	104.7645950	32.99886703	104.7641830	33.00512695	1.25
合计					22.58

表 3-2　红外相机布设信息表

编号	东经	北纬	地形	生境
WX01	104.7350006	33.00049973	山梁	落叶阔叶林、竹林灌丛
WX02	104.7310028	33.00059891	山谷	落叶阔叶林
WX03	104.7330017	33.02230072	山谷	落叶阔叶林、灌丛
WX04	104.7379990	33.00849915	山腰	灌丛
WX05	104.7279968	32.99710083	山梁	针阔混交林
WX06	104.7330017	33.01860046	山腰	针叶林
WX07	104.7310028	33.00540161	山脚	落叶阔叶林
WX08	104.7289963	33.00350189	山腰	灌丛
WX09	104.7350006	33.00320053	山脊	落叶阔叶林
WX10	104.7289963	32.99670029	山腰	落叶阔叶林
WX11	104.7549973	33.01359940	山腰	落叶阔叶林
WX12	104.7549973	33.01029968	山腰	针叶林
WX13	104.7450027	33.00550079	山腰	落叶阔叶林
WX14	104.7450027	33.00299835	山梁	落叶阔叶林
WX15	104.7490005	33.00630188	山谷	落叶阔叶林
WX16	104.7630005	33.00120163	山腰	落叶阔叶林
WX17	104.7679977	32.99869919	山梁	落叶阔叶林
WX18	104.7590027	32.99710083	山脊	落叶阔叶林
WX19	104.7539978	33.00109863	山谷	落叶阔叶林
WX20	104.7659988	33.00949860	山腰	落叶阔叶林

3.1.4 野外工作方法

3.1.4.1 兽类

为获取数量稀少、活动规律特殊、在野外很难见到实体的大中型兽类物种，本项目调查主要使用红外自动数码相机法，同时辅以样线法和访谈法。

在保证可通行的前提下，在调查小区不同海拔、不同生境随机布设自动照相机，型号为东方红鹰 E3。选取动物经常出没的山间小路、兽径、溪流，以及有明显动物活动痕迹的位点，将相机固定在附近树干等自然物体上，相机高度 0.3~0.8m。相机设置为全天拍摄，中心+两侧感应，灵敏度自动，拍摄间隔 2s，连续拍摄 3 张或录制 720p 视频 10s。安装测试后，适当清理周边高草、树枝等可能遮挡镜头的物体。

大型兽类和鸟类样线为同一样线，同时调查。调查时 2~3 人一组，大型兽类主要观察地上的遗迹，如食迹、足迹、粪便（有时遗迹也在树上能见到，如熊类的食迹、爪痕等）、皮毛等，有时也可能在山上、树上见到兽类实体。

小型兽类（主要是啮齿类）用样方法进行调查，由于尖山保护区内多沟壑，少有平坦的地形，鼠夹主要沿河流、主沟等相对宽阔的区域线性布设。以油炸花生米作诱饵，鼠夹间距为 5m。

3.1.4.2 鸟类

鸟类调查主要以样线法进行，针对鸡形目等地面活动鸟类辅以红外相机法调查。样线调查分别于夏季繁殖季和冬季越冬季，在适宜天气条件下，于日出后 4h 内进行，大雾、大雨、大风天气除外。监测者沿样带行走，速度 1~2km/h。边走边观察与聆听，发现鸟类时以双筒望远镜观察，确定其种类、数量和活动情况；记录观测者前方及两侧所见鸟类种类、数量以及地理位置、栖息生境等信息，估测每次动物实体距离样线的垂直距离；发现鸟类痕迹（粪便、羽毛）时，应仔细观察并拍照采样。同时用 GPS 记录样线调查的行进航迹。

3.1.4.3 爬行类

爬行类调查采用样线法，样线设置与鸟类调查样线相同，在鸟类调查结束后返回的途中进行调查，调查时间为 10:00~15:00 之间爬行类活动高峰期。样线调查于繁殖季 5~8 月进行，调查时沿样线行走，观察样线两侧 5~10m 范围内分布的爬行动物，记录其种类和数量。考虑到其主要分布在低海拔区域，且部分物种（蛇亚目）行踪隐秘，同时以资料调研和访谈法辅助调查。

3.1.4.4 两栖类

两栖类与水有很大关系，样线主要沿溪流布设。保护区的河流主要分布在金子山脉与尖嘴山和放马山之间的沟谷地带，有尖山河和关家沟河两条河。由于调查区支流多悬崖峭壁，行走不便，故样线调查以尖山河和关家沟河为主。样线调查于繁殖季 5~8 月进行，调查时沿样线行走，观察样线两侧 5~10m 范围内分布的两栖动物成体及幼体，必要时可以翻开石块，查看隐匿的动物个体。为保证调查的充分性，以资料调研和访谈法辅助调查。

3.1.4.5 鱼类

鱼类调查以收集现有资料为主，同时在鱼类繁殖季节 5~8 月进行野外采集，并以访谈法辅助调查。由于调查区支流多悬崖峭壁，鱼类难以洄游，仅选择尖山河、关家沟河和羊汤河进行调查。

3.1.4.6 社区访谈法

社区访谈法是野外实地调查的有效补充，访谈对象主要为保护区内群众，特别是当地的乡土动物专家和民间医务人员。调查的主要内容：野生动物名称、发现地点、时间、大概数量等。

3.1.5 **数据分析**

3.1.5.1 红外相机数据

根据独立有效照片计算相对丰富度指数（relative abundance index，RAI）：

$$RAI=A_i /N \times 100$$

其中，A_i 代表第 i 类（i=1 …）动物出现的独立有效照片数；

N 代表独立有效照片总数。

3.1.5.2 样带法统计的相对数量

计算公式如下：

$$D_i=(N_i-1)/2L_i \cdot W_i$$

其中，D_i 为 i 样线内每一物种的种群出现密度（只/km²）；

N_i 为样线内物种出现的个数（只）；

L_i 为该条样线的长度（km）；

W_i 为 i 样线的宽度（km）。

3.1.5.3 样方法统计的相对数量

计算公式如下：

$$D=N/S$$

其中，D 为物种的相对密度（只/km²）；

N 为样方内物种的个数（只）；

S 为样方面积。

3.2 动物物种多样性及其区系组成

3.2.1 **鱼类**

尖山保护区属于秦、巴、大别山北亚热带多水地区（Ⅲ）的秦岭、大巴水文区（Ⅲ₁）。保护区内溪流密布，四季畅流，主要有尖山河和关家沟河两条河，二者以分水岭为界，分别流入白龙江和白水江，均属长江上游嘉陵江水系。直到目前，相关部门并未对该区鱼类资源做过专门调查。2020 年 5 月，调查小组首次对本保护区的鱼类进行了初步调查。参考有关资料，现将该区鱼类资源调查结果报告如下。

3.2.1.1 调查

鱼类资源调查采用捕捞采集、调查访问和查阅文献的方法。参考该区地形图，大致了解区内水系分布情况，在兼顾水量和生境类型等因素的情况下，确定水量较大、地势较缓的山根村尖山河为鱼类资源调查路线。使用沉水虾笼诱捕和渔网捕捞。

3.2.1.2 调查结果

本次调查在保护区范围内的尖山河设立 3 个采集样点，未捕获到鱼类实体，走访亦未获得有价值的信息，可能与保护区鱼类资源数量相对较少、不具备经济利用价值有关。在尖山河汇入羊汤河的入河口处设立两个样点进行捕捞、笼捕，共采集到 4 种鱼类（表 3–3）。

表 3–3　调查区域鱼类名录

分类地位	物种名称	IUCN 级别	来源
I.鲤形目 CYPRINIFORMES			
1. 鲤科 Cyprinidae	（1）宽鳍鱲 *Zacco platypus*	LC	⊙
	（2）马口鱼 *Opsariichthys bidens*	LC	⊙
	（3）鳘条 *Hemiculter leucisculus*	LC	⊙
	（4）蛇鉤 *Saurogobio dabryi*	LC	⊕
	（5）高体鳑鲏 *Rhodeus ocellatus*	LC	⊕
2. 鳅科 Cobitidae	（6）泥鳅 *Misgurnus anguillicaudatus*	LC	⊙
	（7）甘肃高原鳅 *Triplophysa robusta*	LC	⊕

注：⊕源自文献资料；⊙本次羊汤河采集。

根据文县白水江保护区的资料，尖山保护区还有可能分布有 3 种鱼类（表 3–3），这 3 种鱼都是该地区水系中溪流生境最为常见的小型鱼类。走访当地居民了解到，在尖山河中下段以前曾经有鱼，但近几年高速路的修建使得尖山河中下段溪流生境破坏严重，再未见到鱼类。本次在尖山河的调查也未采集到鱼类。因此我们认为目前保护区是没有鱼类分布的，以前曾经或者以后生境恢复后有可能分布的鱼类有 1 目 2 科 7 种。

3.2.1.3 鱼类区系特点

调查区位于甘肃省陇南市文县境内，地处秦岭山系与岷山山系的交汇地带，鱼类区系上属西北高原区和江河平原区的分界地区，兼具怒江区和西北高原区的特征。从鱼类区系成分来看，该地区鱼类多为我国广泛分布的种类，如宽鳍鱲、马口鱼、鳘条、泥鳅等。

3.2.1.4　鱼类资源的保护

动物保护应以保护自然种群及其生境为主，维持鱼类的自然繁殖能力和自然繁殖场所极为关键。由于保护区内的河流水量季节性变化明显，周边区域容易遭受泥石流等自然灾害，加之高速公路建设等工程，对鱼类生境的干扰和破坏较为严重。此外，鱼类一直是人类重点捕捞对象，而电鱼机的使用，令鱼类资源不分种类、长幼、大小，均遭受严重的破坏。待工程结束、生境恢复、人为干扰减少以后，保护区鱼类资源的恢复情况需要进一步跟踪监测和调查。

3.2.2　两栖类

尖山保护区位于西秦岭南缘，秦岭、岷山交会区域，中国南北气候的过渡地带，中国地貌区划属西南中高山地区的秦岭、大巴山高中山地亚区（张荣祖等，1999），甘肃省综合自然区划上属陇南山地区南秦岭山地小区（伍光和等，1998），气候类型属北亚热带气候，为暖温带向亚热带过渡性地带。综合文献和现场调查，将该区两栖类资源报道如下。

3.2.2.1　调查结果

保护区内水系属于长江上游嘉陵江水系，主要有尖山河和关家沟河，以分水岭为界，两条河分别流入白龙江和白水江。支流则以小型溪流为主，沿干流呈放射状分布。干支流两岸植被良好，水流湍急，水质清冽，池塘、沼泽等静水生境较少。

调查区现分布有两栖类 6 种，隶属 2 目 3 科（表 3–4），占甘肃省两栖类总物种数 33 种的 18.2%。从调查记录的各物种数量看，中华蟾蜍、中国林蛙、隆肛蛙等物种数量最丰，为优势种；其余物种数量较少，多为查阅资料或走访获得，为稀有种。

表 3–4　调查区两栖类名录及资源量

物种	相对数量	区系分布	分布型	来源
有尾目 CAUDATA				
小鲵科 Hynobiidae	+	青藏、华中	H	⊕
西藏山溪鲵 *Batrachuperus tibetanus*				
无尾目 ANURA				
蟾蜍科 Bufonidae				
中华蟾蜍 *Bufo gargarizans*	+++	东北、华北、蒙新、西南、华中	E	⊕
蛙科 Ranidae				
中国林蛙 *Rana chensinensis*	+++	东北、华北、华中、西南	X	⊙
四川湍蛙 *Amolops mantzorum*	++	西南、华南	H	⊕
隆肛蛙 *Rana quadranus*	+++	华种、华北	S	⊙
黑斑侧褶蛙 *Rana nigromaculata*	+	广布种	E	⊕

注：分布型参考张荣祖 1999，其中 E 代表季风区型，H 代表喜马拉雅—横断山区型，S 代表南中国型，X 代表东北—华北型；⊙表示本次调查采集到，⊕代表数据源于走访或文献资料。

3.2.2.2 分布区系

在动物地理区划上,保护区属东洋界中印亚界华中区西部山地高原亚区(张荣祖,1999),甘肃省两栖爬行动物地理区划上主体属陇南南部山地省(姚崇勇等,2004)。保护区群山耸立,沟壑纵横,海拔和生境变化明显,导致区内两栖类垂直分布明显,不同生境类型之间的物种分布有所差异。区系组成上,季风区型有2种、喜马拉雅—横断山区型2种、南中国型1种、东北—华北型1种。保护区位于东洋界的北部边缘,两栖类以东洋界成分为主,兼有古北界成分渗透的区系分布格局。

3.2.2.3 物种保护

调查区濒危物种丰富,其中:西藏山溪鲵为我国特有物种,列入《世界自然保护联盟濒危物种红色名录》(IUCN)易危(VU)物种、《国家保护的有重要生态、科学、社会价值的陆生野生动物名录》、《中国物种红色名录》易危水生野生物种,以及《甘肃省重点保护野生动物名录》;黑斑侧褶蛙列入《世界自然保护联盟濒危物种红色名录》(IUCN)近危(NT)物种、《国家保护的有重要生态、科学、社会价值的陆生野生动物名录》,以及《中国物种红色名录》近危物种。隆肛蛙为我国特有物种,列入《中国物种红色名录》近危物种。综上,该区域两栖类的特有种丰富,珍稀性非常突出,具有重要的保护意义。特别是西藏山溪鲵和中国林蛙具有较高的经济利用价值,有被人为捕杀的风险,应注意保护。

3.2.3 爬行类

保护区内的爬行动物种类及分布尚未进行系统研究报道,相关资料如《甘肃省脊椎动物志》(王香亭,1991)、《甘肃省两栖爬行动物》(姚崇勇,龚大洁,2012)等可能涉及该区域。由于蛇亚目种类行踪隐秘,本项目通过实地调查,结合走访和资料调研,形成了保护区爬行动物初步调查结果,具体如下。

3.2.3.1 调查结果

参照《中国动物志》(赵尔宓,1998,1999)的分类体系和最新的研究进展《中国爬行动物分类厘定》(蔡波等,2015)、《中国两栖、爬行动物更新名录》(王凯等,2020),保护区现分布有爬行动物21种,隶属1目2亚目5科(表3-5),其中野外调查发现8种、13种源于走访或文献调研。在科级单元上,游蛇科为绝对优势科,共有13种;其余各科均在3种以下。从调查记录的各物种数量看,丽纹攀蜥、铜蜓蜥、玉斑锦蛇、黑眉锦蛇、虎斑颈槽蛇、乌梢蛇等物种数量最丰,为优势种。蛇类中,有毒蛇4种,除虎斑颈槽蛇的毒性有争议且对人类不构成严重威胁外,其余均为剧毒性毒蛇。

3.2.3.2 区系分布

保护区在动物地理区划上属东洋界中印亚界华中区西部山地高原亚区,甘肃省两栖爬行动物地理区划上属陇南南部山地省。区系分布上,以东洋型、南中国型、喜马拉

表 3-5　保护区爬行动物名录及资源量

物种	相对数量	分区分布	分布型	来源
有鳞目 SQUAMATA				
蜥蜴亚目 LACERTILIA				
鬣蜥科 Agamidaae				
丽纹攀蜥 *Japalura splendida*	++	华中、西南	S	⊙
蜥蜴科 Agamidae				
北草蜥 *Takydromus septentrionalis*	+	华中、华南	E	⊙
丽斑麻蜥 *Eremia sargus*	+		X	⊕
石龙子科 Scincidae				
黄纹石龙子 *Eumeces capito*	++	东北、华北、华中	B	⊕
铜蜓蜥 *Sphenomorphus indicus*	+++	华北、华中、华南、西南	W	⊙
蛇亚目 SERPENTES				
游蛇科 Megophryidae				
黑脊蛇 *Achalinus spinalis*	++	华中	S	⊕
平鳞钝头蛇 *Pareas boulengeri*	+	华中	S	⊕
紫灰锦蛇 *Elaphe porphyracea*	+	华中	S	⊕
王锦蛇 *Elaphe carinata*	++	华北、西南、华中、华南	S	⊙
玉斑锦蛇 *Elaphe mandarina*	+++	华北、华中、华南、西南	S	⊙
黑眉锦蛇 *Elaphe taeniura*	+++	广布	W	⊙
颈槽蛇 *Rhabdophis nuchalis*	+	西南	H	⊕
虎斑颈槽蛇 *Rhabdophis tigrine*	++	广布	W	⊙
横纹小头蛇 *Oligodon multizonatus*	+	西南		⊕
黑头剑蛇 *Sibynophis chinensis*	+	华中、华南、西南	S	⊕
斜鳞蛇 *Pseudoxenodon macrops*	+	西南、华中、华南	W	⊕
乌梢蛇 *Zaocys dhumnades*	+++	西南、华中、华南	W	⊙
黑线乌梢蛇 *Zaocys nigromarginatus*	+	西南		⊕
蝰科 Rhacophoridae				
菜花烙铁头 *Trimeresurus jerdonii*	+++	华中、西南	H	⊕
原矛头蝮 *Trimeresurus mucrosquamatus*	+	华中、西南、华南	S	⊕
竹叶青 *Trimeresurus stejneger*	++	东北、华北、华中、西南、华南	W	⊕

注：分布型参考张荣祖 1999，其中 B 代表华北型，E 代表季风区型，H 代表喜马拉雅—横断山区型，S 代表南中国型，W 代表东洋型，X 代表东北—华北型；⊙代表数据源于野外调查；⊕代表数据源于走访或文献资料。

雅—横断山区型等东洋界物种为主，古北界物种很少。从我国动物地理区划上看，保护区位于青藏区、西南区和华中区交界处，有14种爬行类跨区或广泛分布。总体而言，保护区的爬行动物区系具有明显的东洋界特征，并具有南北过渡和混杂分布的趋势。此外，该区域相对高差比较大，气候的垂直梯度变化明显，爬行动物的分布亦呈现一定的垂直分布梯度。

3.2.3.3 物种保护

根据国家林业和草原局公布的《国家重点保护野生动物名录》，尖山保护区分布的爬行动物均非国家保护动物，但均列入《国家保护的有重要生态、科学、社会价值的陆生野生动物名录》。部分物种列入《中国物种红色名录》，包括易危的王锦蛇、玉斑锦蛇、黑眉锦蛇、虎斑颈槽蛇等。另外，虎斑颈槽蛇列入世界自然保护联盟（IUCN）近危；所调查到的物种中属于我国特有的物种有：丽纹攀蜥、北草蜥、黄纹石龙子。

爬行动物，特别是蛇，大多被列入中医药典，面临较大的捕猎压力。而保护区爬行动物的珍稀性较为突出，具有较高的保护和科研价值，需要加强保护。其中，王锦蛇是顶级捕食者，对维护生态平衡有重要价值，但由于其经济价值突出，是猎捕者的主要目标，数量呈现下降之势，应加强保护；黑眉锦蛇，能大量捕食鼠类和蛙类，对农业生产有益，但作为蛇酒和中药原料，也面临较大的猎捕压力。

3.2.4 鸟类

3.2.4.1 物种多样性

依据郑光美分类系统（郑光美，2017），保护区有鸟类9目36科139种（表3-6），占甘肃省鸟类479种（王香亭，1991）的29.02%，占白水江国家级保护区鸟类种数（275种，1997年综考报告）的50.55%，占整个区域脊椎动物种类的67.48%。

11目中，种类最多的是雀形目，达28科110种，占整个保护区鸟类的79.14%；其次是鸡形目、鹰形目和啄木鸟目，分别有7种、6种和4种。猛禽种类包括鹰形目6种，鸮形目4种以及隼形目1种；鸽形目和鹃形目的种类各有3种。

36科中，种类最多的科是鹟科（15种），其次为噪鹛科（11种）和柳莺科（9种）（表3-7）；含有5种及5种以上的科还有雉科、鹰科、鸦科、山雀科、鹡鸰科、鸫科、燕雀科、鸭科。

保护区鸟类组成体现山区森林生态系统及暖温带生态系统的特点。该区主要为山地森林生境，林中少有开阔地带，林深树密，山中多山涧溪流，因此保护区多为森林灌丛鸟类，以鹟科、噪鹛科、柳莺科和山雀科较为典型，同时多在地面活动的雉科种类也较丰富。保护区溪流水流速度较急、河道狭窄，也没有典型的湿地生境，因此水禽种类没有分布。

表 3-6　保护区鸟类物种多样性及其分布

分类	分布型	居留型	国家保护等级	三有动物	红色名录	CITES附录	数据来源
鸡形目 GALLIFORMES							
雉科 Phasianidae							
红喉雉鹑 *Tetraophasis obscurus*	H	R	一级		VU		⊙
血雉 *Ithaginis cruentus*	H	R	二级		NT	II	⊙
红腹角雉 *Tragopan temminckii*	H	R	二级		NT		⊙
勺鸡 *Pucrasia macrolopha*	S	R	二级		LC	III	⊙
蓝马鸡 *Crossoptilon auritum*	P	R	二级		NT		⊙
环颈雉 *Phasianus colchicus*	O	R		√	LC		⊙
红腹锦鸡 *Chrysolophus pictus*	W	R	二级		NT		⊙
鸽形目 COLUMBIFORMES							
鸠鸽科 Columbidae							
岩鸽 *Columba rupestris*	O	R		√	LC		⊙
山斑鸠 *Streptopelia orientalis*	E	R		√	LC		⊙
珠颈斑鸠 *Streptopelia chinensis*	W	R		√	LC		⊙
鹃形目 STRGIFORMES							
杜鹃科 Cuculidae							
噪鹃 *Eudynamys scolopaceus*	W	S		√	LC		⊕
大杜鹃 *Cuculus canorus*	O	S		√	LC		⊙
四声杜鹃 *Cuculus micropterus*	W	S		√	LC		⊙
鹰形目 ACCIPITRIFORMES							
鹰科 Accipitridae							
金雕 *Aquila chrysaetos*	C	R	一级		NT	II	⊕
凤头鹰 *Accipiter trivirgatus*	W	R	二级		NT	II	⊕
赤腹鹰 *Accipiter soloensis*	W	R	二级		LC	II	⊕
雀鹰 *Accipiter nisus*	U	R	二级		LC	II	⊙
黑鸢 *Milvus migrans*	U	P	二级		LC	II	⊕
普通鵟 *Buteo buteo*	U	R	二级		LC	II	⊙
鸮形目 STRIGIFORMES							
鸱鸮科 Strgidae							
雕鸮 *Bubo bubo*	U	R	二级		NT	II	⊕
灰林鸮 *Strix aluco*	O	R	二级		NT	II	⊕
斑头鸺鹠 *Glaucidium cuculoides*	W	R	二级		LC	II	⊙
纵纹腹小鸮 *Athene noctua*	U	R	二级		LC	II	⊕

分类	分布型	居留型	国家保护等级	三有动物	红色名录	CITES附录	数据来源
犀鸟目 BUCEROTIFORMES							
戴胜科 Upupidae							
戴胜 *Upupa epops*	O	R		√	LC		⊙
啄木鸟目 PICIFORMES							
啄木鸟科 Picidae							
蚁䴕 *Jynx torquilla*	U	P		√	LC		⊕
星头啄木鸟 *Dendrocopos canicapillus*	W	S		√	LC		⊙
大斑啄木鸟 *Dendrocopos major*	U	R		√	LC		⊙
灰头绿啄木鸟 *Picus canus*	U	R			LC		⊙
隼形目 FALCONFORMES							
隼科 Falconidae							
红隼 *Falco tinnunculus*	O	R	二级		LC	II	⊙
雀形目 PASSERIFORMES							
山椒鸟科 Campephagidae							
长尾山椒鸟 *Pericrocotus ethologus*	H	R		√	LC		⊙
伯劳科 Laniidae							
红尾伯劳 *Lanius cristatus*	X	S		√	LC		⊕
灰背伯劳 *Lanius tephronotus*	H	S		√	LC		⊕
鸦科 Corvidae							
松鸦 *Garrulus glandarius*	U	R			LC		⊙
红嘴蓝鹊 *Urocissa erythroryncha*	W	R		√	LC		⊙
喜鹊 *Pica pica*	C	R		√	LC		⊙
星鸦 *Nucifraga caryocatactes*	U	R			LC		⊙
红嘴山鸦 *Pyrrhocorax pyrrhocorax*	O	R			LC		⊕
小嘴乌鸦 *Carrion crow*	C	R			LC		⊕
大嘴乌鸦 *Corvus macrorhynchos*	E	R			LC		⊙
玉鹟科 Stenostiridae							
方尾鹟 *Culicicapa ceylonensis*	W	R			LC		⊙
山雀科 Paridae							
煤山雀 *Parus ater*	U	R		√	LC		⊙
黄腹山雀 *Parus venustulus*	S	R		√	LC		⊙
白眉山雀 *Poecile superciliosus*	P	R	二级	√	NT		⊙
红腹山雀 *Poecile davidi*	P	R		√	LC		⊙

分类	分布型	居留型	国家保护 等级	三有 动物	红色 名录	CITES 附录	数据 来源
雀形目PASSERIFORMES							
山雀科 Paridae							
沼泽山雀 *Parus palustris*	U	R		√	LC		⊙
大山雀 *Parus major*	O	R		√	LC		⊙
绿背山雀 *Parus monticolus*	W	R		√	LC		⊙
燕科 Hirundinidae							
家燕 *Hirundo rustica*	C	S		√	LC		⊙
岩燕 *Ptyonoprogne rupestris*	O	S		√	LC		⊙
烟腹毛脚燕 *Delichon dasypus*	U	S		√	LC		⊙
鹎科 Pycnonotidae							
领雀嘴鹎 *Spizixos semitorques*	S	R		√	LC		⊙
黄臀鹎 *Pycnonotus xanthorrhous*	W	R		√	LC		⊙
白头鹎 *Pycnonotus sinensis*	S	R		√	LC		⊕
绿翅短脚鹎 *Ixos mcclellandii*	W	R			LC		⊕
柳莺科 Phylloscopidae							
褐柳莺 *Phylloscopus fuscatus*	M	R		√	LC		⊙
黄腹柳莺 *Phylloscopus affinis164*	H	P		√	LC		⊕
棕眉柳莺 *Phylloscopus armandii*	H	S		√	LC		⊙
云南柳莺 *Phylloscopus yunnanensis*	U	S			LC		⊕
淡黄腰柳莺 *Phylloscopus chloronotus*	U	S			LC		⊕
暗绿柳莺 *Phylloscopus trochiloides*	U	S		√	LC		⊕
冠纹柳莺 *Phylloscopus claudiae*	W	S		√	LC		⊙
黄眉柳莺 *Phylloscopus inornatus*	U	S		√	LC		⊕
极北柳莺 *Phylloscopus borealis*	U	P		√	LC		⊕
树莺科 Cettiidae							
棕脸鹟莺 *Abroscopus albogularis*	S	R			LC		⊙
强脚树莺 *Horornis fortipes*	W	S			LC		⊙
长尾山雀科 Aegithalidae							
银脸长尾山雀 *Aegithalos fuliginosus*	P	R		√	LC		⊙
红头长尾山雀 *Aegithalos concinnus*	W	R		√	LC		⊙
莺鹛科 Sylviidae							
金胸雀鹛 *Lioparus chrysotis*	H	R	二级		LC		⊙
褐头雀鹛 *Fulvetta cinereiceps*	S	R			LC		⊙
棕头雀鹛 *Fulvetta ruficapilla*	H	R		√	LC		⊙
棕头鸦雀 *Paradoxornis webbianus*	S	R			LC		⊙

续表

分类	分布型	居留型	国家保护等级	三有动物	红色名录	CITES附录	数据来源
雀形目 PASSERIFORMES							
绣眼鸟科 Zosteropidae							
纹喉凤鹛 *Yuhina gularis*	H	R			LC		⊙
白领凤鹛 *Yuhina diademata*	H	R			LC		⊙
灰腹绣眼鸟 *Zosterops palpebrosus*	W	S		√	LC		
林鹛科 Timaliidae							
斑胸钩嘴鹛 *Erythrogenys gravivox*	S	R			LC		⊙
棕颈钩嘴鹛 *Pomatorhinus ruficollis*	W	R			LC		⊙
红头穗鹛 *Cyanoderma ruficeps*	S	R			LC		
幽鹛科 Pellorneidae							
灰眶雀鹛 *Alcippe morrisonia*	W	R			LC		⊙
褐顶雀鹛 *Schoeniparus brunneus*	W	R		√	LC		
噪鹛科 Leiothrichidae							
矛纹草鹛 *Babax lanceolatus*	S	R		√	LC		⊙
画眉 *Garrulax canorus*	S	R	二级	√	NT	II	⊙
斑背噪鹛 *Garrulax lunulatus*	H	R	二级	√	LC		⊙
眼纹噪鹛 *Garrulax ocellatus*	H	R	二级	√	NT		⊙
白喉噪鹛 *Garrulax albogularis*	H	R		√	LC		⊙
黑领噪鹛 *Garrulax pectoralis*	W	R		√	LC		⊙
山噪鹛 *Garrulax davidi*	B	R		√	LC		
白颊噪鹛 *Garrulax sannio*	S	R		√	LC		⊙
橙翅噪鹛 *Trochalopteron elliotii*	H	R	二级	√	LC		⊙
黑顶噪鹛 *Trochalopteron affinis*	H	R		√	LC		⊙
红嘴相思鸟 *Leiothrix lutea*	W	R	二级	√	LC	II	⊙
旋木雀科 Certhiidae							
霍氏旋木雀 *Certhia hodgsoni*	C	R			LC		⊙
䴓科 Sittidae							
普通䴓 *Sitta europaea*	U	R			LC		⊙
鹪鹩科 Troglodytidae							
鹪鹩 *Troglodytes troglodytes*	C	R			LC		⊙
河乌科 Cinclidae							
褐河乌 *Cinclus pallasii*	W	R			LC		⊙
椋鸟科 Sturnidae							
灰椋鸟 *Spodiopsar cineraceus*	X	W		√	LC		⊕

分类	分布型	居留型	国家保护等级	三有动物	红色名录	CITES附录	数据来源
雀形目 PASSERIFORMES							
鸫科 Turdidae							
虎斑地鸫 *Zoothera aurea*	U	R		√	LC		⊙
灰翅鸫 *Turdus boulboul*	H	R		√	LC		⊙
乌鸫 *Turdus merula*	O	R		√	LC		⊙
灰头鸫 *Turdus rubrocanus*	H	R			LC		⊙
宝兴歌鸫 *Turdus mupinensis*	H	R		√	LC		⊙
鹟科 Muscicapidae							
蓝喉歌鸲 *Luscinia svecica*	U	S	二级	√	LC		⊙
红胁蓝尾鸲 *Tarsiger cyanurus*	M	W		√	LC		⊙
白眉林鸲 *Tarsiger indicus*	H	R			LC		⊙
鹊鸲 *Copsychus saularis*	W	S		√	LC		⊙
北红尾鸲 *Phoenicurus auroreus*	M	S		√	LC		⊙
红尾水鸲 *Rhyacornis fuliginosa*	W	R			LC		⊙
白顶溪鸲 *Chaimarrornis leucocephalus*	H	R			LC		⊙
紫啸鸫 *Myophonus caeruleus*	W	R			LC		⊙
小燕尾 *Enicurus scouleri*	S	R			LC		⊙
白额燕尾 *Enicurus leschenaulti*	W	R			LC		⊙
灰林 *Saxicola ferreus*	W	R			LC		⊙
蓝矶鸫 *Monticola solitarius*	O	S			LC		⊙
乌鹟 *Muscicapa sibirica*	M	S		√	LC		⊙
橙胸姬鹟 *Ficedula strophiata*	W	S			LC		⊙
红喉姬鹟 *Ficedula albicilla*	U	S		√	LC		⊕
花蜜鸟科 Nectariniidae							
蓝喉太阳鸟 *Aethopyga gouldiae*	S	S		√	LC		⊕
岩鹨科 Prunellidae							
棕胸岩鹨 *Prunella strophiata*	H	R			LC		⊕
雀科 Passeridae							
山麻雀 *Passer rutilans*	S	R		√	LC		⊕
麻雀 *Passer montanus*	U	R		√	LC		⊙
鹡鸰科 Motacillidae							
黄鹡鸰 *Motacilla flava*	U	S		√	LC		⊕
黄头鹡鸰 *Motacilla citreola*	U	S		√	LC		⊕

续表

分类	分布型	居留型	国家保护等级	三有动物	红色名录	CITES附录	数据来源
雀形目 PASSERIFORMES							
鹡鸰科 Motacillidae							
灰鹡鸰 *Motacilla cinerea*	O	R		√	LC		⊙
白鹡鸰 *Motacilla alba*	O	R		√	LC		⊙
树鹨 *Anthus hodgsoni*	M	R		√	LC		⊙
粉红胸鹨 *Anthus roseatus*	P	P		√	LC		⊕
燕雀科 Fringillidae							
燕雀 *Fringilla montifringilla*	U	W		√	LC		⊙
黄颈拟蜡嘴雀 *Mycerobas affinis*	H	R			LC		⊙
灰头灰雀 *Pyrrhula erythaca*	H	R		√	LC		⊙
赤朱雀 *Agraphospiza rubescens*	H	R		√	LC		⊕
棕朱雀 *Carpodacus edwardsii*	H	R		√	LC		⊙
金翅雀 *Carduelis sinica*	M	R		√	LC		⊙
黄嘴朱顶雀 *Linaria flavirostris*	U	R		√	LC		⊙
红交嘴雀 *Loxia curvirostra*	C	R	二级	√	LC		⊕
藏黄雀 *Spinus thibetanus*	H	W			NT		⊕
鹀科 Emberizidae							
蓝鹀 *Latoucheornis siemsseni*	H	R	二级	√	LC		⊙
灰眉岩鹀 *Emberiza godlewskii*	O	R		√	LC		⊙
三道眉草鹀 *Emberiza cioides*	M	R		√	LC		⊕
小鹀 *Emberiza pusilla*	U	W		√	LC		⊙
黄喉鹀 *Emberiza elegans*	M	R		√	LC		⊙

注：鸟类分类系统依据《中国鸟类分类与分布名录（第三版）》郑光美，2017；

　　古北型（U）、东洋型（W）、全北型（C）、中亚型（D）、高地型（P或I）、东北型（M）、东北—华北型（X）、喜马拉雅—横断山区型（H）、华北型（B）、季风型（E）、南中国型（S）、L（局地型）、不易归类型（O）；

　　居留型：R为留鸟，S为夏候鸟，P为旅鸟，O为迷鸟；

　　《国家重点保护野生动物名录》，2021；

　　《国家保护的有重要生态、科学、社会研究价值的陆生野生动物名录》，2000；

　　CITES附录《濒危野生动植物种国际贸易公约》，2019；

　　中国脊椎动物红色名录等级：濒危（EN）、易危（VU）、近危（NT）、无危（LC）、数据缺乏（DD）；

　　数据来源：⊙本次调查（实体或痕迹），⊕文献资料或周边区域有分布，该区域有可能分布。

表 3-7　保护区鸟类科、种组成

科	种类数	科	种类数
雉科 Phasianidae	7	莺鹛科 Sylviidae	4
鸠鸽科 Columbidae	3	绣眼鸟科 Zosteropidae	3
杜鹃科 Cuculidae	3	林鹛科 Timaliidae	3
鹰科 Accipitridae	6	幽鹛科 Pellorneidae	2
鸱鸮科 Strgidae	4	噪鹛科 Leiothrichidae	11
戴胜科 Upupidae	1	旋木雀科 Certhiidae	1
啄木鸟科 Picidae	4	鸤科 Sittidae	1
隼科 Falconidae	1	鹪鹩科 Troglodytidae	1
山椒鸟科 Campephagidae	1	河乌科 Cinclidae	1
伯劳科 Laniidae	2	椋鸟科 Sturnidae	1
鸦科 Corvidae	7	鸫科 Turdidae	5
玉鹟科 Stenostiridae	1	鹟科 Muscicapidae	15
山雀科 Paridae	7	花蜜鸟科 Nectariniidae	1
燕科 Hirundinidae	3	岩鹨科 Prunellidae	1
鹎科 Pycnonotidae	4	雀科 Passeridae	2
柳莺科 Phylloscopidae	9	鹡鸰科 Motacillidae	6
树莺科 Cettiidae	2	燕雀科 Fringillidae	9
长尾山雀科 Aegithalidae	2	鹀科 Emberizidae	5

3.2.4.2　区系分析

保护区调查到的 139 种鸟类中，有繁殖鸟类（留鸟和夏候鸟）129 种，占92.81%，其中留鸟有 102 种、夏候鸟有 27 种；冬候鸟和旅鸟各有 5 种，占比很少。

鸟类的地理分布区主要是以它们繁殖的范围为准绳的（郑作新，1962）。129 种繁殖鸟类中，古北界种类有 8 种，占 6.20%；东洋界种类有 55 种，占 42.64%；其余 66 种为广布种，占 51.16%。鸟类区系特点以广布种为主，同时东洋界成分明显多于古北界成分。

从鸟类分布型统计来看（表 3-8）。分布型最多的是东洋型（W），有 29 种（占 20.86%）；比例较大的还有喜马拉雅—横断山区型（H）（28 种，20.14%）、古北型（U）（28 种，20.14%）、南中国型（S）（15 种，10.79%）和广布型（O）（14 种，10.07%）。

可以看出，保护区鸟类区系中广布种占优势，同时东洋界的比例也明显高于古北界。该区域在中国动物地理区划中位于西南区、华北区和青藏区的交汇地带，具有南北混杂的区系特征。与 1997 年《甘肃白水江国家级自然保护区综合科学考察报告》中的鸟类区系分析结果（古北界占 41.06%，东洋界占 37.40%）相比较，广布种比例明显增加，东洋界种类明显多于古北界种类，这与近年来全球气候变暖，南方种类明显向北扩散有关。在南北过渡地带，这种东洋界比例增加的趋势明显。

表 3-8　保护区鸟类分布型统计

目	分布型												合计
	C	U	M	B	X	D	E	P或I	H	W	S	O	
鸡形目								1	3	1	1	1	7
鸽形目							1			1		1	3
鹃形目										2		1	3
鸺形目													0
鹰形目	1	3								2			6
鸮形目		2								1		1	4
犀鸟目												1	1
佛法僧目													0
啄木鸟目		3								1			4
隼形目												1	1
雀形目	6	20	8	1	2		1	4	25	21	14	8	110
合　计	7	28	8	1	2	0	2	5	28	29	15	14	139
比例（%）	5.04	20.14	5.76	0.72	1.44	0.00	1.44	3.60	20.14	20.86	10.79	10.07	100

注：C 为全北型，分布于欧亚大陆北部和北美洲；U 为古北型，分布于欧亚大陆北部，向南达于东洋界相邻地区；M 为东北型，我国东北地区或再包括附近地区；B 为华北型，主要分布于华北区；X 为东北—华北型，分布于我国东北和华北，向北伸达朝鲜半岛、俄罗斯远东和蒙古等地；D 为中亚型，分布于我国西北干旱区、国外中亚干旱区，有的达北非；E 为季风型，东部湿润地区为主；P 或 I 为高地型，P 主要分布于中亚地区的高山，I 以青藏高原为中心，包括其外围山地；H 为喜马拉雅—横断山区型；W 为东洋型，主要分布于亚洲热带、亚热带，有的达北温带；S 为南中国型；O 为不易归类的分布，其中不少分布比较广泛的种。

3.2.4.3　鸟类资源现状

（1）国家重点保护动物

依据《国家重点保护野生动物名录》（2021 年国务院批准公布），本区域分布有国家重点保护动物共 27 种（表 3-9），其中国家一级保护野生动物 2 种（红喉雉鹑和金雕）、国家二级保护野生动物 25 种。

（2）《濒危野生动植物种国际贸易公约》保护物种

根据《濒危野生动植物种国际贸易公约》（CITES）2019 附录，本区域分布有附录物种 14 种（表 3-9），均为附录Ⅱ物种。

（3）中国脊椎动物红色名录

根据《中国脊椎动物红色名录》（蒋志刚等，2016），本区域分布的中国脊椎动物红色名录物种中，易危（VU）物种 1 种，为红喉雉鹑；近危（NT）物种 12 种（表 3-9）；其余为无危（LC）物种。

（4）"三有"动物

保护区分布有国家保护的"三有"（有重要生态、科学、社会价值）野生脊椎动物

表 3-9　保护区国家重点保护动物和 CITES 保护物种

种名	国家保护等级	CITES 附录	中国脊椎动物红色名录	数量
红喉雉鹑 *Tetraophasis obscurus*	一级		VU	+
血雉 *Ithaginis cruentus*	二级	II	NT	+
红腹角雉 *Tragopan temminckii*	二级		NT	++
勺鸡 *Pucrasia macrolopha*	二级		LC	+
蓝马鸡 *Crossoptilon auritum*	二级		NT	++
红腹锦鸡 *Chrysolophus pictus*	二级		NT	+++
金雕 *Aquila chrysaetos*	一级	II	NT	⊕
凤头鹰 *Accipiter trivirgatus*	二级	II	NT	+
赤腹鹰 *Accipiter soloensis*	二级	II	LC	+
雀鹰 *Accipiter nisus*	二级	II	LC	+
黑鸢 *Milvus migrans*	二级	II	LC	⊕
普通𫛭 *Buteo buteo*	二级	II	LC	+
雕鸮 *Bubo bubo*	二级	II	NT	⊕
灰林鸮 *Strix aluco*	二级	II	NT	⊕
斑头鸺鹠 *Glaucidium cuculoides*	二级	II	LC	+
纵纹腹小鸮 *Athene noctua*	二级	II	LC	⊕
红隼 *Falco tinnunculus*	二级	II	LC	++
白眉山雀 *Poecile superciliosus*	二级		NT	+
金胸雀鹛 *Lioparus chrysotis*	二级		LC	+
橙翅噪鹛 *Trochalopteron elliotii*	二级		LC	+++
斑背噪鹛 *Garrulax lunulatus*	二级		LC	+
画眉 *Garrulax canorus*	二级	II	NT	++
眼纹噪鹛 *Garrulax ocellatus*	二级		NT	+
红嘴相思鸟 *Leiothrix lutea*	二级	II	LC	++
蓝喉歌鸲 *Luscinia svecica*	二级		LC	+
红交嘴雀 *Loxia curvirostra*	二级		LC	⊕
蓝鹀 *Latoucheornis siemsseni*	二级		LC	++

注：+ 野外调查有分布，数量较少；++ 数量较多、较常见；+++ 数量多，常见。⊕ 代表数据源于文献资料或走访；

　中国脊椎动物红色名录等级：濒危（EN）、易危（VU）、近危（NT）、无危（LC）。

（鸟类）84 种（见表3-6）。

　　（5）中国特有鸟类

　　通过调查，汇总保护区分布的中国特有鸟类资源，共 17 种（表 3-10）。其中 11 种仅分布于我国，其余 6 种也主要分布于我国，偶见于我国临近地区。17 种鸟类中，鹛类种类最多，有 6 种；鸡形目鸟类也有 4 种。这与我国有"鹛类之国"之称以及鸡形目鸟类资源丰富有关。区域内分布的中国特有鸟类中，红腹锦鸡、领雀嘴鹎、画眉、橙翅噪鹛、白领凤鹛和黄腹山雀最为常见，分布广泛。

表 3–10　中国鸟类特有种

种名	状况	数量
红喉雉鹑 *Tetraophasis obscurus*	E	+
血雉 *Ithaginis cruentus*	W	+
蓝马鸡 *Crossoptilon auritum*	E	+ +
红腹锦鸡 *Chrysolophus pictus*	E	+ + +
领雀嘴鹎 *Spizixos semitorques*	W	+ + +
白头鹎 *Pycnonotus sinensis*	W	+
宝兴歌鸫 *Turdus mupinensis*	E	+
山噪鹛 *Garrulax davidi*	E	+
斑背噪鹛 *Garrulax lunulatus*	E	+
画眉 *Garrulax canorus*	W	+
橙翅噪鹛 *Trochalopteron elliotii*	E	+ + +
棕头雀鹛 *Fulvetta ruficapilla*	W	+
白领凤鹛 *Yuhina diademata*	W	+ +
黄腹山雀 *Parus venustulus*	E	+
红腹山雀 *Poecile davidi*	E	+
银脸长尾山雀 *Aegithalos fuliginosus*	E	+
蓝鹀 *Latoucheornis siemsseni*	E	+ +

注：E 代表仅分布于国内，W 表示主要分布于国内，并偶见于我国邻近地区。

3.2.5　哺乳动物

3.2.5.1　物种多样性

根据野外调查、红外相机记录及文献记载，保护区哺乳动物共计 36 种，分属 5 目 18 科 32 属（表 3–11）。啮齿目种类最多，为 11 种，占物种总数的 30.56%；食肉目次之，为 10 种，占 27.78%；劳亚食虫目和鲸偶蹄目分别为 7 种和 6 种，各占 19.44% 和 16.67%；翼手目种类最少，只有 2 种，占 5.56%。

3.2.5.2　区系组成

36 种哺乳动物中，属古北界的 17 种，占 47.22%，属东洋界的 18 种，占 50%，另有 1 种为不易归类的物种。动物地理分布型中，种类最多的是古北型（U）和东洋型（W），分别有 10 种和 9 种；喜马—横断山区型（H）有 5 种；季风区型（E）和南中国型（S）各有 4 种；还有 2 种中亚型（D）、1 种华北型（B）和不易归类型（O）。

3.2.5.3　珍稀濒危物种

列入《国家重点保护野生动物名录》的有 10 种，占物种总数的 27.78%。其中，国家一级保护野生动物有大熊猫、金猫、林麝和四川羚牛；国家二级保护野生动物 6 种，分别为黑熊、青鼬（黄喉貂）、豹猫、毛冠鹿、中华鬣羚及中华斑羚。列入 IUCN 红色

表 3-11　保护区哺乳动物名录

分类	分布型	IUCN红色名录	中国红色名录	国家保护级别	数据来源
翼手目 CHIROPTERAS					
蝙蝠科 Vespertilionidae					
双色蝙蝠 *Vespertilio murinus*	U	LC	LC		⊕
东亚伏翼 *Pipistrellus abramus*	E	LC	LC		⊕
劳亚食虫目 ERINACEOMORPHA					
猬科 Erinaceidae					
大耳猬 *Hemiechinus auritus*	D	LC	LC		⊕
鼹科 Talpidae					
甘肃鼩鼹 *Scapanulus oweni*	H	LC	NT		⊕
麝鼹 *Scaptochirus moschatus*	B	LC	NT		⊕
鼩鼱科 Soricidae					
中鼩鼱 *Sorex caecutiens*	U	LC	NT		⊕
小鼩鼱 *Sorex minutus*	U	LC	NT		⊕
纹背鼩鼱 *Sorex cylindricauda*	H	LC	NT		⊕
食肉目 CAPNIVORA					
熊科 Ursidae					
黑熊 *Ursus thibetanus*	E	VU	VU	二级	⊙
大熊猫科 Ailuropodidae					
大熊猫 *Ailuropoda melanoleuca*	H	VU	VU	一级	⊕
鼬科 Mustelidae					
猪獾 *Arctonyx collaris*	W	NT	NT		⊙
狗獾 *Meles leucurus*	U	LC	NT		⊙
青鼬（黄喉貂）*Martes flavigula*	W	LC	NT	二级	⊙
黄鼬 *Mustela sibirica*	U	LC	LC		⊙
香鼬 *Mustela altaica*	O	NT	NT		⊕
灵猫科 Viverridae					
花面狸（果子狸）*Paguma larvata*	W	LC	NT		⊙
猫科 Felidae					
豹猫 *Prionailurus bengalensis*	W	LC	VU	二级	⊙
金猫 *Prodofelis temmincki*	W	NT	CR	一级	⊕
偶蹄目 ARTIODCTYLA					
猪科 Suidae					
野猪 *Sus scrofa*	U	LC	LC		⊙

分类	分布型	IUCN红色名录	中国红色名录	国家保护级别	数据来源
偶蹄目 ARTIODCTYLA					
麝科 Moschidae					
林麝 *Moschus berezovskii*	S	EN	CR	一级	⊙
鹿科 Cervidae					
毛冠鹿 *Elaphodus cephalophus*	S	NT	VU	二级	⊙
小麂 *Muntiacus reevesi*	S	LC	VU		⊙
牛科 Bovidae					
中华鬣羚 *Capricornis milneedwardsii*	W	NT	VU	二级	⊙
中华斑羚 *Naemorhedus griseus*	E	NT	VU	二级	⊙
四川羚牛 *Budorcas tibetanus*	H	VU	VU	一级	⊙
啮齿目 RODENTIA					
松鼠科 Sciuridae					
花鼠 *Tamias sibiricus*	U	LC	LC		⊙
岩松鼠 *Sciurotamias davidianus*	E	LC	LC		⊙
隐纹花松鼠 *Tamiops swinhoei*	W	LC	LC		⊙
复齿鼯鼠 *Trogopterus xanthipes*	H	NT	VU		⊕
仓鼠科 Cricetidae					
长尾仓鼠 *Cricetulus longicaudatus*	D	LC	LC		⊙
鼠科 Muridae					
黑线姬鼠 *Apodemus agrarius*	U	LC	LC		⊙
黑腹绒鼠 *Eothenomys melanogaster*	S	LC	LC		⊕
小家鼠 *Mus musculus*	U	LC	LC		⊙
褐家鼠 *Rattus norvegicus*	U	LC	LC		⊙
鼹型鼠科 Spalacidae					
中华竹鼠 *Rhizomys sinensis*	W	LC	LC		⊕
豪猪科 Hystrcidae					
豪猪 *Hystrix brachyura*	W	LC	LC		⊙

注：分布型：古北型（U）、东洋型（W）、全北型（C）、中亚型（D）、高地型（P或I）、东北型（M）、东北—华北型（X）、喜马拉雅—横断山区型（H）、华北型（B）、季风型（E）、南中国型（S）、L（局地型）、不易归类型（O）；濒危级别：A来自IUCN红色名录（2019版），B来自《中国脊椎动物红色名录》（2016）。其中：CR—极危、EN—濒危、VU—易危、NT—近危、LC—无危、DD—数据缺乏；保护级别：《国家重点保护野生动物名录》（2021）；数据来源：⊙本次调查（实体或痕迹），⊕走访或文献资料。

名录濒危（EN）物种有 1 种，为林麝；易危（VU）物种有 3 种，即大熊猫、黑熊和四川羚牛；近危（NT）物种有 7 种，为金猫、香鼬、毛冠鹿、中华鬣羚、中华斑羚、复齿鼯鼠和猪獾。列入《中国脊椎动物红色名录》的哺乳动物中，极危（CR）2 种，为金猫和林麝；易危（VU）9 种，大熊猫、黑熊、豹猫、毛冠鹿、小麂、中华鬣羚、中华斑羚、羚牛、复齿鼯鼠，近危（NT）10 种，甘肃鼩鼱、麝鼩、中鼩鼱、小鼩鼱、纹背鼩鼱、狗獾、猪獾、青鼬、香鼬、花面狸（果子狸）。

3.3　红外相机观测总结

3.3.1　背景

生物多样性观测是客观了解生物多样性变化，评估管理成效，制订保护政策的基础工作和重要手段。在 2014 年召开的中国生物多样性保护国家委员会第二次会议上指出："要加快建立布局合理、功能完善的国家生物多样性观测和预警体系，及时掌握动态变化，开展保护状况评估，为做好保护工作提供支撑。"2015 年国务院批准启动实施生物多样性保护重大工程，开展生物多样性观测是其中一项重要任务。

哺乳动物类群和物种多样，分布范围广，对栖息地变化特别敏感，是生物多样性保护和环境评价的关键指示类群。我国哺乳动物多样性非常丰富。近年来，随着研究的深入，我国哺乳动物记录不断增加。截至 2015 年 3 月 31 日，我国确定现有 12 目 55 科 245 属 673 种哺乳动物。此记录使我国哺乳动物丰富度世界排名超过印度尼西亚（IUCN 红色名录记录的种数为 670 种）上升到第一位。同时我国哺乳动物特有种丰富，有 150 种特有哺乳动物，特有种比例为 22.3%。

但是，由于我国近几十年来的经济快速发展、城镇化扩张、交通路网建设等原因，自然生境的破坏和破碎化程度加剧，加上难以完全禁止的偷猎行为，我国哺乳动物的受威胁程度很高。最新发布的《中国生物多样性红色名录　脊椎动物卷》（2015 年）评估结果显示，我国哺乳动物受威胁物种（极危、濒危、易危等级）共计 178 种，占物种总数的 26.4%，其中，特有种中有 38 种为受威胁物种，占特有种总数的 25.3%。面对哺乳动物种群持续衰退的现状，为了掌握其生存状态、种群动态变化以及受威胁的状况，从而提出针对性地保护对策，开展哺乳动物观测就显得非常重要。

红外相机技术通过自动相机系统（如被动式/主动红外触发相机或定时拍摄相机等）获取野生动物及人类活动图像数据（如照片和视频），并通过这些图像来分析野生动物的物种分布、种群数量、行为、干扰压力和生境利用等数据。该技术作为一种非伤害性的野生动物观测技术，已成为生物多样性调查和观测的重要工具和动物生态学研究的重要手段（李勤等，2013；李晟等，2014；肖志术等，2014；肖志术，2016）。相比于传统的观测方法，红外相机技术具有较明显的优越性，如能在恶劣的环境中昼夜连续工作，通过获得各种动物的真实图像确认物种的存在，可实现区域内动物多样性的快速评价，对大中型哺乳动物、行踪诡秘、夜行性、稀有物种、外形易于识别物种更加有效。2010年之后，数码红外相机的性能得到进一步完善，价格也大幅下降，被广泛应用于野生动物多样性调查、种群监测、种群密度评估等科研和保护工作。

2020年1~11月，对保护区布设了红外相机，期望通过对片区内大中型哺乳动物和地面活动鸟类的观测，了解并掌握区域内鸟兽多样性的情况，尤其是大熊猫、四川羚牛、黑熊、红腹锦鸡、红腹角雉等国家重点保护野生动物的种群数量和分布情况，结合调查发现样区内受干扰情况，为保护区的生物多样性保护提供技术支撑。

3.3.2 观测目标

掌握观测样区内大中型哺乳动物（含地面活动鸟类）的种类、数量、分布以及人为干扰情况，评估样区内大中型哺乳动物（含地面活动鸟类）种群动态变化趋势，分析环境变化及人类活动对野生动物多样性变化的影响、生物多样性保护成效，为制订生物多样性保护相关管理措施和政策提供技术支撑。

3.3.3 观测方法

3.3.3.1 调查样区概况

保护区地处青藏高原东侧，岷山山脉北麓，白龙江上游区域，行政区划上隶属甘肃省陇南市文县，地理坐标为东经104°41′17″~104°50′46″、北纬32°56′55″~33°2′38″之间。保护区内的高楼山为岷山山系东南延伸的余脉，山系多呈东西走向。地势西北高，东南低，海拔在1120~3121m之间，山间河谷深陷，相对高差达2000m。纵谷与横谷的地貌特点差异很大，最高峰金子山海拔3121m，最低点海拔1120m，位于尖山乡崖底下村的尖山河滩。

3.3.3.2 观测团队的组建

2020年4月至2020年12月先后有8人参与本项目的观测工作，成员由兰州大学生命科学学院动物学专业教师及硕士研究生组成。

3.3.3.3 样地设置

根据海拔、植被类型、人为活动干扰强度和野生动物分布的先验知识等，选择人为干扰较小、适宜大中型哺乳动物觅食栖息且比较容易到达的地方布设红外相机，一共布设20台，相机布设点信息详见表3-2。

3.3.3.4 红外相机的安装与维护

相机主要布设在兽道、水源等人为干扰较少，适合大中型哺乳类觅食栖息的地方，距离地面的距离根据地形而定，大多数相机距离地面的距离为50cm左右。2020年4月选择地点安装，分别于2020年7月和11月进行了两次巡护并更换电池和内存卡。巡护时清理相机前面的杂草并根据拍到的照片调整相机的角度以便相机可以清晰地拍到动物及其他生物。

附：

相机型号：东方红鹰 E3。相机的参数设置是：连拍张数：3 张；照片分辨率：1200 万；录像分辨率：全高清 1920×1080；录像长度：15s；感应时间间隔：1s；拍摄模式：11 台混合拍摄模式，5 台录像模式，4 台拍照模式。

3.3.3.5　物种识别与数据处理

分别参照《中国兽类野外手册》（Smith，解焱，2009）和《中国鸟类图鉴》（赵欣如，2018）对拍摄到的兽类和鸟类种类进行识别，红色名录等级根据《中国脊椎动物红色名录》（蒋志刚等，2016）确定。以单台红外相机持续工作 24h 定义为 1 个有效相机日，单个位点上红外相机拍摄到某一物种记为对此物种的一次有效拍摄照片，拍摄间隔超过 30min 时记为独立有效照片（O'Brien et al，2003）。以独立有效照片数为基础计算各物种的数量及物种丰富度，通常使用相对多度指数（RAI）表示物种丰富度（李广良等，2014）。

计算公式为：相对多度（RAI）=（各物种的独立有效照片数×100）/总相机工作日（李勤等，2013；Azlan et al，2006；李晟等，2014；陈立军等，2019）

以 Berger-Parker 优势度指数，即 $I= n_i/N$ 来判断物种为优势种、常见种还是稀有种。式中：I 为优势度指数；n_i 为物种 i 的个体数量；N 为群落中全部物种的总数量。当优势度指数 $I \geqslant 0.1$ 时，定为优势种；$0.01 \leqslant I < 0.10$ 时，定为常见种；$I < 0.01$ 时，定为稀有种（赵欣等，2015；李军玲等，2006；林思祖等，2002）。

3.3.4　观测结果

自 2020 年 1 月至 11 月，红外相机拍摄照片 5 万余张，在除去无法辨认的兽类、鸟类和工作人员采集照片更换电池拍到的照片后，共获得 16 590 张有效照片（未包含家畜），其中兽类照片 10 874 张、鸟类照片 5716 张。共获得有效独立探测照片 1896 张，其中野生兽类 1115 张、鸟类 781 张。共鉴定到脊椎动物 7 目 25 科 54 种，其中国家一级保护野生动物 2 种、国家二级保护野生动物 15 种、国家"三有"动物 28 种。

3.3.4.1　兽类

红外相机拍摄到哺乳动物 4 目 13 科 18 种（表 3-14）和家畜 4 种（狗、马、牛、驴）。其中国家一级保护野生动物 2 种：四川羚牛和林麝；国家二级保护野生动物 6 种：黑熊、黄喉貂、豹猫、毛冠鹿、中华鬣羚、中华斑羚；国家"三有"动物 9 种：狗獾、猪獾、野猪、毛冠鹿、普通刺猬、黄鼬、果子狸、岩松鼠和中国豪猪。在《中国脊椎动物红色名录》（蒋志刚等，2016）中，易危（VU）级别的兽类有 8 种：黑熊、豹猫、小麂、中华鬣羚、中华斑羚、斑背噪鹛、橙翅噪鹛和毛冠鹿；近危（NT）级别的兽类有 4 种：黄喉貂、狗獾、猪獾和果子狸。

啮齿目和偶蹄目是本次调查兽类记录中有效拍摄照片（1179 张和 8599 张）最多的两个类群，分别占兽类有效拍摄照片的 10.84% 和 79.07%。相对多度指数最高的物种是野猪的 10.228 4，啮齿目中相对多度指数最高的物种是岩松鼠（5.362 5），偶蹄目中最高的物种是野猪（10.228 4）（表 3–14）。

表 3–14　保护区红外相机拍摄兽类物种名录

分类	保护等级	濒危等级	RAI	优势度指数	拍摄到的红外相机位点
食肉目					
熊科					
黑熊 *Ursus thibetanus*	二级	VU	0.148 96	0.005 98	WX01、WX06、WX07
猫科					
豹猫 *Prionailurus bengalensis*	二级	VU	1.564 05	0.026 39	WX02、WX04、WX05、WX06、WX07、WX12、WX11、WX19
貂科					
黄喉貂 *Mustela flavigula*	二级	NT	1.067 53	0.017 93	WX01、WX02、WX04、WX05、WX07、WX11、WX19
鼬科					
黄鼬 *Mustela sibirica*		LC	0.198 61	0.003 31	WX05、WX06
狗獾 *Meles leucurus*		NT	0.049 65	0.001 84	WX06
猪獾 *Arctonyx collaris*		NT	1.613 70	0.034 95	WX01、WX02、WX03、WX04、WX06、WX07、WX09、WX12、WX11、WX17、WX19
灵猫科					
果子狸 *Paguma larvata*		NT	0.645 48	0.009 20	WX02、WX12、WX11、WX19
偶蹄目					
猪科					
野猪 *Sus scrofa*		LC	10.228 40	0.644 84	WX01、WX02、WX03、X04、WX05、WX06、WX07、WX09、WX12、WX11、WX17、WX18、WX19、WX20
麝科					
林麝 *Moschus berezovskii*	一级	CR	0.173 78	0.002 94	WX03、WX05
鹿科					
小麂 *Muntiacus reevesi*		VU	0.148 96	0.002 48	WX06、WX19
毛冠鹿 *Elaphodus cephalophus*	二级	VU	4.518 37	0.106 49	WX01、WX04、WX05、WX06、WX07、WX09、WX12、WX11、WX17、WX18、WX19
牛科					
中华鬣羚 *Capricornis milneedwardsii*	二级	VU	0.297 91	0.016 28	WX01、WX20

续表

分类	保护 等级	濒危 等级	RAI	优势度 指数	拍摄到的红外 相机位点
食肉目					
牛科					
中华斑羚 *Naemorhedus griseus*	二级	VU	0.546 18	0.014 71	WX03、WX06、WX07、WX19
四川羚牛 *Budorcas tibetanus*	一级	VU	0.148 96	0.003 03	WX01
劳亚食虫目					
猬科					
普通刺猬 *Erinaceus europaeus*		LC	0.074 48	0.001 20	WX04、WX11
啮齿目					
松鼠科					
岩松鼠 *Sciurotamias davidianus*		LC	5.362 46	0.075 04	WX01、WX02、WX04、WX05、 WX06、WX12、WX11
豪猪科					
中国豪猪 *Hystrix hodgsoni*		LC	0.819 27	0.032 19	WX02、WX05、WX06、WX19
鼠科					
鼠（未鉴定到种）		LC	0.074 48	0.001 20	WX06、WX20

3.3.4.2　林下鸟类

17 台红外相机拍摄到鸟类 3 目 12 科 36 种（表 3–15）。其中国家二级保护鸟类 9 种，红腹锦鸡、红腹角雉、勺鸡、血雉、蓝马鸡、橙翅噪鹛、斑背噪鹛、眼纹噪鹛、蓝喉歌鸲。"三有"动物 18 种：大斑啄木鸟、红嘴蓝鹊、红胁蓝尾鸲、宝兴歌鸫、虎斑地鸫、白喉噪鹛、黑领噪鹛、橙翅噪鹛、斑背噪鹛、黑顶噪鹛、北红尾鸲、绿背山雀、棕眉柳莺、棕朱雀、灰头灰雀、眼纹噪鹛、蓝喉歌鸲、乌鸫（表 3–15）。监测到的鸟类，在《中国脊椎动物红色名录》（蒋志刚等，2016）中，近危（NT）等级 5 种：红腹锦鸡、血雉、红腹角雉、蓝马鸡、眼纹噪鹛，其余物种全部归为无危（LC）这一级别（表 3–15）。拍摄到鸟类物种中鸡形目雉科鸟类是有效拍摄照片数量（4437 张）最高的类群，占全部鸟类拍摄数的 77.62%。相对多度指数最高的两个物种均为鸡形目雉科鸟类，分别为红腹锦鸡 9.260 2 和红腹角雉 4.195 6（表 3–15）。

由于监测时间较短，导致拍摄到的鸟类中除鸡形目雉科的几种鸟类如红腹角雉、红腹锦鸡、橙翅噪鹛、蓝马鸡分布较广外，其余大多数的鸟类仅在部分位点分布且数量较少。有些鸟类如褐头雀鹛、眼纹噪鹛、蓝喉歌鸲、红胁蓝尾鸲等仅各只有一台红外相机拍摄到它们活动的资料。

3.3.4.3　优势物种

根据优势度指数可以看出，调查区域内优势种有野猪（I= 0.644 84）、毛冠鹿（I=

表 3–15　保护区红外相机拍摄鸟类物种名录

分类	保护等级	濒危等级	RAI	优势度指数	拍摄到的红外相机位点
鸡形目					
雉科					
红腹锦鸡 *Chyrysolophus pictus*	二级	NT	9.26 02	0.453 81	WX01、WX02、WX04、WX06、WX09、WX11、WX12、WX17
环颈雉 *Phasianus colchicus*		LC	0.49 65	0.037 09	WX02、WX05
血雉 *Ithagins cruentus*	二级	NT	0.04 97	0.001 05	WX01、WX19
红腹角雉 *Tragopan temminckii*	二级	NT	4.19 56	0.259 27	WX01、WX02、WX03、WX05、WX06、WX07、WX09、WX11、WX12、WX017、WX19
勺鸡 *Pucrasia macrolopha*	二级	LC	0.14 90	0.004 02	WX06、WX12
蓝马鸡 *Crossoptilon auritum*	二级	NT	0.07 45	0.020 99	WX06
啄木鸟目					
啄木鸟科					
大斑啄木鸟 *Dendrocopos major*		LC	0.04 97	0.001 22	WX02、WX04
雀形目					
鸦科					
松鸦 *Garrulus glandarius*		LC	0.07 45	0.003 32	WX04、WX09、WX17
红嘴蓝鹊 *Urocissa erythroryncha*		LC	0.04 97	0.001 40	WX11、WX12
星鸦 *Nucifraga caryocatactes*		LC	0.07 45	0.002 45	WX01、WX07
山雀科					
绿背山雀 *Parus monticolus*		LC	0.07 45	0.001 22	WX02、WX11
绣眼鸟科					
白领凤鹛 *Yuhina diademata*		LC	0.02 48	0.001 75	WX05
林鹛科					
斑胸钩嘴鹛 *Erythrogenys gravivox*		LC	0.09 93	0.003 50	WX04
柳莺科					
棕眉柳莺 *Phylloscopus armandii*		LC	0.02 48	0.000 87	WX05
莺鹛科					
褐头雀鹛 *Fulvetta cinereiceps*		LC	0.02 48	0.000 52	WX02
鸫科					
虎斑地鸫 *Zoothera aurea*		LC	0.07 45	0.006 12	WX04、WX09
乌鸫 *Turdus mandarinus*		LC	0.02 48	0.016 62	WX04
灰头鸫 *Turdus rubrocanus*		LC	0.54 62	0.031 67	WX02、WX05、WX03、WX06、WX09

分类	保护 等级	濒危 等级	RAI	优势度 指数	拍摄到的红外相机位点
雀形目					
鸫科					
灰翅鸫 *Turdus boulboul*		LC	0.17 38	0.015 75	WX11
宝兴歌鸫 *Turdus mupinensis*		LC	0.29 79	0.000 52	WX04、WX06、WX09
噪鹛科					
斑背噪鹛 *Garrulax lunulatus*	二级	LC	0.89 37	0.002 10	WX02、WX04、WX06、WX09
白喉噪鹛 *Garrulax albogularis*		LC	0.02 48	0.074 88	WX11
眼纹噪鹛 *Garrulax ocellatus*	二级	NT	0.02 48	0.005 60	WX02
黑领噪鹛 *Garrulax pectoralis*		LC	0.02 48	0.000 52	WX11
橙翅噪鹛 *Trochalopteron elliotii*	二级	LC	1.43 99	0.000 52	WX01、WX02、WX04、WX05、WX06、WX07
黑顶噪鹛 *Trochalopteron affine*		LC	0.22 34	0.000 87	WX02、WX09
鹟科					
蓝喉歌鸲 *Luscinia svecica*	二级	LC	0.02 48	0.007 00	WX02
红胁蓝尾鸲 *Tarsiger cyanurus*		LC	0.02 48	0.000 87	WX02
白眉林鸲 *Tarsiger indicus*		LC	0.02 48	0.007 70	WX05
北红尾鸲 *Phoenicurus auroreus*		LC	0.12 41	0.000 52	WX05
红尾水鸲 *Rhyacornis fuliginosa*		LC	0.02 48	0.002 62	WX05
紫啸鸫 *Myophonus caeruleus*		LC	0.24 83	0.000 87	WX02、WX11
乌鹟 *Muscicapa sibirica*		LC	0.02 48	0.000 87	WX02
燕雀科					
黄颈拟蜡嘴雀 *Mycerobas affinis*		LC	0.37 24	0.016 62	WX09
棕朱雀 *Carpodacus edwardsii*		LC	0.02 48	0.031 67	WX09
灰头灰雀 *Pyrrhula erythaca*		LC	0.02 48	0.015 75	WX05

0.106 49)、红腹锦鸡（I=0.453 81）和红腹角雉（I=0.259 27）（I>0.1）；常见物种有：豹猫（I=0.026 39）、黄喉貂（I=0.017 93）、猪獾（I=0.034 95）、中华鬣羚（I=0.016 28）、中华斑羚（I= 0.014 71）、岩松鼠（I= 0.075 04）、中国豪猪（I= 0.032 19）、蓝马鸡（I= 0.020 99）、灰头鸫（I=0.026 59）、宝兴歌鸫（I=0.016 62）、斑背噪鹛（I=0.031 67）、橙翅噪鹛（I= 0.074 88）、环颈雉（I=0.037 09）、白喉噪鹛（I=0.015 75）；其余拍摄到的物种为稀有种（I<0.01）（表3–14、15）。其中，毛冠鹿、野猪、红腹角雉和红腹锦鸡的分布范围较广，数量较多；而调查区域的生境类型有阔叶林、针阔混交林、灌丛、林间草地等，几种动物的栖息环境也与样区环境大致相同，适宜它们的生存繁衍，所以几种动物

在调查区域内数量均较多。同时也拍到大型食肉动物黑熊以及黄喉貂,而有蹄类数量的多少影响和制约大型食肉类的生存(高中信等,2007),红外相机监测的结果表明保护区红腹锦鸡、红腹角雉等的种群数量较大,而中华斑羚、毛冠鹿、中华鬣羚等数量也较丰富,这对于维持食肉类种群的大小并促进其种群的繁衍壮大起积极推进作用。

3.3.4.4 国家重点保护野生动物

红外相机共拍摄到国家重点保护动物 17 种,其中国家一级保护野生动物有 2 种:林麝、四川羚牛;国家二级保护野生动物 15 种,包括兽类 6 种:黑熊、黄喉貂、豹猫、毛冠鹿、中华鬣羚和中华斑羚,鸟类 9 种:红腹锦鸡、血雉、红腹角雉、勺鸡、蓝马鸡、斑背噪鹛、眼纹噪鹛、橙翅噪鹛和蓝喉歌鸲。

(1)黑熊

隶属于食肉目熊科熊属,是国家二级保护野生动物,列入《中国脊椎动物红色名录》易危(VU)等级。该动物特征为体型中等,黑色,鼻吻部和耳较淡,头的其他部位在比例上显得较大,特别是与其他熊类比。胸部有显著的白斑,有时形状如 V,颏白色。

黑熊栖息生境多样,常见于栎树林、阔叶林和混交林,更喜欢有森林的山丘和山脉。能很好地适应热带雨林和栎树林。独居,夜行性,但果实成熟时也常在白天活动。主要是植食性,其食物的大部分是植物。在春季,更依赖于树皮、苔藓和地衣、坚果和橡子;在夏季食物转变为浆果、嫩芽、无脊椎动物和小型脊椎动物,此时其家域变大,转移到浆果成熟的地方。也吃腐肉、竹笋,有时会杀死家畜。

本次红外相机调查发现布设的 2 台红外相机:WX06 和 WX13,拍摄到黑熊的影像资料。

(2)豹猫

隶属于食肉目猫科豹猫属,列入国家二级保护野生动物。

体型似家猫,全身浅棕色,有许多褐色斑点,从头顶到肩部有 4 条棕褐色纵纹,两眼内缘向上各有一白纹。豹猫的栖息地类型很多,从东南亚的热带雨林到黑龙江地区的针叶林。也生活在灌丛林。捕食小型脊椎动物,如野兔、鸟类、爬行类、两栖类、鱼类、啮齿类。豹猫广布于我国南北各地。

在保护区豹猫数量较多,本次红外相机调查布设的 8 台红外相机都拍摄到该物种:WX02、WX04、WX05、WX06、WX07、WX12、WX11、WX19。

(3)黄喉貂

隶属于食肉目鼬科貂属,是国家二级保护野生动物,列入《中国脊椎动物红色名录》近危等级(NT)。黄喉貂特征为身体非常细长,颈长,尾也细长。身体前半部分为浅褐色至淡黄褐色;后半部分为浅黑褐色;喉部显著的亮黄色;四肢和尾黑色;头部和背侧的毛色较暗;腹部为淡黄色。长尾全黑色,不蓬松。

黄喉貂栖息生境多样,常见于雪松林、柞木林、热带松林、针叶林、潮湿的落叶林。昼行性,多在晨昏活动,但靠近人类居住地转为夜行性。食物有啮齿类、鼠兔、雉鸡类、蛇、昆虫、卵、青蛙、水果、花蜜和浆果。成对捕猎或集小家庭群，成对捕猎时甚至可捕食小鹿等鹿科动物。

本次红外相机调查发现布设的 8 台红外相机：WX01、WX02、WX04、WX05、WX07、WX13、WX14，拍摄到黄喉貂的影像资料。

（4）毛冠鹿

属于偶蹄目鹿科毛冠鹿属，该物种列入世界自然保护联盟（IUCN）2013 年濒危物种红色名录 ver3.1—易危（VU），列入国家二级保护野生动物。

为一种小型鹿。额部有一簇马蹄形的黑色长毛，故称毛冠鹿。眶下腺特别显著；耳较圆阔，耳背尖端白色。雄鹿有角，角极短，雌鹿无角。尾短。被毛粗糙，一般为暗褐色或青灰色，冬毛几近于黑色。栖息于高山或丘陵地带的常绿阔叶林、针阔混交林、灌丛、采伐迹地和河谷灌丛，经常活动于海拔 1000~4000m 之间的山上。草食性，喜食蔷薇科、百合科和杜鹃花科的植物。

在保护区数量多，本次红外相机调查布设的 11 台红外相机都拍摄到该物种：WX01、WX04、WX05、WX06、WX07、WX09、WX12、WX11、WX17、WX18、WX19。

（5）林麝

隶属于偶蹄目麝科麝属，是国家一级保护野生动物，列入《中国脊椎动物红色名录》 极危等级（EN）。该动物特征为毛色深橄榄褐色，成体颈部无斑点；臀部接近黑色；腿和腹部黄到橙褐色。耳内和眉毛白色；耳尖黑色，基部橙褐色；下额部具奶油色条纹；喉侧面的奶油色色斑连接在一起形成两条奶油色条带，由颈的前面向下到胸部，而在颈的中上部则是与之相对照的深褐色宽带。

林麝的栖息生境多样，常见于针叶林、落叶林或针阔混交林中。大多于黄昏到黎明之间活动，交替进食和休息。许多个体常在同一地点排便，留下大堆小粪粒。林麝以树叶、草、苔藓、地衣、嫩芽、细枝为食，它们能熟练地跳到树上采食。

本次红外相机调查发现布设的 3 台红外相机：WX03、WX05 和 WX09，拍摄到林麝的影像资料。

（6）中华鬣羚

隶属于偶蹄目牛科鬣羚属，是国家二级保护野生动物，列入《中国脊椎动物红色名录》易危等级（VU）。中华鬣羚体高腿长，毛色深，具有向后弯的短角，颈背部有长而蓬松的鬣毛延伸成为背部的粗毛脊。耳大，有显著的腺前框，尾短被毛。毛色黑，带灰或红灰色，特别在长鬣和腿部。毛粗，毛层较薄。

中华鬣羚栖息于崎岖陡峭多岩石的丘陵地区，特别是石灰岩地区。它们通常冬天在森林带，夏天转移到高海拔的峭壁区。大部分夜间活动，独居。有常规挖出的睡觉的地方，有时也在视角好的隆起地休息。采食多种植物的树叶和幼苗，到盐渍地舔食盐。

本次红外相机调查发现布设的 3 台红外相机位点：WX01、WX13 和 WX20，拍摄到中华鬣羚的影像资料。

（7）中华斑羚

又被称为青羊，隶属于偶蹄目牛科斑羚属，是国家二级保护野生动物，列入《中国脊椎动物红色名录》近危等级（VU），世界自然保护联盟（IUCN）列入《濒危物种红色名录》近危等级（NT），《濒危野生动植物种国际贸易公约》（CITES）列入附录Ⅰ中。该动物特征为角短直，向后上方斜伸，角尖处略向下弯；全身灰黑色，从头部沿脊梁有一条黑褐色背纹，喉斑白色具红褐色边缘，尾基部褐色。

中华斑羚为典型的林栖型兽类，栖息生境多样，常见于山地针叶林、针阔混交林和常绿阔叶林中。中华斑羚极善于在悬崖绝壁之间跳跃奔走，生性机警敏觉，活动范围比较固定，单独或成小种群生活在一起，一般在清晨和黄昏觅食。夏季多栖息于岩洞和林下，冬季常栖息于山岩背风向阳处。其食物比较广泛，青草、地衣、乔灌木树叶及少量果实均为其理想食物。

本次红外相机调查发现布设的 6 台红外相机位点：WX03、WX06、WX07、WX13、WX14 和 WX19，拍摄到中华斑羚的影像资料。

（8）四川羚牛

隶属偶蹄目牛科羚牛属，是国家一级保护野生动物，列入《中国脊椎动物红色名录》易危等级（VU）。羚牛的特征是体型大而壮实，外表与麝牛比较相似，具有粗壮的四肢，宽阔的蹄，较大的悬蹄。背毛浓密而蓬松，沿脊背有长纹。

羚牛主要栖息在海拔 2000~4000m 的针阔混交林、阔叶林、高山草甸和高山灌丛林带。食性随季节变化，春、冬季在针阔混交林、箭竹林活动，觅食竹茎、竹叶、竹笋、五味子、树枝、落叶、豆科及禾本科枯草；夏季迁至高山草甸活动，或逗留在阔叶林区，取食鹅观草、羊胡子草、早熟禾、苔草等植物为食；秋季亦取食各种植物果实。

本次红外相机调查发现布设的 1 台红外相机位点：WX01，拍摄到四川羚牛的影像资料。

（9）蓝马鸡

隶属于鸡形目雉科，是国家二级保护野生动物，列入《中国脊椎动物红色名录》近危等级（NT）。蓝马鸡的特征为体大的蓝灰色马鸡。具黑色天鹅绒式头盖，猩红色眼周裸眼皮及白色须毛延长成耳羽簇。枕后有一近白色横版。尾羽弯曲，丝状中心尾羽灰色，与蓝紫色外侧尾羽成对比。

蓝马鸡分布范围广，生境多样。分布于青海东部、甘肃南部、宁夏、西藏东北部、四川北部。以小群活动于高海拔的开阔高山草甸及柏树、杜鹃灌丛。主要食物种类有云杉、山柳、苔草、早熟禾、贝母等，甚至到耕地啄食玉米、小麦、荞麦以及豆类等农作物，偶尔也吃鳞翅目、膜翅目昆虫的幼虫、蝗虫、步行甲、象甲等动物性食物。

本次红外相机调查发现布设的 1 台红外相机：WX06，拍摄到蓝马鸡的影像资料。

（10）勺鸡

隶属于鸡形目雉科，是国家二级保护野生动物，无危（LC）。勺鸡的特征为体大而尾相对短的雉类。具有明显的飘逸形耳羽束。雄鸟头顶及冠羽近灰；喉、宽阔的眼线、枕及耳羽束金属绿色；颈侧白；上背皮黄色；胸栗色；其他部位的体羽为长的白色羽毛上具有黑色矛状纹。雌鸟：体型较小，具冠羽但无长的耳羽束；体羽图纹与雄鸟相同。

勺鸡的分布范围较广，生境多样。种群个体在一定海拔范围内会有季节性的迁移。常单独或成对。遇警情时深伏不动，不易被赶。突发的声响会使雄鸟大叫。雄鸟炫耀时耳羽束竖起。喜开阔的多岩林地，常于松林及杜鹃林中。以植物根、果实及种子为主食，主要是云杉、桦树、苔草、鳞毛蕨等木本、草本和蕨类植物的嫩芽、嫩叶、花以及果实和种子等，此外也吃少量昆虫、蜗牛等动物性食物。

本次红外相机调查发现布设的 3 台红外相机：WX11、WX12 和 WX13，拍摄到勺鸡的影像资料。

（11）血雉

隶属于鸡形目雉科，是国家二级保护野生动物，列入《中国脊椎动物红色名录》近危等级（NT）。血雉的特征为体小（46cm），似鹑类，具矛状长羽，冠羽蓬松，脸与腿猩红，翼及尾沾红的雉种。头近黑，具近白色冠羽及白色细纹。上体多灰带白色细纹，下体沾绿色。胸部红色多变。雌鸟色淡且单一，胸为皮黄色。诸多亚种羽色细节上有差异。

血雉分布范围广，生境多样。主要分布在喜马拉雅山脉、中国中部及西藏高原。形成小至大群，觅食于亚高山针叶林、苔原森林的地面及杜鹃灌丛。血雉的食物主要以植物为主，常常用嘴啄食，边走边吃，啄食的速度很快，但很少用脚和嘴刨食。食物的种类随季节不同而有所变化，冬季和春季以杨树、桦树、松树、杉树、漆树、椴树等各种树木的嫩叶、芽苞、花序等为食；夏季和秋季主要食物有忍冬、胡颓子、蔷薇、石芥菜、悬钩子、毛茛等灌木和驴儿韭等草本植物的嫩枝、嫩叶、浆果、种子，以及苔藓、地衣等，还记录到鳞翅目幼虫、蚱蜢、金花虫等昆虫为食。

本次红外相机调查发现布设的 2 台红外相机：WX01 和 WX19，拍摄到血雉的影像资料。

（12）红腹锦鸡

隶属于鸡形目、雉科，是国家二级保护野生动物，列入《中国脊椎动物红色名录》近危等级（NT）。红腹锦鸡特征体型显小但修长（98cm），头顶及背有耀眼的金色丝状羽；枕部披风为金色并具黑色条纹；上背金属绿色，下体绯红。翼为金属蓝色，尾长而弯曲，中央尾羽近黑而具皮黄色点斑，其余部位黄褐色。雌鸟体型较小，为黄褐色，上体密布黑色带斑，下体淡皮黄色。

红腹锦鸡又名金鸡，主要分布于我国中部地区，分布在青海东南部、甘肃南部、四川、陕西南部、湖北西部、贵州、广西北部及湖南西部。单独成小群活动，喜有矮树的山坡及次生的亚热带阔叶林及落叶阔叶林。成群活动，特别是秋冬季，春、夏季亦见单独或成对活动的。性机警，胆怯怕人。听觉和视觉敏锐，稍有声响，立刻逃遁。主要以野豌豆、青蒿、蕨叶、野蒜、悬钩子、酢浆草、蔷薇、胡颓子、羊奶子、箭竹、漆树、杜鹃、雀麦、栎树、茅栗和青冈子等植物的叶、芽、花、果实和种子为食，也吃小麦、大豆、玉米、四季豆等农作物。

本次红外相机调查发现布设的 7 台红外相机：WX02、WX06、WX07、WX09、WX13、WX12 和 WX17，拍摄到红腹锦鸡的影像资料。

（13）红腹角雉

隶属于鸡形目、雉科，是国家二级保护野生动物，列入《中国脊椎动物红色名录》近危等级（NT）。红腹角雉特征体大（68cm）而尾短。雄鸟绯红，上体多带有黑色外缘的白色小圆点，下体带灰白色椭圆形点斑。头黑，眼后有金色条纹，脸部裸皮蓝色，具可膨胀的喉垂及肉角质。与红胸角雉区别在于下体灰白色点斑较大且不带黑色外缘。雌鸟较小，具棕色杂斑，下体有大块白色斑点。虹膜褐色，嘴黑色，嘴尖粉红，脚粉色至红色。

红腹角雉分布范围广，生境多样。可见于西藏东南部、云南西部及北部、四川、甘肃南部、陕西南部、贵州、湖北、湖南、广西北部。单个或家族栖息于亚高山林的林下。不惧生。夜栖枝头。雄鸟炫耀时膨胀喉垂并竖起蓝色肉质角，喉垂完全膨起时有蓝红色图案。喜欢单独活动，只是在冬季偶尔结有小群。主要以乔木、灌木、竹、草本植物和蕨类的嫩芽、嫩叶、青叶、花、果实和种子等为食，食物种类非常广泛。

本次红外相机调查发现布设的 12 台红外相机：WX01、WX02、WX03、WX05、WX06、WX07、WX09、WX12、WX13、WX14、WX17 和 WX19，拍摄到红腹角雉的影像资料。

（14）大熊猫

隶属于食肉目熊科大熊猫属，是国家一级保护野生动物，列入《中国脊椎动物红色名录》易危等级（VU）。该动物特征为头宽大，吻短；身体为均一的白色；四肢和肩部褐色；竖立的圆耳黑色，眼大而黑，眼大而黑，眼周黑色，鼻子黑色明显。显著的特征是前掌有一个特别的、相对的籽骨结构。

大熊猫栖息生境较为单一，常见于有箭竹存在的针阔叶混交林。大熊猫在树上和洞穴中隐蔽，主要是地栖性，但也善于攀爬和游泳。独居，夜行性，晨昏活动。大熊猫进食 30 种或更多竹子的竹叶，竹子占其食物组成的 90% 以上。消化能力强大，可消化纤维食物，其他的食物还有果实、蔓生植物、叶子、鱼类和昆虫。

本次红外相机调查未发现大熊猫的活动的影像资料，但根据历史资料和走访保护区工作人员，表明保护区内大熊猫的分布，实际调查中也发现保护区内分布有一定面积的适合大熊猫栖息的竹林生境。

第四章　昆　　虫

2021年7月至9月间在保护区内开展了昆虫多样性调查工作，共采集到昆虫 12 100 头，分别隶属于 17 目 186 科 704 属 885 种。其中以鳞翅目LEPIDOPTERA（293 种）、半翅目 HEMIPTERA（175 种）、鞘翅目 COLEOPTERA（105 种）、同翅目 HOMOPTERA（131 种）、膜翅目 HYMENOPTERA（47 种）为主，种属占比例分别为33.1%、19.77%、11.86%、14.80%和5.31%，其他类群（共 134 种）占 15.14%。在区系组成上，东洋、古北种昆虫最丰富，有 365 种，占总数的 41.24%；其次是东洋种，有 230 种，占总数的 25.99%；广布种 59 种，占 6.67%；中国—日本分布 50 种，占5.65%；中国分布 38 种，占 4.29%。

4.1　调查方法

4.1.1　调查组织

本次调查分 3 个阶段进行，第一、二阶段主要组织考察和采集，分别是 2021 年 6 月 17 至 21 日和 2021 年 7 月 12 至 18 日，在保护区的 4 个点采集，每一采集点采集 2~3d，进行交替时轮流采集；又于 2021 年 9 月 2 至 6 日继续进入保护区采集；第三阶段是标本整理、归类、上标签、鉴定标本，整理物种名录和汇总信息并编著成文。

4.1.2　标本采集

4.1.2.1　网捕

网捕是白天获得昆虫标本的有效采集方式，主要通过短杆扫网、中杆扫网和高杆扫网分别获得草丛、灌木、低矮树木和高大乔木上生活或栖息的昆虫，将入网的昆虫用乙酸乙酯毒瓶，也可有限制地用 75%酒精收虫保存。用水网捕获溪流中的水生昆虫，用震落法采集有假死性的昆虫。此方法在各采集点均大范围使用。主要收集蜻蜓目、螳螂目、直翅目、半翅目、鞘翅目、脉翅目、双翅目和膜翅目等昆虫。

4.1.2.2　诱捕

主要采用灯诱、埋灌诱集等方法捕获昆虫标本，灯诱采用高压汞灯（250W 或者 450W）、碘钨灯、黑光灯等，配以白布作幕帐，分别用敌敌畏加乙酸乙酯毒瓶、75%酒精收集标本。该方法主要用于收集蛾类、脉翅目、鞘翅目、部分半翅目和双翅目等昆虫。

采用标准马氏诱捕器采集，分别在各采集点设置，用低浓度酒精集虫，每 2d 收集一次集虫袋。主要采集双翅目、膜翅目、部分直翅目等昆虫。

4.1.2.3　标本制作与保存

根据各类群标本的制作要求区别对待。将野外获得的昆虫标本按照要求分别制作成针插标本、展翅标本和浸泡标本。对个体数量较大或研究目的不同的标本用 100% 或 75% 酒精液体浸渍。采集标签注明采集时间、地点、海拔、采集人等信息。针插标本和展翅标本依据不同的类群分别插入木质标本盒内，用熏蒸药物处理盒装标本并置于标本室内贮存。

4.1.2.4　标本鉴定

为保证分类鉴定的准确性，采取标本鉴定由各分类单位专家分工合作形式进行，对未有专家参加采集的类群则组织相关专家鉴定，或通过寄送标本和照片进行异地鉴定。鉴定工作主要参照《中国动物志》、《中国经济昆虫志》、《中国蛾类图鉴》、《中国蝶类志》、《林木害虫天敌昆虫》、《甘肃省叶甲科昆虫志》、《中国叶甲》英文版、《中国经济叩甲志》、《中国天牛图志》、《秦岭昆虫志》、《昆虫分类学》（第二版）等分类学专著。根据各专家对各类群的鉴定结果，按照较新分类专著进行系统编排，进一步审订和核查各个种的拉丁学名，以尽量减少出错。

4.2　区系与组成特点

根据世界动物地理区划（Udvardy，1975）和中国动物地理区划（张荣祖，2011）意见，保护区属于东洋界中印亚界华中区西部山地高原亚区陇南山地省动物地理区，地处东洋区北端，相距古北动物地理区较近。保护区群山耸立，沟壑纵横，海拔和生境变化明显，导致区内两栖类垂直分布明显，不同生境类型之间的物种分布有所差异。本次记录的 17 目 186 科 704 属 885 种昆虫为例进行分析，保护区昆虫资源是十分丰富的，是中国东洋区动物区系的重点地区。进行该保护区的昆虫考察和区系分析及区划研究，可为其生物资源的保护和可持续利用提供主要参考依据。

针对保护区记录的昆虫分布进行分析，它的区系成分主要来自三种，分别是东洋区成分、古北区和东洋区、中国—日本成分。其中以东洋、古北区和东洋区共有种成分占据主体，达到 41.24% 以上，其他区系成分参与其中，构成了保护区丰富多彩的昆虫区系和种类的繁荣景象。各种区系成分组成特点如下：

4.2.1　东洋区成分

保护区几乎全部位于北亚热带境内的动物地理分布区，本区昆虫组成非常复杂，又最丰富。该区已知东洋区昆虫 230 种，占保护区已知种总数的 25.99%，仅次于东洋区和古北区共有成分的比重。常见种类如东方拟卷蛾、长突长绿蛾、双条钩蛾、白水江新蛾、黄面蜓、碧伟蜓、角斑黑额蜓、帆白蜻、黄蜻、陇南树白蚁、川西树白蚁、黄肢散白蚁、白水江瘦枝脩、大刀螳、中华屏顶螳、眼斑螳、素叶螳螂、刺羊角蚱、大优角蚱、钝优角蚱、巴山尖顶蚱、短额负蝗、中华蚱蜢、青脊竹蝗、中华拂蝗、黄脊竹蝗、无齿稻蝗、瘦露螽、中华螽斯、素色异针蟋、北京油葫芦、双列圆龟蝽、西蜀圆龟蝽、大华龟蝽、豆龟蝽、黑鳖土蝽、褐领土蝽、沟盾蝽、硕蝽、异色巨蝽、巨蝽、褐兜蝽、九香虫、峨眉疣、褐普蝽、益蝽、岱蝽、黄蝽、秀板同蝽、俏板同蝽、花壮异蝽、月肩奇缘蝽、锤肋晓蝽、大眼长蝽、中国螳瘤蝽、大蚊猎蝽、环足普猎蝽、波姬蝽、秦岭原花蝽、中国小花蝽、暗味盲蝽、甘肃暗味盲蝽、苜蓿盲蝽、棱额盲蝽、四点苜蓿盲蝽、羚羊矛角蝉、稻赤斑黑沫蝉、八点广翅蜡蝉、山核桃刻蚜、毛管花椒蚜、桑白蚧、吹绵蚧、东方巨齿蛉、花边星齿蛉、烟蓟马、核桃举肢蛾、四斑绢野螟、三线钩蛾、锯翅青尺蛾、白脉青尺蛾、枯叶尺蛾、核桃星尺蛾、绿尾大蚕蛾、樗蚕、鬼脸天蛾、剑心银斑舟蛾、绿鲁夜蛾、旋皮夜蛾、旋目夜蛾、落叶夜蛾、素毒蛾、麝凤蝶、红基美凤蝶、碧凤蝶、巴黎翠凤蝶、玉带凤蝶、柑桔凤蝶、黄尖襟粉蝶、青灰翅串珠环蝶、带眼蝶、青豹蛱蝶、傲白蛱蝶、蓝灰蝶、枯灰蝶、中国虎甲、疱步甲、暗蓝菌虫、沟纹眼锹甲、黄褐前凹锹甲、宽带鹿花金龟、双叉犀金龟、花椒窄吉丁、大山坚天牛、栗山天牛、合欢双条天牛、白背粉天牛、漠金叶甲、核桃长足象、三化螟沟姬蜂、天牛茧蜂、稻苞虫金小蜂、澳黄胡蜂、黄胸木蜂、花椒波瘿蚊、触角麻虻、伴宽跗食虫虻、黄腹狭口食蚜蝇、黄腿透翅寄蝇等。

4.2.2　古北区系成分

本区昆虫种类和组成 2500m 以上高海拔所采标本颇相一致。该区已知古北区昆虫成分 139 种，占保护区已知种总数的 15.71%，所占比重较低。主要有褐真蝽、二星蝽、凹肩辉蝽、珀蝽、短直同蝽、灰匙同蝽、赤匙同蝽、黑背同蝽、泛刺同蝽、黑刺同蝽、环胫黑缘蝽、点蜂缘蝽、红脊长蝽、灰褐蒴长蝽、苜蓿盲蝽、白带尖胸沫蝉、花蓟马、白脉青尺蛾、蓝目天蛾、雀纹天蛾、栎掌舟蛾、镶夜蛾、苎麻夜蛾、古毒蛾、牧女珍眼蝶、白眼蝶、柳紫闪蛱蝶华北亚种、埋葬甲、毛斑喙丽金龟、沟叩头虫、二星瓢虫、多异瓢虫、中国豆芫菁、臭椿沟框象、泰加大树蜂、夜蛾瘦姬蜂、布虻、黑带食蚜蝇等。

4.2.3　东洋区和古北区共有种

东洋动物区系成分指分布于热带和亚热带地区的种类，该成分在我国长江以南，特别是以西南区、华中区南部和华南区分布为主，在保护区已知昆虫种类中，有 365 种为我国长江以南和北方的共有种，占保护区昆虫总数的 41.24%，所占比例较大，反映出该地区动物区系的特殊性。常见种类有黄蝽、薄翅螳螂、长翅长背蚱、短额负蝗、中华蚱蜢、北京油葫芦、西蜀圆龟蝽、二星蝽、麻皮蝽、凹肩辉蝽、稻绿蝽全绿型、茶翅蝽、珀蝽、板同蝽、剪板同蝽、花椒同蝽、褐伊缘蝽、拟方红长蝽、红缘猎蝽、蚱蝉、大青叶蝉、白边大叶蝉、白背飞虱、山核桃刻蚜、柏大蚜、梨大蚜、玉米蚜、桑白蚧、花边星齿蛉、全北褐蛉、丽草蛉、大草蛉、烟蓟马、咖啡豹蠹蛾、芳香木蠹蛾东方亚种、核桃举肢蛾、黄刺蛾、褐边绿刺蛾、异色卷蛾、双线钩蛾、琴纹尺蛾、半黄枯叶尺蛾、掌尺蛾、槐尺蛾、杨枯叶蛾、家蚕、绿尾大蚕蛾、黄目大蚕蛾、乌桕大蚕蛾、黄脉天蛾、蓝目天蛾、红天蛾、雀纹天蛾、腰带燕尾舟蛾、红缘灯蛾、肖浑黄灯蛾、盼夜蛾、镶夜蛾、粘夜蛾、古毒蛾、麝凤蝶、红基美凤蝶、蓝凤蝶、欧洲粉蝶、菜粉蝶、白点艳眼蝶、柳紫闪蛱蝶华北亚种、豆灰蝶、云纹虎甲、黑食尸葬甲（大黑葬甲）、臭蜣螂、粪堆粪金龟、暗黑鳃金龟、小云鳃金龟、七星瓢虫、家茸天牛、光肩星天牛、沟叩头虫、光背锯角叶甲、杨叶甲、臭椿沟框象、背锯龟甲、夜蛾瘦姬蜂、双斑黄虻、日本钩胫食虫虻等。

4.3 种类组成

昆虫依据气候而分布，依据食物而存在。保护区气候属于北亚热带湿润气候区，植被类型复杂，种类繁多，垂直带谱较为明显，昆虫种类亦较丰富。这为栖息于该地的昆虫提供了多样化的生存空间，进而形成了一个物种丰富多样、组成特征明显的动物世界。笔者根据本次考察的标本鉴定结果和有关专家在文献中记录的种类，以昆虫主要类群为例，对其种类组成和分布类型进行初步分析，在此基础上，进一步对其区系分布特点进行探讨。

4.3.1 昆虫组成

本次考察共记录保护区境内昆虫 17 目 186 科 654 属 885 种（表 4-1）。其中鳞翅目为本次考察中最多的昆虫，有 41 科 222 属 293 种，种数达本次考察种类33.1%；其次是半翅目、同翅目和鞘翅目，分别是 23 科 115 属 174 种、34 科 101 属 131 种和 28 科 81 属 105 种，种的比例分别为 19.66%、14.87%和 11.80%；再次是膜翅目、直翅目、双翅目、蜻蜓目和襀翅目，种的比例分别为 5.33%、4.85%、1.93%、1.25%和1.14%；缨翅目、脩目、广翅目和等翅目，种的比例均在 1%以下；最少的蛇蛉目和长翅目，分别采集到 2 种、1 种。

表 4-1 保护区昆虫种类组成

类群	科		属		种	
	数量（个）	百分比（%）	数量（个）	百分比（%）	数量（个）	百分比（%）
襀翅目	4	2.15	9	1.38	10	1.14
蜻蜓目	4	2.15	11	1.68	12	1.25
等翅目	2	1.08	2	0.31	3	0.34
脩目	1	0.54	2	0.31	4	0.45
螳螂目	3	1.61	8	1.22	11	1.25
直翅目	9	4.84	27	4.13	43	4.85
半翅目	23	12.37	115	17.58	174	19.66

类群	科		属		种	
	数量（个）	百分比（%）	数量（个）	百分比（%）	数量（个）	百分比（%）
同翅目	34	18.28	101	15.44	131	14.87
蛇蛉目	2	1.08	2	0.31	2	0.23
广翅目	1	0.54	3	0.46	4	0.45
脉翅目	6	3.23	13	1.99	22	2.50
长翅目	1	0.54	1	0.15	1	0.11
缨翅目	2	1.08	5	0.76	6	0.68
鳞翅目	41	22.04	222	33.94	293	33.10
鞘翅目	28	15.05	81	12.39	105	11.80
膜翅目	19	10.22	35	5.35	47	5.33
双翅目	6	3.23	17	2.60	17	1.93
合计	186		654		885	

4.3.2 区系特征

本次考察所录昆虫 17 目 885 种，其区系统计结果如表 4-2。

表 4-2 保护区各目区系成分统计表

目别	古北+东洋	古北	东洋	广布	东亚	
					中国—日本	中国
襀翅目	7	1	1			1
蜻蜓目	4		3	4	1	
等翅目			1			2
脩目			1			3
螳螂目		1	5	1		4
直翅目	7	5	15	3	4	9
半翅目	114	2	43	6	7	2
同翅目	72	1	25	17	10	6
蛇蛉目		1				1
广翅目	4					
脉翅目	9	6	3	2	2	
长翅目				1		
缨翅目		1	1	2	2	
鳞翅目	67	85	101	18	19	3
鞘翅目	47	22	21	8	3	4
膜翅目	19	11	10	2	3	2
双翅目	9	2	2	3		1
合计	359	137	232	67	51	38

　　由表 4-2 可见，保护区的昆虫区系，以古北、东洋双区分布为主，占本次调查昆虫总数的 40.56%；其次是东洋、古北区系，分别占 15.48% 和 26.21%；其次是广布和中国—日本区系，占比为 7.57% 和 5.76%；中国区系占比量最少，为 4.29%。

　　就目级分布情况而言，不同的类群其区系组成差异较大，反映了不同的区系特点。古北、东洋双区分布成分中，半翅目异翅亚目占比最高，为 31.2%；其次是同翅目同翅亚目、鳞翅目和鞘翅目，分别占比 19.7%、18.4% 和 12.9%。古北成分中，鳞翅目、鞘翅目占比最高，分别为 61.2%、15.8%。东洋成分中数量最多的是鳞翅目、半翅目、同翅目和鞘翅目，分别占比 43.9%、18.7%、10.9% 和 9.1%。广布区系和中国—日本区系中均是同翅目和鳞翅目占比最高。

　　昆虫区系研究反映了保护区处于古北和东洋区的交界地区，古北、东洋型的物种在保护区内种类多，古北和东洋区的物种相当，东洋成分略多于古北成分。保护区内中国特有种丰富度较高，也反映了保护区所处地的特殊性。

4.3.3　不同林带昆虫多样性

（1）落叶阔叶混交林带

　　其海拔在 1720~2400m 之间，分布于山坡下部及河谷，主要常绿乔木有柏木、杉木、华山松、辽东栎、山杨、红桦、臭椿、山核桃、米心水青冈、枫杨、锐齿槲栎、糙皮桦、油樟、慈竹、棕榈、枇杷等，灌木有茶、亮叶忍冬、铁仔、巴山木竹、马桑、双盾木、亮叶鼠李、黄荆等。主要草本有剪股颖、苔草、油点草、铁线蕨、草莓、益母草、蒿等。

　　主要昆虫有东方拟卷襀、叉突诺襀、长突长绿襀、华钮襀、双条钩襀、白水江新襀、异色灰蜻、黄蜻、透顶色蟌、陇南树白蚁、断沟短肛蛉、白水江瘦枝蛉、中华大刀螳、刺羊角蚱、白水江台蚱、短额负蝗、中华蚱蜢、黄脊竹蝗、亚洲小车蝗、中华草螽、北京油葫芦、东方蝼蛄、双列圆龟蝽、四川曼蝽、硕蝽、异色巨蝽、九香虫、蠋蝽、益蝽、斑须蝽（细毛蝽）、紫蓝曼蝽（紫蓝蝽）、褐真蝽、二星蝽、稻绿蝽全绿型、花椒同蝽、波原缘蝽、点伊缘蝽、红脊长蝽、黄足猎蝽、红缘猛猎蝽、小翅姬蝽、欧原花蝽、苜蓿盲蝽、四点苜蓿盲蝽、绿后丽盲蝽、棱额草盲蝽、蚱蝉、二带丽沫蝉、白条象沫蝉、大青叶蝉、黑尾叶蝉、核桃带小叶蝉、褐飞虱、白粉虱、山核桃刻蚜、杨平翅棉蚜、柏大蚜、柳蚜、玉米蚜、桑白蚧、竹盾蚧、东方巨齿蛉、花边星齿蛉、丽草蛉、华简管蓟马、咖啡豹蠹蛾、大黄长角蛾、核桃举肢蛾、褐边绿刺蛾、异色卷蛾、锯翅青尺蛾、三线钩蛾、尖尾尺蛾、核桃星尺蛾、掌尺蛾、绿尾大蚕蛾、樗蚕、银杏大蚕蛾、鬼脸天蛾、南方豆天蛾、蓝目天蛾、红天蛾、核桃美舟蛾、烟灰舟蛾、肖浑黄灯蛾、粘夜蛾、胡桃豹夜蛾、杨雪毒蛾、麝凤蝶、红基美凤蝶、碧凤蝶、巴黎翠凤蝶、柑桔凤蝶、欧洲粉蝶、菜粉蝶、白眼蝶、绿豹蛱蝶、老豹蛱蝶、蓝灰蝶、白斑赭弄蝶、直纹稻弄蝶、中国虎甲、黄褐前凹锹甲、宽带鹿花金龟、双叉犀金龟、粗绿彩丽金龟、暗黑鳃金龟、阔胫玛绢金龟、小云鳃金龟、花椒窄吉丁、沟叩头虫、二星瓢虫、七星瓢虫、大山坚天牛、家茸天牛、光肩星天牛、云斑白条天牛、漠金叶甲、豆长刺萤叶甲、黑足全绿跳甲、核桃长足象、臭椿沟框象、丰宁新松叶蜂、螟蛉悬茧姬蜂、夜蛾瘦姬蜂、天蛾广肩小蜂、黑山蚁、黑尾胡蜂、中华蜜蜂、黄胸木蜂、黑足熊蜂、花椒波璎蚊、伴宽跗食虫虻、黄腹狭口食蚜蝇、黑翅裸盾寄蝇等。

(2)针阔混交林带

其海拔在2000~2500m，分布最广泛的是华北落叶松人工林，有零星分布的华山松。乔木层伴生有辽东栎、白桦等，灌木层主要有白茅、盐肤木、香叶树、青荚叶、楝木、黄荆条。草本植物有菝葜、葛条、三叶木通、蛇梅、黄背草、耧斗菜、苣草、百脉根、杭子梢、胡枝子等。

昆虫主要有东方拟卷襀、红蜻、异色灰蜻、断沟短肛竹、白水江瘦枝竹、大刀螳、隆背蚱、短额负蝗、中华蚱蜢、北京油葫芦、东方蝼蛄、双列圆龟蝽、益蝽、斑须蝽(细毛蝽)、紫蓝曼蝽(紫蓝蝽)、麻皮蝽、菜蝽、川甘碧蝽、二星蝽、麻皮蝽、凹肩辉蝽、茶翅蝽、卵圆蝽、珀蝽、短直同蝽、灰匙同蝽、板同蝽、剪板同蝽、花椒同蝽、波原缘蝽、褐伊缘蝽、黑门娇异蝽、月肩奇缘蝽、小长蝽、大眼长蝽、白边长足长蝽、天目螳瘤蝽、日月盗猎蝽、红缘猎蝽、褐菱猎蝽、日本高姬蝽、三点苜蓿盲蝽、棱额草盲蝽、牧草盲蝽、蝼蛄、蚱蝉、大青叶蝉、白边大叶蝉、白带尖胸沫蝉、电光宽广蜡蝉、斑衣蜡蝉、褐飞虱、白脊飞虱、山核桃刻蚜、柳蚜、柳雪盾蚧、卫矛矢尖蚧、日本长白盾蚧、草履硕蚧、吹绵蚧、东方巨齿蛉、丽草蛉、大草蛉、芳香木蠹蛾东方亚种、核桃举肢蛾、褐边绿刺蛾、黄刺蛾、褐边绿刺蛾、棉褐带卷蛾、异色卷蛾、三线钩蛾、赭点峰尺蛾、锯翅青尺蛾、白脉青尺蛾、木橑尺蠖、核桃星尺蛾、赭尾尺蛾、乌桕大蚕蛾、丁目大蚕蛾、黄目大蚕蛾、樗蚕、鬼脸天蛾、眼斑天蛾、黄脉天蛾、红天蛾、蓝目天蛾、雀纹天蛾、三线雪舟蛾、灰羽舟蛾、白雪灯蛾、八点灰灯蛾、牧鹿蛾、盼夜蛾、黄绿组夜蛾、粘夜蛾、苎麻夜蛾、木叶夜蛾、青凤蝶、红基美凤蝶、巴黎翠凤蝶、欧洲粉蝶、菜粉蝶、白点艳眼蝶、多眼蝶、柳紫闪蛱蝶华北亚种、绿豹蛱蝶、老豹蛱蝶、琉璃蛱蝶、红线蛱蝶、矍眼蝶、白带眼蝶、朴喙蝶、琉璃灰蝶、直纹稻弄蝶、中国虎甲、疱步甲、毛青步甲、逗斑青步甲、黄朽木甲、埋葬甲、黄褐前凹锹甲、臭蜣螂、粪堆粪金龟、蜉金龟、毛斑喙丽金龟、暗黑鳃金龟、小云鳃金龟、沟叩头虫、花萤、多异瓢虫、七星瓢虫、中国豆芫菁、桃红颈天牛、家茸天牛、光肩星天牛、杨叶甲、牡荆叶甲、黑足全绿跳甲、黑顶沟胫跳甲、裸顶丝跳甲、臭椿沟框象、中国多露象、落叶松八齿小蠹、落叶松红腹叶蜂、夜蛾瘦姬蜂、白足扁股小蜂、黑山蚁、铺道蚁、和马蜂、杯柄蜾蠃、黑沙泥蜂、铜色隧蜂、粗切叶蜂、中华蜜蜂、黄胸木蜂、红足木蜂、角拟熊蜂、双斑黄虻、布虻、伴宽跗食虫虻、日本钩胫食虫虻、黄腹狭口食蚜蝇、刻点小食蚜蝇、苹绿刺蛾寄蝇、黑翅裸盾寄蝇等。

（3）高山灌丛草甸带

其海拔在 2500~3120m（金子山最高峰），主要有鸡骨柴、马桑、山生柳、驴蹄草、水青冈，而栓皮栎、锐齿栎、锐齿槲栎、槲栎等在阴湿环境中常见。乔木层主要有五裂槭、山白杨、少脉林、藏刺榛、千金榆、花楸等，灌木层主要有箭竹、陕西荚蒾、陕西绣线菊、中华绣线菊、六道木、胡颓子、虎榛子、山梅花、小檗，草本植物有冬葱、漆状苔草、驴蹄草、耧斗菜等。林内植物有五味子、猕猴桃等。

昆虫主要有蓝蝽、褐真蝽、二星蝽、麻皮蝽、凹肩辉蝽、横带点蝽、珀蝽、短直同蝽、灰匙同蝽、黑背同蝽、黑刺同蝽、斑华异蝽、匙突娇异蝽、环胫黑缘蝽、点蜂缘蝽、条蜂缘蝽、红脊长蝽、棕古铜长蝽、灰褐蓣长蝽、褐菱猎蝽、云斑真猎蝽、环斑猛猎蝽、等盾负角蝉、二点叶蝉、褐飞虱、陕红喀木虱、山核桃刻蚜、粉毛蚜、卫茅蚜、艾蚜、柏牡蛎蚧、日本长白盾蚧、中华松梢蚧、点线脉褐蛉、秦岭脉线蛉、丽草蛉、咖啡豹蠹蛾、异色卷蛾、黄色卷蛾、松褐卷蛾、女贞尺蛾、赭尾尺蛾、四川尾尺蛾、点尾尺蛾、石纹维尺蛾、丝棉木金星尺蛾、贡尺蛾、黑玉臂尺蛾、三点燕蛾、霜天蛾、灰羽舟蛾、黑须污灯蛾、星白雪灯蛾、蓝黑闪苔蛾、乌闪苔蛾、镶夜蛾、粘夜蛾、梦尼夜蛾、旋皮夜蛾、旋目夜蛾、东方粉蝶、箭环蝶、灰翅串珠环蝶、带眼蝶、蛇眼蝶、云眼蝶、荨麻蛱蝶、青豹蛱蝶、嘉翠蛱蝶、傲白蛱蝶、孔雀蛱蝶、豹蚬蝶、艳灰蝶、豆灰蝶、桑梳爪叩头虫、沟叩头虫、二星瓢虫、奇变瓢虫、七星瓢虫、龟纹瓢虫、双簇污天牛、白背粉天牛、桑黄星天牛、栗厚缘叶甲、棕红厚缘叶甲、四川隶萤叶甲、黑足瘦跳甲、东方蜜蜂中华亚种等。

4.4 重要经济害虫种类及防治

4.4.1 星天牛 *Anoplophora chinensis*（Foister）

鞘翅目，天牛科。

4.4.1.1 主要寄主

木麻黄、杨柳、榆、刺槐、核桃、梧桐、悬铃木、树豆、柑橘、苹果、梨、无花果、樱桃、枇杷、柳、白杨、苦楝等 46 种。

4.4.1.2 形态

成虫：雌成虫体长 36~45mm，宽 11~14mm，触角超出身体 1、2 节；雄成虫体长 28~37mm，宽 8~12mm，触角超身体 4、5 节。体黑色，具金属光泽。头部和身体腹面被银白色和部分蓝灰色细毛，但不形成斑纹。触角第 1~2 节黑色，其余各节基部 1/3 处有淡蓝色毛环，其余部分黑色。前胸背板中溜明显，两侧具尖锐粗大的侧刺突。鞘翅基部密布黑色小颗粒，每鞘翅具大小白斑 15~20 个，排成 5 横行，变异很大。

4.4.1.3 分布

甘肃（文县）、吉林、辽宁、安徽、江西、云南、台湾、河北、山东、江苏、浙江、山西、陕西、湖北、湖南、四川、贵州、福建、广东、海南、广西。日本、朝鲜、缅甸。

星天牛的幼虫还是一味中药，可治疗热病、咽痛、惊风、营养不良及心脏病等疾患。

4.4.1.4　防治方法

（1）营林措施

设置诱饵树：诱饵树种即天牛嗜食树种，作用是诱集天牛而后集中灭杀和处理，降低天牛对目标树种的危害。星天牛的诱饵树种多为其嗜食树种——苦楝，苦楝的有效诱集距离在 200m 左右，在成虫高峰期引诱的数量占总数量的 71.6%。

（2）物理防治

物理防治手段需要结合天牛各个虫期的时间规律，进行集中治理。包括：及时伐除枯折树木、在成虫盛发期人工捕杀成虫、在产卵盛期刮除虫卵、锤击幼龄幼虫等方法。

（3）生物防治

生物防治是害虫综合管理的重要手段。

利用益鸟防治：星天牛的天敌昆虫种类也比较少，应用天敌的报道有花绒寄甲、川硬皮肿腿蜂等。川硬皮肿腿蜂对天牛幼虫有很好的防治效果，其寄生效果最高可达 43.63%，平均可达 26.93%，认为川硬皮肿腿蜂是防治星天牛的有效天敌。

病原真菌防治：利用白僵菌 *Beauveria bassiana* 防治星天牛，白僵菌对星天牛有很高的致死率，配合黏膏能提高其对星天牛的致死能力，星天牛平均死亡率达77.8%。

线虫防治：*Steinernema feltiae* 和 *Steinernema carpocapsae* 两种线虫对星天牛大龄幼虫有较强的感染能力，线虫进入虫道后，只要温湿度适宜，就会寻找到星天牛幼虫，只需 4~6d 就能将其杀死。

（4）化学防治

利用氧化乐果配煤油防治幼虫，致死效果可达 90% 以上。在福建木麻黄上，绿色威雷、甲胺磷、氧化乐果等化学农药合理的配比，均对星天牛有良好的灭杀效果。

化学药剂对天牛的防治有一定效果，但化学药剂的使用会危害其他非目标物种，对环境造成严重破坏；同时，随着化学药剂的长期使用，会使天牛的抗药性增强，防治难度会加大。

（5）引诱剂防治

对星天牛的植物源引诱剂主要是从苦楝的挥发物中提取。以性引诱剂对星天牛有较好的效果，诱捕量显著。

4.4.2　云斑白条天牛 *Batocera horsfieldi*（Hope）

4.4.2.1　寄主

杨树、核桃、桑、麻栎、栓皮栎、柳、榆、女贞、悬铃木、泡桐、枫杨、板栗、苹果、梨等。

4.4.2.2 形态

成虫：体长 32~65mm，阔 9~20mm。是中国产天牛中较大的一种。体黑褐至黑色，密被灰白色至灰褐色绒毛。雄虫触角超过体长 1/3，雌虫者略长于体，每节下沿都有许多细齿，雄虫从第 3 节起，每节的内端角并不特别膨大或突出。前胸背板中央有一对肾形白色或浅黄色毛斑，小盾片被白毛。鞘翅上具不规则的白色或浅黄色绒毛组成的云片状斑纹，一般列成 2~3 纵行，以外面一行数量居多，并延至翅端部。鞘翅基部 1/4 处有大小不等的瘤状颗粒，肩刺大而尖端微指向后上方。翅端略向内斜切，内端角短刺状。身体两侧由复眼后方至腹部末节有一条由白色绒毛组成的纵带。

4.4.2.3 分布

甘肃（文县）、四川、云南、贵州、广西、广东、台湾、福建、江西、安徽、浙江、江苏、湖北、湖南、河北、山东、陕西等省区。越南、印度、日本等国也有分布。

4.4.2.4 防治方法

（1）捕捉成虫

5~6 月成虫活动盛期，巡视捕捉成虫多次。

（2）毒杀成虫和防止成虫产卵

在成虫活动盛期，用 80% 敌敌畏乳油或 40% 乐果乳油等，掺和适量水和黄泥，搅成稀糊状，涂刷在树干基部或距地在 30~60cm 以下的树干上，可毒杀在树干上爬行及咬破树皮产卵的成虫和初孵幼虫，还可在成虫产卵盛期用白涂剂涂刷在树干基部，防止成虫产卵。

（3）刮除卵粒和初孵幼虫

6~7 月间发现树干基部有产卵裂口和流出泡沫状胶质时，树皮下的卵粒和初孵幼虫。并涂以石硫合剂或波尔多液等消毒防腐。

（4）毒杀幼虫

树干基部地面上发现有成堆虫粪时，将蛀道内虫粪掏出，塞入或注入以下药剂毒杀：

用布条或废纸等沾 80% 敌敌畏乳油或 40% 乐果乳油 5~10 倍液，往蛀洞内塞紧；或用兽医用注射器将药液注入。

也可用 56% 磷化铝片剂（每片约 3g），分成 10~15 小粒（每份 0.2~0.3g），每一蛀洞内塞入一小粒，再用泥土封住洞口。

用毒签插入蛀孔毒杀幼虫（毒签可用磷化锌、桃胶、草酸和竹签自制）。

钩杀幼虫：幼虫尚在根颈部皮层下蛀食，或蛀入木质部不深时，及时进行钩杀。

（5）简易防治

利用包装化肥等的编织袋，洗净后裁成宽 20~30cm 的长条，在星天牛产卵前，在易产卵的主干部位，用裁好的编织条缠绕 2~3 圈，每圈之间连接处不留缝隙，然后用麻绳捆扎，防治效果甚好。通过包扎阻隔，天牛只能将卵在编织袋上，其后天牛卵就会失水死亡。

4.4.3　花椒虎天牛 *Clytus valiandus* Fairmaire

属鞘翅目，天牛科害虫。

4.4.3.1　寄主

花椒属植物。

4.4.3.2　形态

成虫体长 19~24mm，宽 7~9mm，体黑色，全身有黄绒毛，触角 11 节，约为体长的 1/3，前胸背板近圆形，中部有个大而圆的黑斑。鞘翅基部具有 1 卵圆形黑斑，中部具有 2 长黑斑，近端部又有一长圆形黑斑，各足黑、绒毛稀。卵长椭圆形，长 1.0mm，宽 0.5mm，初白色，后呈黄褐色。老熟幼虫体长 20~25mm，头黄褐色，身体乳黄色，节间色淡，气孔明显。蛹为裸蛹，初期白色，渐变为黄色。

4.4.3.3　分布

甘肃（文县、武都、康县、宕昌、西和、礼县）、陕西。

4.4.3.4　防治方法

（1）及时收集当年枯萎死亡植株，集中烧毁。对花椒树干茎部进行一次检查，如发现花椒天牛应及时刮除杀死。树干茎部的皮刺、翘皮也要全部刮除，或在伏天借成虫在花椒树上交尾产卵之际进行人工捕捉消灭。

（2）将内吸型和触杀型的杀虫农药配制成高浓度 1：（200~300）倍液，用棉球蘸药液塞入蛀食孔（拔除蛀食孔内堵塞物后进行），或在虫孔注射 100 倍敌敌畏药剂，或注入对树无损害的强力灭牛灵乳剂，然后用胶布或泥土封口即可。

（3）将碾细的萘丸粉，包在棉花中塞进孔里，用黄泥封闭虫孔，可杀死花椒天牛。

（4）对被害的死树要及时挖除烧毁，彻底消灭虫源。

（5）生物防治：川硬皮肿腿蜂是花椒虎天牛的天敌，在 7 月的晴天，按每受害株投放 5~10 头川硬皮肿腿蜂的标准，将该天敌放于受害植株上。实践证明，应用川硬皮肿腿蜂防治花椒虎天牛效果好。

4.4.4　华山松大小蠹 *Dendroctonus armandi*

中国特有种。

4.4.4.1　寄主

本种为害华山松、油松，为初期性害虫。受害树株在侵入孔处溢出树脂，将虫孔中排出的木屑和粪便凝聚起来，呈漏斗状，同时树冠渐变枯黄，受害 1~3 年后，树株枯死。1 年 1 代，以幼虫越冬。

4.4.4.2　形态

成虫：体长 4.4~4.5mm，长椭圆形，黑褐色。眼长椭圆形。触角锤状部 3 节，短椭圆形。额面下半部突起显著，突起中心有点状凹陷；额面的刻点粗浅，点形不清晰，点间有凸起颗粒，额毛略短，以额面凸起顶部为中心向四处倒伏。前胸背板长度与背板宽度之比为0.7。背板的刻点细小，茸毛柔软，毛梢倒向背中线。鞘翅长度为前胸背板长度的2.4倍，为两翅合宽的1.7倍。沟中刻点圆大、模糊、稠密；沟间部略隆起，上面密布粗糙的小颗粒，各沟间部当中有一列颗瘤；沟间部的茸毛红褐色，翅前部较短密，翅后部较疏长，排列不甚规则。

4.4.4.3 分布

甘肃（文县）、陕西、四川。

4.4.4.4 防治方法

（1）加强检疫，严禁携虫木材调运。

（2）加强林区管理。合理规划造林地，选择良种壮苗，增强林木的抗虫性；营造混交林；加强抚育管理，保持林内环境卫生，保护林木免遭其他病害和食叶害虫的为害，以提高林木的生长力和抵抗蛀干害虫的能力；冬、春季砍伐并清除虫害木或进行剥皮，集中烧毁；设置饵木，引诱成虫潜入，进行处理。

（3）注意保护天敌和利用天敌等，此外用外激素防治大小蠹虫也正在研究中。

4.4.5 桃蛀螟 *Conogethes punctiferalis*（Guenée）

为鳞翅目螟蛾科蛀野螟属的一种昆虫。

4.4.5.1 寄主

包括高粱、玉米、粟、向日葵、蓖麻、姜、棉花、桃、柿、核桃、板栗、无花果、松树、油橄榄等。

4.4.5.2 形态

成虫：体长12mm，翅展22~25mm，黄至橙黄色，体、翅表面具许多黑斑点似豹纹；胸背有7个；腹背第1和3~6节各有3个横列，第7节有时只有1个，第2、8节无黑点，前翅25~28个，后翅15~16个，雄第9节末端黑色，雌不明显。卵椭圆形，长0.6mm，宽0.4mm，表面粗糙布细微圆点，初乳白渐变橘黄、红褐色。幼虫体长22mm，体色多变，有淡褐、浅灰、浅灰蓝、暗红等色，腹面多为淡绿色。头暗褐，前胸盾片褐色，臀板灰褐，各体节毛片明显，灰褐至黑褐色，背面的毛片较大，第1~8腹节气门以上各具6个，成2横列，前4后2。气门椭圆形，围气门片黑褐色突起。腹足趾钩不规则的3序环。蛹长13mm，初淡黄绿后变褐色，臀棘细长，末端有曲刺6根。茧长椭圆形，灰白色。

4.4.5.3 分布

甘肃（文县）、黑龙江、内蒙古、陕西、山西、宁夏、四川、台湾、海南、广东、广西、云南、西藏。苏联东部、朝鲜。

4.4.5.4 防治方法

（1）清除越冬幼虫：在每年4月中旬，越冬幼虫化蛹前，清除玉米、向日葵等寄主植物的残体，并刮除苹果、梨、桃等果树翘皮集中烧毁，减少虫源。

（2）果实套袋：在套袋前结合防治其他病虫害喷药 1 次，消灭早期桃蛀螟所产的卵。

（3）诱杀成虫：在桃园内点黑光灯或用糖、醋液诱杀成虫，可结合诱杀梨小食心虫进行。

（4）拾毁落果和摘除虫果，消灭果内幼虫。

（5）化学防治：

不套袋的果园，要掌握第 1、2 代成虫产卵高峰期喷药。50% 杀螟松乳剂 1000 倍液或用 BT 乳剂 600 倍液，或 35% 赛丹乳油 2500~3000 倍液，或 2.5% 功夫乳油 3000 倍液。

在高粱抽穗始期要进行卵与幼虫数量调查，当有虫（卵）株率 20% 以上或 100 穗有虫 20 头以上时即需防治。施用药剂，50% 磷胺乳油 1000~2000 倍液，或用 40% 乐果乳油 1200~1500 倍液，或用 2.5% 溴氰菊酯乳油 3000 倍液喷雾，在产卵盛期喷洒 50% 磷胺水可溶剂 1000~2000 倍液，每亩使用药液 75kg。

在产卵盛期喷洒 Bt 乳剂 500 倍液，或 50% 辛硫磷 1000 倍液，或 2.5% 大康（高效氯氟氰菊酯）或功夫（高效氯氟氰菊酯），或爱福丁 1 号（阿维菌素）6000 倍液，或 25% 灭幼脲 1500~2500 倍液。或在玉米果穗顶部或花丝上滴 50% 辛硫磷乳油等药剂 300 倍液 1~2 滴，对蛀穗害虫防治效果好。

（6）生物防治

喷洒苏云金杆菌 75~150 倍液或青虫菌液 100~200 倍液。

4.4.6　核桃举肢蛾 *Atrijuglans hetaohei* Yang

为鳞翅目举肢蛾科。

4.4.6.1　寄主

以幼虫蛀入核桃果内（总苞）以后，随着幼虫的生长，纵横穿食为害，被害的果皮发黑，并开始凹陷，核桃仁（子叶）发育不良，表现干缩而黑，故称为"核桃黑"。有的幼虫早期侵入硬壳内蛀食为害，使核桃仁枯干。有的蛀食果柄间的维管束，引起早期落果，严重影响核桃产量。

4.4.6.2　形态

成虫：体长 5~8mm，翅展 12~14mm，黑褐色，有光泽。复眼红色；触角丝状，淡褐色；下唇须发达，银白色，向上弯曲，超过头顶。翅狭长，缘毛很长；前翅端部 3/1 处有一半月形白斑，基部 3/1 处还有一椭圆形小白斑（有时不显）。腹部背面有黑白相间的鳞毛，腹面银白色。足白色，后足很长，胫节和跗节具有环状黑色毛刺，静止时胫、跗节向侧后方上举，并不时摆动，故名"举肢蛾"。

4.4.6.3　分布

甘肃（文县）、北京、河南、河北、陕西、山西、四川、贵州等地。

4.4.6.4　防治方法

（1）深翻树盘：晚秋季或早春深翻树冠下的土壤，破坏冬虫茧，可消灭部分越冬幼虫，或使成虫羽化后不能出土。

（2）树冠喷药：掌握成虫产卵盛期及幼虫初孵期，每隔 10~15d 选喷 1 次 50%杀螟硫磷乳油或 50%辛硫磷乳油 1000 倍液、2.5%溴氰菊酯乳油或 20%杀灭菊酯乳油 3000 倍液等，共喷 3 次，将幼虫消灭在蛀果之前，效果很好。

（3）地面喷药：成虫羽化前或个别成虫开始羽化时，在树干周围地面喷施 50%辛硫磷乳油 300~500 倍液，每亩用药 0.5kg；或撒施 4%敌马粉剂，每株 0.4~0.75kg，以毒杀出土成虫。在幼虫脱果期树冠下施用辛硫磷乳油或敌马粉剂，毒杀幼虫亦可收到良好效果。

（4）摘除被害果：受害轻的树，在幼虫脱果前及时摘除变黑的被害果，可减少下一代的虫口密度。

4.5　重点保护及观赏昆虫

4.5.1　金裳凤蝶 *Troides aeacus*（Felder et Felder）

4.5.1.1　寄主

马兜铃、细辛。

4.5.1.2　形态

成虫：黑色略透明，各翅脉两侧为白色。尾翼金黄色没有斑点，但脉纹更清晰。虫体态优美，色彩艳丽，飞舞时姿态优美，后翅黄色斑在阳光照射下金光闪闪，像披着一件镶金的衣裳，华贵美丽。

雄蝶正面沿内缘有褶皱，内有发香软毛（性标），并有长毛。前翅狭长，前缘长为后缘的 2 倍；R1 脉长，从翅 1/2 处前分出，和 Cu 脉分出处遥遥相对；中室狭长，长约为翅长的一半。后翅短，近方形；中室长约为翅长的一半。雄性外生殖器背兜与钩突很退化，有侧突，囊突短粗；瓣片大，内部凹陷，中央有 1 条长的跗片，其末端有锯齿；阳茎短，末端斜截形。

4.5.1.3　分布

甘肃（陇南）、安徽、陕西、江西、浙江、福建、广东、广西、云南、西藏、台湾。泰国、越南、缅甸、印度。

4.5.1.4　保护级别

国家二级保护野生动物，列入《国家保护的有益的或者有重要经济、科学研究价值的陆生野生动物名录》。

4.5.2　红基美凤蝶 *Papilio alcmenor* Felder

为凤蝶科凤蝶属。

4.5.2.1　寄主

为柑橘等芸香科植物。

4.5.2.2　形态

成虫：翅展 90~111mm，雌、雄异型。体及翅黑色，覆有蓝色鳞片。雄蝶前翅中室基部有 1 条红色纵斑，但有时不明显。后翅狭长，外缘波状无尾突，臀角有 1 个环形小红斑。雌蝶前翅中室基部有 1 个红色条斑；后翅外缘齿状，具有宽短的尾突，除中室端及其外侧有白斑外，在外缘和亚外缘有点状和弧形红斑列。翅反面雄蝶前翅中室基部红斑大而明显，后翅的基部、后缘及外缘均有红斑、带及环形斑纹，内缘和臀角附近的红斑中嵌有 4 个黑斑。雌蝶斑纹大致与雄蝶相似。

雄性外生殖器上钩突基部宽，端部狭窄呈楔形；尾突小而弯曲，末端尖；抱器瓣宽，端部斜而齐；内突长条状，端部膨大成三角形而有微齿，基部尖；阳茎短，弯曲，端部膨大。雌性外生殖器产卵瓣圆形，有少数强刺；交配孔扁圆；前阴片褶皱，骨化程度差；后阴片近三角形，边缘波状；囊导管短而直；交配囊长椭圆形，囊突长条状，有许多横脊纹和 1 条中纵脊纹。

4.5.2.3　分布

甘肃（文县）、陕西、河南、四川、云南。不丹、尼泊尔、缅甸、印度。

4.5.2.4　观赏价值

工艺、生态观赏两用优良蝴蝶，尤以雌蝶观赏价值高。

4.5.3　大星步甲（中华广肩步甲）*Calosomamaderae chinensis* **Kirby**

4.5.3.1　寄主

鳞翅目幼虫、蜗牛。

4.5.3.2　形态

成虫：体长 22~33mm，宽 11~14.5mm。背、腹面黑色，背面带铜色光泽，两侧缘绿色。头被刻点和粗糙的皱褶。下颚须端节与亚端节近于相等。触角长达体长的一半，第 1 节长度与第 4 节接近，较 5~11 节稍短，第 3 节长明显大于第 1、2 节长度之和。前胸背板长宽比约为 2:3，侧缘圆弧形，缘毛 1 根，在中部偏后；基凹浅，刻点较密且常由沟连接，沟间隆起成皱。鞘翅宽阔，较为平坦，肩后膨阔，有条沟 16 行。沟底有细刻点，星斑点小，星行间有 3 行距，每行距上有较浅的横沟。足细长，雄虫中足胫节较雌虫稍弯曲，前跗节基部 3 节膨大，腹面有毛垫。

4.5.3.3　分布

甘肃（文县）、辽宁、河北、山西、陕西、山东、湖北、台湾、四川、云南。苏联的乌苏里地区、朝鲜、日本。

4.5.3.4　保护级别

列入《国家保护的有重要生态、科学、社会价值的陆生野生动物名录》。

4.5.4 双叉犀金龟 *Trypoxylus dichotomus*（Linnaeus）

4.5.4.1 寄主

幼虫是以腐叶土或朽木形成的腐殖质为食，成虫还以树木伤口流出的汁液或熟透的水果为食。

4.5.4.2 形态

成虫：体长 30~50mm（不含额角），体宽 20~30mm，身体呈长卵圆形，体表背面光滑或微茸毛，腹面茸毛较多。体色个体差异较大，从深红到红棕再到纯黑均有，有时同一个体的头胸和鞘翅颜色也会不同。头部较小，复眼深红褐色，触角有 10 节，其中鳃片部由 3 节组成，上唇呈上翘的扁平铲状。鞘翅肩疣、端疣发达，纵肋仅约略可辨。臀板十分短阔，强烈隆拱。足粗壮，前足胫节外缘 3 齿，基齿远离端部两齿，足末端有钩爪 1 对。

性二型现象显著，雄性有发达的额角，长 15~35mm，向前伸出，末端向上弯曲并分四叉（体型较小的个体可能仅有两叉），前胸背板中央向前伸出一前胸背角，略向下弯曲，末端分两叉。雌性额头顶部仅有一小型隆起，无前胸背角，胸背板有"Y"字形浅凹。雄性背部较为光亮，雌性背部较为粗暗。雄性前足明显长于雌虫。

4.5.4.3 分布

甘肃（文县）、陕西、河南、山东、河北、吉林、辽宁、安徽、江苏、海南、台湾。越南、老挝、泰国的北部、缅甸、印度东部、孟加拉国、日本。

4.5.4.4 保护级别

国家二级保护野生动物，列入《国家保护的重要生态、科学、社会价值的陆生野生动物名录》。

4.6 食用及药用昆虫

中国具有悠久的食用昆虫的历史，是利用昆虫作为食物最早的国家之一。一些昆虫在秦朝以前就是帝王食品，是贡奉皇室的珍品；即便是现代，许多地方和民族还保留着丰富多彩的食用昆虫习俗和文化，各地在长期的生产生活中形成了各具特色的食用昆虫采集、加工和食用方法，如冬虫夏草汽锅鸡、油炸蚕蛹、蝗虫、胡蜂蛹、虫茶等都是我国常见的富有特色的食用昆虫。中国现代对食用昆虫的系统研究从 20 世纪 80 年代开始兴起，内容涉及食用种类与习俗、营养价值、人工培育等。近年来，随着对食用昆虫认识的改变，食用昆虫正逐渐得到更多人的认可，回到人们的餐桌。食用昆虫的利用促进了食用昆虫的研究与开发、养殖、半人工培育、野外采集的发展，从黄粉虫、蝗虫等的人工养殖，到竹虫、胡蜂等的野外采集和半人工干预养殖，正逐步形成一个新兴的昆虫产业。

现代科学研究表明，昆虫体内含有丰富的蛋白质、氨基酸等营养成分，可成为人类未来重要的食用和饲养蛋白资源。昆虫蛋白的研究与利用已经成为国际农业关注的热点，许多国家对食用昆虫及饲料用昆虫给予了极大的关注。

表 4-3 保护区可食用及药用昆虫的种类

物种	用途	数量
中华蚱蜢 *Acrida cinerea*	食用+药用	+++
中华稻蝗 *Oxya chinensis*	食用	++
东亚飞蝗 *Locusta migratoria*	食用	++
短额负蝗 *Atractomorpha sinensis*	食用	+++
长翅素木蝗 *Shirakiacris shirakii*	食用	+
黄胫小车蝗 *Oedaleus infernalis*	食用	++
亚洲小车蝗 *Oedaleus decorus asiaticus*	食用	++
黄脊竹蝗 *Ceraeris kiangsu*	食用+药用	++
蚱蝉 *Cryptotympana atrata*	食用+药用	+
彩蛾蜡蝉 *Cerynia maria*	食用+药用	+
负子蝽 *Darthula hardwicki*	食用+药用	++
桂花蝉 *Sphaerodema rustica*	食用+药用	++
曲胫侎缘蝽 *Lethocerus indicas*	食用+药用	+
硕蝽 *Mictisus tenebrosa*	食用+药用	++
异色巨蝽 *Eurostus valid*	食用+药用	++
暗绿巨蝽 *Eusthenes curpreus*	食用+药用	+
九香虫 *Eusthenes saevus*	食用+药用	+
桃红颈天牛 *Aspongopus chinensis*	食用	++
粒肩天牛（桑天牛）*Tessaratoma papillosa*	食用	++
麻点豹天牛 *Coscinesthes salicis*	食用	++
星天牛 *Stromatium longicorne*	食用	++
合欢双条杉天牛 *Xystrocera globosa*	食用+药用	++
云斑白条天牛 *Batocera lineolata*	食用+药用	++
四川大黑鳃金龟 *Holotrichia szechuanensis*	食用+药用	++
铜绿丽金龟 *Anomala corpulenta*	食用+药用	++
凸星花金龟 *Anoplophora chinensis*	食用+药用	++
小云鳃金龟 *Polyphylla gracilicornis*	食用+药用	++
双叉犀金龟 *Massicus raddei*	食用+药用	++
小青花金龟 *Oxycetonia jucunda*	食用+药用	+
白星花金龟 *Anomala corpulenta*	食用+药用	+++
中国豆芫菁 *Epicauta chinensis*	食用+药用	+
家蚕 *Polyphylla laticollisi*	食用+药用	+
柞蚕 *Allomyrina dichotoma*	食用+药用	+++

4.6.1　蝗虫类

蝗虫，俗称为蚱蜢、蚂蚱，是严重危害农作物的一类重要害虫，世界各地都有蝗虫危害的报道。虽然蝗虫给人类社会带来了巨大的危害，但蝗虫本身也是一种生物资源可供人类利用，蝗虫的食用地区分布很广，国内外许多地区都有食用蝗虫的习惯，我国也有十分悠久的食用蝗虫的历史（邹树文，1981；周尧，1980）。迄今，在中国民间，蝗虫仍是人们喜爱的食品，农民经常用麦垛、稻草堆放在田里收集蝗虫。市场上，多以鲜虫或冰冻虫出售，人们习惯将蝗虫去翅后用油炸佐酒食用。中国民间常见食用的蝗虫有：中华蚱蜢、中华稻蝗、东亚飞蝗、短额负蝗、长翅素木蝗、黄胫小车蝗、短星翅蝗、黄脊竹蝗等。

蝗虫除可以食用外，还具有药用价值，《中国药用动物志》（1983 年）记载，中华蚱蜢虫体干燥入药，有止咳平喘、定惊熄风、清热解毒的功效，主治支气管炎和哮喘、百日咳、小儿惊风等；外用治冻伤。小稻蝗和黄脊竹蝗，全虫新鲜或干燥入药，可止咳平喘、镇惊止抽、消肿止痛等；外用治中耳炎。现以中华蚱蜢为代表。

4.6.2　蚱蝉

我国许多地方都有食用蝉的习俗，陕西、浙江、山东、河南一带喜食蚱蝉，云南少数民族地区喜食白蛾蜡蝉、云管尾角蝉等。现以蚱蝉为代表。

蚱蝉 *Cryptotympana atrata*（Fabricius），半翅目 HEIMPTERA 胸喙亚目 STERNOR-RHYNCHA。体大色黑而有光泽；雄虫长 40.4~40.8mm，翅展约 120.5mm，雌虫稍短。复眼 1 对，大型，两复眼间有单眼 3 只，触角 1 对。口器发达，刺吸式，唇基梳状，上唇宽短，下唇延长成管状，长达第 3 对足的基部。胸部发达，后胸腹板上有一显著的锥状突起，向后延伸。足 3 对。翅 2 对，膜质，黑褐色，半透明，基部染有黄绿色，翅静止时覆在背部如屋脊状。腹部分 7 节，雄蝉腹部第 1 节间有特殊的发音器官，雌蝉同一部位有听器。

除可食用外还可药用。

4.6.3　蝽象类

在半翅目中，蝽象为常见的食用昆虫。在云南、广东、广西、福建等省区都有食用蝽象的习惯。在云南普洱的少数民族地区，食用多种蝽象的成虫和若虫，通常将这些蝽象的成虫和若虫捕获后，用开水浸泡一段时间，去翅用油炸脆，佐以调料食用，味道香脆诱人，深受当地人喜爱。在广东、广西、福建一带将荔蝽捕获后，去头、足、翅和内脏，将盐塞入虫体内，用茶叶置于热火灰上烧熟后食用。在蝽象类中，常见的半翅目食用昆虫种类中有负子蝽科的负子蝽、桂花蝉，缘蝽科 Coreidae 的曲胫侏缘蝽 *Mictis tenebrosa*（Fabricius），蝽科 Pentatomidae 的硕蝽 *Eueostus validus* Dallas、异色巨蝽 *Eusthenes curpreus*（Westwood）、暗绿巨蝽 *E. saevus* Stal、九香虫 *Aspongopus chinensis* Dallas、荔蝽 *Tessaratoma papillosa*（Drury）等。现以九香虫为代表介绍如下。

成虫：体椭圆形，长 17~22mm，宽 10~12mm，体一般紫黑色，带铜色光泽，头部、前胸背板及小盾片较黑。头小，略呈三角形；复眼突出，呈卵圆形，位于近基部两侧；单眼 1 对，橙黄色；喙较短，触角 6 节，第 1 节较粗，圆筒形，其余 4 节较细长而扁，第 2 节长于第 3 节。前胸背板前狭后阔，前缘凹进，后缘略拱出，中部横直，侧角显著；表面密布细刻点，并杂有黑皱纹，前方两侧各有一相当大的眉形区，色泽幽暗，仅中部具刻点。小盾片大。翅 2 对，前翅为半鞘翅，棕红色，翅末 1、3 为膜质，纵脉很密。足 3 对，后足最长，跗节 3 节。腹面密布细刻及皱纹，后胸腹板近前缘区有 2 个臭孔，位于后足基前外侧，能由此放出臭气。雄虫第 9 节为生殖节，其端缘弧形，中央尤为弓凸。成虫越冬，隐藏石隙间。若虫无翅，成虫有翅能飞，均能食害瓜类植物。

除可食用外，还有药用价值，如下：

（1）《本草新编》：九香虫，虫中之至佳者、入丸散中，以扶衰弱最宜。但不宜入于汤剂，以其性滑，恐动大便耳。九香虫亦兴阳之物，然非人参、白术、巴戟天、肉苁蓉、破故纸之类，亦未见其大效也。

（2）《本草纲目》：治膈脘滞气，脾肾亏损，壮元阳。

（3）《现代实用中药》：适用于神经性胃痛，腰膝酸痛，胸脘郁闷，因精神不快而发胸窝滞痛等症，配合其他强壮药同服有效。

（4）《本草新编》：兴阳益精。

主治：膈脘滞气，脾肾亏损，元阳不足。

分布：甘肃（文县）、安徽、江苏、浙江、福建、台湾、广东、广西、江西、湖北、湖南、四川、贵州、云南等地。主产云南、四川、贵州、广西等地。

4.6.4　天牛类

天牛是危害森林植物的蛀干害虫，严重时可以毁灭整片的森林。然而，天牛除了是人们熟悉的害虫外，还是具有很高营养价值的食用昆虫，许多国家和地区都有食用天牛的习俗。我国食用天牛也非常普遍，天牛幼虫在古代作为珍品贡献帝王，除食用价值外，天牛幼虫还有化瘀消炎之功效。我国云南等少数民族地区，迄今仍保留食用天牛幼虫的习俗，一般是将天牛幼虫用油炸后食用，或用火烤后食用。

目前，国内主要食用的天牛种类有长角栎天牛 *Stromatium longicorne*（Newman）、桃红颈天牛 *Aromia bungii*（Faldemann）、黄星桑天牛 *Psacothea hilaris*（Pascoe）、桑天牛 *Apriona germari*（Hope）、麻点豹天牛 *Coscinesthes salicis Gressitt*、星天牛 *Anoplophora chinensis*（Foster）、粗鞘双条杉天牛 *Seemanotus sinoauster Gressit*、栗山天牛 *Massicus raddei Blessig* 等 8 种天牛。现以桑天牛为代表介绍如下。

寄主包括桑、构树、无花果、白杨、欧美杨、柳、榆、苹果、沙果、樱桃、梨、核桃、油橄榄、野海棠、柞、楮树、刺槐、树豆、枫杨、枇杷、油桐、花红、柑橘等。

雌成虫体长约 46mm；雄成虫体长约 36mm，体翅灰褐色，密生黄棕色短毛。头部中央有 1 条纵沟，触角的柄节和梗节均呈黑色，鞭节的各节基部都呈灰白色，端部黑褐色，前胸背面有横向皱纹，两侧中央有 1 刺状凸出，鞘翅基部密生颗粒状黑粒点。卵长椭圆形，一端较细，略弯曲，长 5~7mm，乳白色。幼虫圆筒形，第 1 胸节硬皮板后部密生深棕色颗粒小点，中央显出 3 对尖叶状空白纹。蛹体长 50mm，纺锤形，淡黄色，第 1~6 腹节背面各有 1 对刚毛区，翅芽达第 3 腹节。

除食用外还有药用价值，《中华本草》上介绍桑天牛具有化瘀、止痛、止血、解毒的功效，对胸痹心痛、血瘀崩漏、瘀膜遮睛、痘疮毒盛不起、痈疽脓成难溃都有良好的作用。主要作用为主治闭经、崩漏、赤白带下、乳汁不下、小儿痘疮不出、惊风搐搦、跌伤瘀血、腰脊痛、心腹气血坚满疼痛。

4.6.5 中华蜜蜂 *Apis cerana cerana* Fabricius

中华蜜蜂又称中华蜂、中蜂、土蜂，是东方蜜蜂的一个亚种，属中国独有蜜蜂品种，是以杂木树为主的森林群落及传统农业的主要传粉昆虫。

中华蜜蜂工蜂腹部颜色因地区不同而有差异，有的较黄，有的偏黑；吻长平均5mm。蜂王有两种体色：一种是腹节有明显的褐黄环，整个腹部呈暗褐色；另一种的腹节无明显褐黄环，整个腹部呈黑色。雄蜂一般为黑色。南方蜂种一般比北方的小，工蜂体长 10~13mm，雄蜂体长 11~13.5mm，蜂王体长 13~16mm。

中华蜜蜂的主要天敌昆虫是胡蜂 *Vespidae wasp* 和外来入侵种意大利蜂 *Apis mellifera ligustica* Spinola。

中国广布种，分布于全国各地。

2006 年，中华蜜蜂（中蜂）被列入农业部《国家级畜禽遗传资源保护名录》。

4.7 天敌昆虫

天敌昆虫是一类寄生或捕食其他昆虫的昆虫。它们长期在农田、林区和牧场中控制着害虫的发展和蔓延。天敌昆虫在自然界中大量存在，对于某些害虫发生、成灾起着制约作用，对于维持生态平衡、保持物种多样性起着重要作用。常见的天敌昆虫保护区基本上都有，如螳螂、蜻蜓、虎甲、步甲以及瓢甲等均较为丰富。天敌昆虫分为两大类，一是捕食性昆虫，如螳螂、步甲、虎甲、郭公虫、瓢虫、瘤蝽、益蝽、蝎蝽、猎蝽、齿蛉、褐蛉、草蛉等；二是寄生性昆虫，如寄蝇、麻寄蝇、姬蜂、茧蜂等。现介绍以下几种：

4.7.1 大刀螳螂 *Tenodera aridifolia* Stoll

大刀螳螂，重要的捕食性昆虫之一，成虫、若虫都可捕食，在自然界可以捕食多种农林果树害虫。

雌虫：体长 80~120mm。前胸背板长 31~33mm，侧角宽 8~9mm。侧缘水平部分窄小，前半部中纵沟两侧排列有许多微小颗粒，侧缘齿列紧密，后半部中隆线两侧颗粒少，侧缘齿列稀疏。前胸背板后半部明显超过前足基节长度，前翅膜质，前缘区较宽。

绿色革质。后翅有不规则横脉，基部有黑色大斑纹，其余部分斑纹为暗褐或黑褐色，末端稍长于前翅。

雄虫：生殖器板中等大小，向后渐细，呈三角形，末端有 1 对细小尾须。

分布：甘肃（陇南）、北京、河北、辽宁、山东、江苏、安徽、浙江、福建、台湾、湖南、广东、广西、河南、四川、陕西等地。日本、越南、美国。在棉田已知捕食棉铃虫、棉小造桥虫、玉米螟等鳞翅目成虫和幼虫。

4.7.2　中华金星步甲 *Calosoma chinense* Kirby

成虫不善飞翔，地栖性，多在地表活动，行动敏捷，或在土中挖掘隧道，喜潮湿土壤或靠近水源的地方。白天一般隐藏于木下、落叶层、树皮下、苔藓下或洞穴中；有趋光性和假死现象。在热带和亚热带地区，于植株上活动的种类较多。成虫、幼虫多以蚯蚓、钉螺、蜘蛛等小昆虫以及软体动物为食，有些种类只取食动物的排泄物和腐殖质。

成虫：体长 25~33mm，宽 9~12.5mm。体黑色，背面色暗，有铜色光泽，鞘翅上的凹刻星点闪金光或金铜光泽。头和前胸背板密被细刻点。触角长度几乎达体长之半。前胸背板侧缘在基部明星上翘，基凹较长，后角端部叶状，向后稍突出。鞘翅于肩后稍宽，最宽处在翅后端 1/3 处；凹刻星点 3 行，行间为分散的微小粒突。中、后足股节弯曲，雄虫更显，雄虫前足附节基部 3 节膨大。幼虫老熟幼虫乳黄色，体长 23.9~38.2mm。胸足黑色。胸部各节背面有 1 个大黑斑，中、后胸腹面有 1 黑斑。腹部第 1~8 节背面大黑斑两侧各有 1 黑点；第 1~9 节腹板近前缘处各有 1 黑色长椭圆形横斑，第 1~7 节横斑下方各有 4 个较小的黑斑。第 9 腹节背面有 1 对分叉的尾针突。第 10 节有伪足。蛹乳白至黄褐色，长 19.8~21.3mm，宽 8.3~10.3mm。腹部第 1~5 节背面各有 2 列黄褐色毛。

分布：甘肃（陇南）、黑龙江、吉林、辽宁、内蒙古、宁夏、陕西、河北、山东、山西、河南、江苏、安徽、浙江、江西、湖北、湖南、福建、广东、广西、贵州、四川、云南。

4.7.3　中华虎甲 *Cicindela chinenesis* Degeer

成虫和幼虫均为肉食性，以捕食活虫及其他小型动物为生。

成虫体长 17.5~22mm，宽 7~9mm。身体各部位具有强烈的金属光泽。头及前胸背板前缘为绿色，背板中部金红或金绿色。复眼大而外突；触角细长呈丝状。鞘翅底色深绿。翅前缘有横宽带。翅鞘盘区有 3 个黄斑；其基部、端部和侧缘呈翠绿色。足翠绿或蓝绿，但前、中足的腿节中部呈红色。

分布：甘肃（陇南）、陕西、河北、山东、江苏、浙江、江西、福建、四川、广东、广西、贵州、云南。

4.7.4　七星瓢虫 *Coccinella septempunctata*

捕食昆虫：棉蚜、麦蚜、豆蚜、菜蚜、玉米蚜、高粱蚜。

成虫：体长 5.2~6.5mm，宽 4~5.6mm。身体卵圆形，背部拱起，呈水瓢状。头黑色，复眼黑色，内侧凹入处各有 1 淡黄色点。触角褐色。口器黑色。上额外侧为黄色。前胸背板黑。小盾片黑色。鞘翅红色或橙黄色，两侧共有 7 个黑斑。体腹及足黑色。

雄虫：第 6 腹节后缘平截，中部有横凹陷坑，上缘有一排长毛。

分布：甘肃（陇南）、北京、辽宁、吉林、黑龙江、河北、山东、山西、河南、陕西、江苏、浙江、上海、湖北、湖南、江西、福建、广东、四川、云南、青海、新疆、西藏、内蒙古等地均有，常见于农田、森林、园林、果园等处。另记载于蒙古国、朝鲜、日本、苏联、印度及欧洲地区。

4.7.5 异色瓢虫 *Harmonia axyridis*（Pallas）

属鞘翅目瓢虫科。

捕食蚜虫、木虱和蚧虫等农林害虫。

体卵圆形。色泽和斑纹变异甚大，大致可分为浅色型和深色型两类。鞘翅在 7/8 处有 1 条显著横脊，是鉴定该种的重要特征。

分布：甘肃（陇南）、北京、河北、内蒙古、山东、河南、四川、浙江、福建等地。

4.7.6 中华丽草蛉 *Chrysopa sinica* Tjeder

属脉翅目草蛉科。

中国特有种，是常见的有益昆虫。

成虫：体长 9~11mm，前翅长 13~15mm。体绿色，头部有 9 个小黑斑分布：头顶 2 个黑点，触角间 1 个，触角窝各有 1 个新月形黑斑，两颊各有 1 个黑斑，唇基两侧各有 1 线状斑。下颚须和下唇须均为黑色。触角黄褐色，细长丝状，第 2 节黑褐色。前胸背板两侧各 2 条黑纹，中、后胸背面的褐斑不显著。胸和腹部黄绿色，背面中央有一条相连的黄色纵带。足黄绿色，跗节黄褐色。翅透明，翅痣黄白色，翅脉黄绿色，但前缘横脉的下端和径横脉的基部均为黑色，翅基部的横脉和两组阶脉也多为黑色，脉上有黑色短毛。

分布：甘肃（陇南）、黑龙江、吉林、辽宁、河北、北京、陕西、山西、山东、河南、湖北、湖南、四川、江苏、江西、安徽、上海、广东、云南、浙江等地。

4.7.7 环斑猛猎蝽 *Sphedanolestes impressicollis*（Stal）

属半翅目猎蝽科。

寄主：昆虫有棉蚜、棉铃虫、棉小造桥虫等主要危害棉花等作物的害虫。

体长 16~18mm，腹部宽 5.2~5.5mm。体黑色光亮，具黄色或暗黄花斑，体被淡色毛。头的腹面、两单眼的后方斑、喙第 1 和 2 两节、各足股节具 2~3 个和胫节 2 个淡色环斑，腹部腹面（除不规则的深色斑点外）及侧接缘的端半部均为黄色或淡黄褐色。雄虫生殖节后缘中央突的前端呈叉状。抱器细棒状向前端微加粗并具毛。本种色泽及色斑有变异，尤其是前胸背板色泽变化大，由淡黄到黑色；若干个体前胸背板后叶为暗黄色；头部及各足淡色斑变异不甚明显。

分布：甘肃（文县）、湖南（湘南）、陕西、山东、江苏、浙江、湖北、江西、福建、广东、广西、四川、贵州、云南。印度、日本等。

4.7.8 夜蛾瘦姬蜂 *Ophion luteus*（Linnaeus）

属膜翅目姬蜂科。

寄主：寄生小地老虎、大地老虎、甘蓝夜蛾。此蜂寄生于小地老虎体内，成熟后钻出寄主，在尸体附近结茧，茧长椭圆形，长约 16mm，宽约 7mm，暗黄褐色，单寄生。

体长 15~20mm，黄褐色；复眼、单眼及上颚齿黑褐色；颜面带黄色；中胸盾纵沟部位顶外侧有黄色细纵条；翅痣黄褐色，翅脉深褐色至黄褐色。体光滑，被细而稀的刻点；后头脊完全；复眼内缘近触角窝处凹陷；单眼大而隆起；颊短；中胸背板有自翅基片伸向小盾片的隆脊；并胸腹节基横脊明显，端横脊中段消失，基区部位稍凹陷。前翅无小翅室，第 2 回脉在肘间脉基方，相距甚远，第 2 回脉上半部及肘脉内段有 1 处中断，中盘肘脉上的 1 段脉桩明显，第 2 盘室近于梯形，翅痣下方的中盘肘室有 1 小块无毛区。腹部侧扁，第 1 腹节柄状，气门近端部 2/5 处，气门后渐膨大；产卵器短小，约与腹端厚度相等。

分布：全国各地均有分布。

第五章 大 型 真 菌

保护区位于甘肃省南部文县境内，海拔 1120~3121m，为北亚热带湿润气候与暖温带湿润气候交会地带，独特的地貌与气候类型，造就了该地动、植物资源的多样性，丰富的植被为大型真菌的分布奠定了基础。但是长久以来，该地的大型真菌资源未进行过系统、全面地调查研究，因此，该区域内大型真菌的分布状况一直处于未知状态。为了摸清该地区大型真菌的种类、分布规律和利用现状，我们对保护区的大型真菌进行了为期 2 年的野外考察、采集和室内研究工作。

5.1 调查方法

5.1.1 野外考察、标本采集与数据收集

考察采集的方法主要是样线法，并补之以访谈（问）法，点面结合，对大型真菌进行采集、记录、图片收集及标本制作。

5.1.2 访谈与实地调查

通过与当地野生食用菌采集农户和林业技术人员进行访谈与实地调查，收集当地重要经济真菌的相关信息，特别是资源量、受威胁现状与流失情况等资料。此工作与野外考察相结合，同期开展。

5.1.3 标本鉴定、目录编制

对本项目野外考察中获得的大型真菌标本，通过宏观形态和显微解剖研究，以及基于 ITS 和 LSU 序列的分子鉴定工作，结合生态、化学特征，参考毕志树等、戴贤才等、邓叔群、黄年来、李如光、李玉等、卯晓岚等、裘维番、王向华等、吴兴亮、阎星平、杨祝良、应建浙等、袁明生等、臧穆、赵琪等、Chiu、Hongo、Petersen et al.、Wang and Verbeken、Wang and Liu、Zang 等论著，进行鉴定，整理出该保护区的大型真菌名录。

5.2 大型真菌物种

在野外实地考察中，研究组在保护区共采集到大型真菌标本 646 号，依据宏观和显微形态特征，并结合分子系统发育学研究结果，鉴定出该区域分布的大型真菌 63 科

143 属 410 种。根据考察和采访得知该区域内的大型真菌子实体出菇期主要集中在 7~10 月，其中 8 月下旬至 10 月上旬为出菇盛期。总体来说，文县尖山自然保护区的大型真菌资源丰富，在整个生态系统起着举足轻重的作用，而且食用菌及药用菌分布广泛，具有潜在的开发利用价值。

保护区大型真菌共计 2 门：子囊菌门 ASCOMYCOTA，担子菌门 BASIDIOMYCOTA；6 纲：伞菌纲 AGARICOMYCETES，粪壳菌纲 SORDARIOMYCETES，盘菌纲 PEZIZOMYCETES，锤舌菌纲 LEOTIOMYCETES，地舌菌纲 GEOGLOSSOMYCETES，散囊菌纲 EUROTIOMYCETES；20 目：伞菌目 AGARICALES，肉座菌目 HYPOCREALES，多孔菌目 POLYPORALES，牛肝菌目 BOLETALES，钉菇目 GOMPHALES，鸡油菌目 CANTHARELLALES，绣革孔菌目 HYMENOCHAETALES，地星目 GEASTRALES，地舌菌目 GEOGLOSSALES，盘菌目 PEZIZALES，木耳目 AURICULARIALES，炭角菌目 XYLARIALES，柔膜菌目 HELOTIALES，红菇目 RUSSULALES，锤舌菌目 LEOTIALES，斑痣盘菌目 RHYTISMATALES，革菌目 THELEPHORALES，珊瑚银耳目 TREMELLODENDROPSIDALES，散子囊菌目 EUROTIALES，星裂盘菌目 PHACIDIALES。其中伞菌目 284 种，占总种数的 69%；多孔菌目、盘菌目和红菇目也有较高的物种多样性，分别占总数的 6%、6% 和 4%。

保护区大型真菌种类较多的科有丝盖伞科 Inocybaceae（7%）、小脆柄菇科 Psathyrellaceae（7%）、蜡伞科 Hygrophoraceae（7%）、粉褶菌科 Entolomataceae（6%）等。

表 5-1　保护区大型真菌科、属、种数量统计

科名	数量		科名	数量	
	属	种		属	种
地舌菌科	2	2	裂褶菌科	1	1
地锤菌科	1	1	球盖菇科	6	20
粒毛盘菌科	1	1	口蘑科	7	18
锤舌菌科	1	3	木耳科	3	4
羊肚菌科	1	1	铆钉菇科	1	2
盘菌科	1	3	圆孢牛肝菌科	1	1
火丝菌科	2	4	平革菌科	2	2
肉杯菌科	1	2	硬皮马勃科	2	3
虫草科	2	4	乳牛肝菌科	2	6
炭团菌科	1	1	锁瑚菌科	1	1
蘑菇科	6	12	齿菌科	1	3
鹅膏科	1	5	地星科	1	1
粪锈伞科	4	9	棒瑚菌科	1	1
珊瑚菌科	3	7	钉菇科	1	1

科名	数量		科名	数量	
	属	种		属	种
丝膜菌科	1	13	锈革孔菌科	2	4
靴耳科	1	6	Rickenellaceae	1	1
粉褶菌科	2	24	Cerrenaceae	1	1
蜡伞科	6	23	灵芝科	1	2
层腹菌科	3	6	Irpicaceae	1	1
丝盖伞科	1	18	皱孔菌科	2	2
马勃科	2	2	多孔菌科	8	11
离褶伞科	3	3	地花菌科	1	1
小皮伞科	5	12	红菇科	2	15
小菇科	2	11	韧革菌科	1	1
光茸菌科	3	12	革菌科	1	2
膨瑚菌科	5	6	珊瑚银耳科	1	1
侧耳科	4	6	科未定	1	1
小脆柄菇科	5	26	总计	131	351

5.3 真菌资源

5.3.1 野生食用菌

根据相关资料，对保护区的食用菌种类进行初步分析，结果显示该区域内的食用菌以珊瑚菌科、口蘑科、脐伞科、腊伞科、乳牛肝菌科中的种为主；在该区域中分布的102个属中，经济价值较大的属有口蘑属 *Tricholoma*、多孔菌属 *Polyporus*、裂褶菌属 *Schizophyllum*、马勃属 *Lycoperdon*、丝膜菌属 *Cortinarius*、银耳属 *Tremella* 等。

保护区内出菇量较大，当地群众经常采集食用的物种主要有：

（1）棕灰口蘑 *Tricholoma terreum* (Schaeff.) P. Kumm.

子实体小型。菌盖直径 3~5cm，扁半球形至平展；表面覆平伏的纤丝状鳞片，淡灰色、灰色至灰褐色。菌肉白色，稍厚。菌褶弯生，稍密，不等长，白色至米色，褶缘锯齿状。菌柄圆柱形，长 3~5cm，粗 0.4~1cm，白色至污白色，近光滑。担孢子椭圆形至宽椭圆形，(5~7)μm×(4~5)μm，无色，光滑。夏秋季节在林中地上群生。

（2）肺形侧耳 *Pleurotus pulmonarius* (Fr.) Quél.

又名凤尾菇、秀珍菇。子实体小型至大型。菌盖直径 3~10cm，倒卵形至肾形或近扇形；表面白色、灰白色至灰黄色，光滑，盖缘平滑或稍呈波状。菌肉白色，靠近基部处较厚。菌褶延生，稍密，不等长，白色。菌柄很短或近于无，侧生，近光滑，白色，内部实心、松软；基部菌丝白色。担孢子长椭圆形至近圆柱形，(7.5~10.5)μm×(3~5)μm，光滑，无色。夏秋季生于阔叶林中的枯木或树桩上。

（3）紫丁香蘑 *Lepista nuda*（Bull.）Cooke

担子果中至大型。菌盖直径 3.5~9cm，半球形至平展，成熟后中部常稍凹陷；表面光滑，亮紫色、粉紫色、丁香紫色至褐紫色。菌肉较厚，淡紫色，具香气。菌褶直生至稍延生，密，不等长，淡紫色至粉紫色。菌柄圆柱形，基部稍膨大，长 4~9cm，粗0.5~2cm，与盖同色，幼时上部有絮状粉末，下部光滑或具纵条纹，中实。担孢子椭圆形，（5~8）μm×（3.5~4）μm，具小疣点，无色。秋季在林中地上散生或群生。

5.3.2 药用菌

保护区分布着丰富的药用真菌资源，主要分属于灵芝属、栓菌属、虫草属以及多孔菌属等。不同种类的药用真菌，药用价值也不尽相同。据相关资料记载，蝉花、蛹虫草、树舌灵芝、云芝、毛栓菌以及血红小菇等有抗肿瘤活性；白肉灵芝等具有补气安神、止咳平喘的功效；白囊耙齿菌等可以治疗尿少、浮肿、腰痛、血压升高等症状；毛栓菌等能治疗风湿、止咳、化脓；云芝可清热消炎，还能治疗肝病等；树舌灵芝具抗病毒活性，还能降血糖，增强免疫力等。

保护区内极具开发潜质的药用真菌主要有：

（1）白肉灵芝 *Ganoderma leucocontextum* T. H. Li，W. Q. Deng，Sheng H. Wu，Dong M. Wang & H. P. Hu

子实体中等至大型。菌盖半圆形、肾形或近圆形，木栓质，宽 5~20cm，厚 0.8~1cm，红褐色并有油漆光泽，菌盖上具有环状棱纹和辐射状皱纹，边缘薄，常稍内卷。菌肉白色，管孔面白色，3~5 个/mm。柄侧生，偶偏生，棒状，长 3~15cm，粗 1~3cm，紫褐色，有光泽。孢子卵形，（9~13）μm×（4.5~7.5）μm，浅褐色。

白肉灵芝因其肉质为雪白色且无苦涩味而闻名于世，具记载其功效远超普通灵芝，野生资源很少，价格昂贵，极具市场潜力，目前仅在西藏等地有小规模栽培。值得关注的是，白肉灵芝此前仅发现于西藏、四川、云南等地，本次科考发现在尖山保护区内也分布有野生白肉灵芝，能够为该物种在尖山及附近区域的人工栽培可行性论证提供理论支持。

（2）蛹虫草 *Cordyceps militaris*（L.）Fr.

又称北虫草、北冬虫夏草，其子座棒状，单生或数个丛生，黄色至橙黄色，长 3~6cm，粗 0.3~0.6cm。头部可育部分长 2~3cm，表面粗糙。柄长 2~3cm，圆柱形，覆污白色粉末状物。子囊壳近锥形，（450~650）μm×（250~350）μm；子囊细长，宽约 5μm；子囊孢子细线形，成熟后断裂为（2~3）μm×1μm 的分生孢子。夏秋季生于林中腐枝落叶层下鳞翅目昆虫的尸体上。

作为食药两用真菌，蛹虫草中所含的人体必需氨基酸种类齐全，比例适当，且含有丰富的虫草酸、虫草素、麦角甾醇等，具有扩展气管、镇静、抗各类细菌、降血压的作用，可用于肺结核、老人虚弱、贫血虚弱等症。蛹虫草已实现人工栽培，且栽培工艺比较成熟。保护区内丰富的野生蛹虫草种质资源，能够为其遗传育种工作提供物质基础。

5.3.3 毒菌

本次考察发现保护区常见的毒菌有淡红鹅膏 *Amanita pallidorosea*、黄盖鹅膏 *Amanita subjunquillea*、灰鹅膏 *Amanita vaginata*、柔锥盖伞 *Conocybe tenera*、青绿湿伞 *Gliophorus psittacinus*、芥味滑锈伞 *Hebeloma sinapizans*、污白丝盖伞 *Inocybe geophylla*、灰褐乳菇 *Lactarius pyrogalus*、冠状环柄菇 *Lepiota cristata*、洁小菇 *Mycena pura*、毒红菇 *Russula emetica*、粘盖包脚菇 *Volvopluteus gloiocephalus* 等。

部分毒菌的外形与食用菌非常相似，很容易混淆，一旦误采误食，轻则有害身体健康，重则危及生命。因此需要相关部门加大普及野生菌常识的力度，向群众宣传普及有关食用菌和毒菌的知识，以降低毒菌中毒事件的发生率。

现将保护区分布的剧毒和常见毒蘑菇介绍如下。

（1）淡红鹅膏 *Amanita pallidorosea* P. Zhang & Zhu L. Yang

子实体中等至大型。菌盖直径 4~10cm，初期钝锥形，开伞后扁平，中央常凸起，白色，中央常淡粉色，边缘无棱纹，有时有辐射状裂纹。菌褶白色，离生，短菌褶近菌柄端逐渐变窄。菌柄长 10~15cm，粗 0.5~1.2cm，白色、污白色至淡黄褐色，基部近球型。菌环近顶生至上位，白色，膜质。菌托白色，浅杯状。担孢子(6~8)μm×(6~7.5)μm，球形至近球形，淀粉质。夏秋季生于针阔混交林或阔叶林中地上。剧毒，误食会引起肝脏损害型症状。

（2）黄盖鹅膏 *Amanita subjunquillea* Imai

子实体小至中型。菌盖直径 2.5~9cm，初期近圆锥形、半球形至钟形，开伞后扁平至平展，中部稍凸或平，黄褐色、污橙黄色至芥黄色，边缘色较浅，表面平滑或具似纤毛状条纹，边缘有不明显的条棱，湿时黏。菌肉较薄，白色，近表皮处带黄色。菌褶白色，离生，短菌褶近菌柄端逐渐变窄。菌柄长 12~18cm，粗 0.5~1.6cm，柱形，上部渐细，黄白色，常覆纤毛状或反卷的淡黄色鳞片。菌环近顶生至上位，黄白色，膜质。菌托灰白色，苞状。担孢子(6.5~9.5)μm×(6~8)μm，光滑，无色，近球形，偶宽椭圆形，淀粉质。夏秋季生于阔叶林、针阔混交林或针叶林中地上。剧毒，误食后引起肝脏损害、肠胃炎、神志不清、呼吸循环衰竭等症状。

（3）芥味滑锈伞 *Hebeloma sinapizans* Fr.

子实体中至大型，菌盖直径 5~12cm，初期扁半球形，后期近平展，中部稍凸起，深蛋壳色至深肉桂色，光滑，黏，边缘平滑。菌肉白色，厚，质地紧密。菌褶淡锈色或咖啡色，弯生或离生，稍密，不等长。菌柄长 6~11.5cm，粗 0.8~2cm，圆柱形，污白色或较盖色浅，平滑，松软至中空。担孢子(11~15)μm×(5.5~7.5)μm，椭圆形，淡锈色，具细疣点。夏秋季于混交林中地上群生或单生。误食后会引起肠胃炎型症状。

（4）毒红菇 *Russula emetica*（Schae.）Pers.

子实体中型。菌盖直径 5~9cm，扁半球形，后变平展，过熟后中部下凹，浅粉红色至珊瑚红色，边缘色较淡，有棱纹，表皮易剥离，黏。菌肉较薄，白色，近表皮处红色，味辛辣。菌褶直生，较稀，等长，纯白色，褶间有横脉。菌柄长 3~6cm，粗 1~2cm，圆柱形，白色或粉红色，内部松软。担孢子(8.0~11.0)μm×(7.0~9.0)μm，宽椭圆形或近球形，无色，有小刺突。夏秋季于针叶林或阔叶林中地上单生或散生。误食后会导致肠胃炎型症状。

参 考 文 献

1. Azlan J M, Sharma D S K. The diversity and activity patterns of wild felids in a secondary forest in Peninsular Malaysia[J]. Oryx, 2006, 40(1): 36-41.

2. Chiu W F. The boletes of Yunnan[J]. Mycologia, 1948, 40(2): 199-231.

3. Chiu W F. The Russulaceae of Yunnan[J]. Lloydia, 1945, 8(1): 31-59.

4. Flora of China. [2019-07-30]. http://foc.eflora.cn/, 2016-03.

5. Gressitt J L. Plant-beetles from south and west China. I[J]. Sagrinae, Donaciinae, Orsodsacninae and Megalopodinae (Coleoptera). Lingnan Science Journal, Canton, 1942, 20 (2-4): 271-293.

6. Hongo T, Izawa M. Mushrooms: Yama-Kei field book: No.9 [M]. Tokyo: Yama-Kei Publishers, 1994.

7. Petersen R H. New or interesting clavarioid fungi from Yunnan, China[J]. Acta Bot Yunnanica, 1986, 8: 281-294.

8. Schuh R T, Slater J A. The true bugs of the world (Hemiptera: Heteroptera): classification and natural history[M]. Itheca, New York: Cornell University Press, 1995.

9. Zang M. An annotated check-list of the genus Boletus and its sections from China [J]. Fungal Science, 1999, 14(3&4): 79-87.

10. 毕志树, 李泰辉, 章卫民. 海南伞菌初志[M]. 广州: 广东高等教育出版社, 1997.

11. 毕志树. 粤北山区大型真菌志[M]. 广州: 广东科技出版社, 1990.

12. 陈立军, 肖文宏, 肖治术. 物种相对多度指数在红外相机数据分析中的应用及局限[J]. 生物多样性, 2019(27): 243-248.

13. 楚立志. 齐白石森林公园植物区系组成分析[J]. 湖南林业科技, 2018, 45(5): 99.

14. 戴贤才, 李泰辉, 张伟. 四川省甘孜州菌类志[J]. 成都: 四川科学技术出版社, 1994.

15. 戴玉成, 杨祝良. 中国药用真菌名录及部分名称的修订[J]. 菌物学报, 2008, 27 (6): 24.

16. 戴玉成, 周丽伟, 杨祝良, 等. 中国食用菌名录[J]. 菌物学报, 2010(1): 1-21.

17. 邓叔群. 中国的真菌[M]. 北京：科学出版社，1964.

18. 杜晓洁，谢冲林，余小玲，等. 翁源青云山自然保护区维管束植物区系特征分析[J]. 热带作物学报，2020，41（11）：2329-2334.

19. 付文涵. 对毒蘑菇中毒的识别和预防研究[J]. 山西农经，2017（20）：65-65.

20. 白水江国家级自然保护区管理局. 甘肃白水江国家级自然保护区综合科考报告[M]. 兰州：甘肃科学技术出版社，1997.

21. 黄年来. 中国大型真菌原色图鉴[M]. 北京：中国农业出版社，1998.

22. 蒋志刚，江建平，王跃招，等. 中国脊椎动物红色名录[J]. 生物多样性，2016，24（5）：500-551.

23. 李晟，王大军，肖治术，等. 红外相机技术在我国野生动物研究与保护中的应用与前景[J]. 生物多样性，2014，22（6）：685-695.

24. 李广良，李迪强，薛亚东，等. 利用红外相机研究神农架自然保护区野生动物分布规律[J]. 林业科学，2014，50（9）：97-104.

25. 李军玲，张金屯. 太行山中段植物群落优势种生态位研究[J]. 植物研究，2006，26（2）：156-162.

26. 李良千. 甘肃白水江国家级自然保护区植物[M]. 北京：科学出版社，2014.

27. 李孟凯，陈学达，夏晨曦，等. 中国兰科二新记录种[J]. 广西植物，2021，41（3）：482-486.

28. 李勤，邬建国，寇晓军，等. 相机陷阱在野生动物种群生态学中的应用[J]. 应用生态学报，2013，24（4）：947-955.

29. 李茹光. 东北地区大型经济真菌[M]. 长春：东北师范大学出版社，1998.

30. 李茹光. 吉林省有用和有害真菌[M]. 长春：吉林人民出版社，1980.

31. 李玉，图力古尔. 中国长白山蘑菇[M]. 北京：科学出版社，2003.

32. 林思祖，黄世国，洪伟，等. 杉阔混交林主要种群多维生态位特征[J]. 生态学报，2002，22（6）：962-968.

33. 刘蓓，毛润科. 甘肃黑河省级自然保护区维管植物多样性调查[J]. 中国林副特产，2021（1）：75-77.

34. 刘风丽. 甘肃省稀有濒危植物物种优先保护评价[D]. 兰州：甘肃农业大学. 2013.

35. 龙汉武，邹方伦，赵刚. 贵州林木菌根真菌名录[J]. 贵州科学，2005，23（1）：73-77.

36. 吕小旭，关鉴茹，杨彦荣，等. 崆峒山维管植物区系及多样性研究[J]. 中国野生植物资源，2021，40（2）：63-68.

37. 马文珍. 中国经济昆虫志：鞘翅目　第四十六册　花金龟科、斑金龟科和弯腿金龟科[M].北京：科学出版社，1995.

38. 卯晓岚. 中国大型真菌[M].郑州：河南科学技术出版社，2000.

39. 卯晓岚. 中国毒菌物种多样性及其毒素[J].菌物学报，2006，25（3）：345–363.

40. 裘维蕃. 云南牛肝菌图志[M].北京：科学出版社，1957.

41. 任继文. 甘肃白水江国家级自然保护区种子植物属的分布区类型及特征[J].西北林学院学报，2009，24（1）：22–24.

42. 申效诚，张书杰，任应党.中国昆虫区系成分构成及分布特点[J].生命科学，2009（7）：19–25.

43. 孙航，周浙昆.喜马拉雅东部雅鲁藏布江大湾峡植物区系特征及起源[J].云南植物研究，1996，18（2）：185.

44. 谭娟杰，虞佩玉，李鸿兴.中国经济昆虫志：第十八册　鞘翅目叶甲总科（一）[M].北京：科学技术出版社，1985.

45. 图力古尔，包海鹰，李玉.中国毒蘑菇名录[J].菌物学报，2014，33（3）：517–548.

46. 图力古尔. 内蒙古东部伞菌和牛肝菌名录（续）[J].菌物研究，2016，14（1）：8–21.

47. 图力古尔. 内蒙古东部伞菌和牛肝菌名录[J].菌物研究，2012，10（1）：20–30.

48. 汪建文，洪江，邓春英.中国贵州药用真菌资源子囊菌门[J].贵州科学，2018，36（5）：18–23.

49. 王洪建，杨星科.甘肃省叶甲科昆虫志[M].兰州：甘肃科学技术出版社.2006.

50. 王建宏，滕继荣，杨文赟.白水江自然保护区兰科植物的物种多样性及区系特征[J].林业科技通讯，2019（10）：10–16.

51. 王健，仝川，黄佳芳，等.福州东湖湿地公园规划区维管植物的区系组成[J].亚热带资源与环境学报，2020，15（2）：20–26.

52. 王向华，刘培贵，于富强.云南野生商品蘑菇图鉴[M].昆明：云南科技出版社，2004.

53. 吴兴亮，钟金霞，邹方伦，等.贵州梵净山大型真菌生态分布及其资源评价[J].真菌学报，1995，14（1）：28–36.

54. 吴兴亮. 贵州大型真菌[M].贵阳：贵州人民出版社.1989.

55. 吴兆洪，秦仁昌.中国蕨类植物科属志[M].北京：科学出版社，1991.

56. 吴兆洪，秦仁昌.分类系统（蕨类植物门）的历史渊源[J].广西植物，1986（Z1）：63–78.

57. 吴征镒，孙航，周浙昆，等.中国植物区系中的特有性及其起源和分化[J].云南植物研究，2005（6）：577–601.

58. 吴征镒，孙航. 中国种子植物区系地理[M]. 北京：科学出版社，2011：52-54.

59. 吴征镒，周浙昆，李德铢，等. 世界种子植物科的分布区类型系统[J]. 云南植物研究，2003（3）：245-257.

60. 吴征镒，周浙昆，孙航，等. 种子植物分布区类型及其起源和进化[M]. 昆明：云南科技出版社，2006.

61. 伍光和，张可荣. 甘肃白水江国家级自然保护区综合科学考察报告[M]. 兰州：甘肃科学技术出版社，1997.

62. 萧采瑜. 中国蝽类昆虫鉴定手册：半翅目异翅亚目[M]. 北京：科学出版社，1977.

63. 萧采瑜，任树芝，郑乐怡，等. 中国蝽类昆虫鉴定手册：半翅目异翅亚目（二）[M]. 北京：中国科学出版社，1981.

64. 肖治术，李欣海，姜广顺. 红外相机技术在我国野生动物监测研究中的应用[J]. 生物多样性，2014，22（6）：683-684.

65. 肖治术. 红外相机技术促进我国自然保护区野生动物资源编目调查[J]. 兽类学报，2016，36（03）：270-271.

66. 杨洪升，李晓东，杨东红，等. 兴凯湖国家级自然保护区野生种子植物区系研究[J]. 中国野生植物资源，2021，40（5）：79-83.

67. 杨祝良. 中国真菌志：第二十七卷 鹅膏科[M]. 北京：科学出版社. 2005.

68. 冶晓燕，景雪梅，彭沛穰，等. 甘肃陇南尖山自然保护区常见毒蘑菇及其中毒类型[J]. 中国食用菌，2020，39（2）：11-14.

69. 叶鹏程，赵晓，陈慧，等. 江苏省灌南县陆生维管植物多样性及区系特征分析[J]. 中国野生植物资源，2021，40（6）：78-84.

70. 应建浙，卯晓岚，马启明，等. 中国药用真菌图鉴[M]. 北京：科学出版社. 1987.

71. 应建浙，臧穆. 西南大型经济真菌[M]. 北京：科学出版社. 1994.

72. 应建浙，赵继鼎，卯晓岚，等. 食用蘑菇[M]. 北京：科学出版社. 1982.

73. 俞佩玉. 中国经济昆虫志：第五十四册 鞘翅目 叶甲总科（二）[M]. 北京：科学出版社，1996.

74. 袁明生，孙佩琼. 中国蕈菌原色图集[M]. 成都：四川科学技术出版社. 2007.

75. 臧穆. 滇藏高等真菌的地理分布及其资源评价[J]. 云南植物研究，1980（2）：152-187.

76. 臧穆. 横断山区真菌[M]. 北京：科学出版社. 1996.

77. 臧穆. 我国东喜马拉雅及其邻区牛肝菌目的研究（续）[J]. 云南植物研究，1986（1）：1-22.

78. 臧穆. 我国东喜马拉雅及其邻区牛肝菌目的研究[J]. 云南植物研究，1985（4）：383-401.

79. 臧穆.中国真菌志：第二十二卷　牛肝菌科[M].北京：科学出版社.2006.

80. 张静，才文代吉，谢永萍，等.三江源国家公园种子植物区系特征分析[J].西北植物学报，2019，39（5）：935-947.

81. 张荣祖.中国动物地理[M].北京：科学出版社.2011

82. 张雅林，昆虫分类区系研究[M].北京：中国农业出版社，2000.

83. 章士美.昆虫的分布区系[J].江西农业大学学报.1986（S2）：5-13.

84. 章士美.中国经济昆虫志：第三十一册　半翅目（一）[M].北京：科学出版社，1985.

85. 章士美.中国经济昆虫志：第五十册　半翅目（二）[M].北京：科学出版社，1995.

86. 赵琪，张颖，袁理春，等.丽江市大型真菌资源及评价[J].西南农业学报，2006，19（6）：1151-1155.

87. 赵欣如.中国鸟类图鉴[M].北京：商务印书馆.2018.

88. 郑智，龚大洁，张乾，等.白水江自然保护区植物物种多样性的垂直格局：面积、气候、边界限制的解释[J].应用生态学报，2014，25（12）：3390-3398.

89. 中国科学院微生物研究所真菌组.毒蘑菇[M].北京：科学出版社.1975.

90. 中国科学院中国植物志编辑委员会.中国植物志　第一卷[M].北京：科学出版社，2004.

91. 中国科学院动物研究所.中国蛾类图鉴：Ⅰ[M].北京：科学出版社，1981.

92. 中国科学院动物研究所.中国蛾类图鉴：Ⅱ[M].北京：科学出版社，1982.

93. 中国科学院动物研究所.中国蛾类图鉴：Ⅲ[M].北京：科学出版社，1982.

94. 中国科学院动物研究所.中国蛾类图鉴：Ⅳ[M].北京：科学出版社，1983.

95. 祝应华，严建斌，林冒勇.中国植物区系特有现象研究进展[J].吉林农业，2011（11）：177-180.

附　录

附录一　植 物 名 录

序号	科名	属名	种名
1	拟复叉苔科	睫毛苔属	睫毛苔 *Blepharostoma trichophyllum* （L.） Dumort.
2	绒苔科	绒苔属	绒苔 *Trichocolea tomentella* （Ehrh.） Dumort.
3	指叶苔科	鞭苔属	二瓣鞭苔 *Bazzania bilobata* N. Kitag.
4	裂叶苔科	裂叶苔属	全缘裂叶苔 *Lophozia handelii* Herzog
5			皱叶裂叶苔 *Lophozia incisa* （Schrad.） Dumort.
6	合叶苔科	折叶苔属	钝瓣折叶苔 *Diplophyllum obtusifolium* （Hook.） Dumort.
7		合叶苔属	刺边合叶苔 *Scapania ciliata* Sande Lac.
8			褐色合叶苔 *Scapania ferruginea* （Lehm. & Lindenb.） Lehm. & Lindenb.
9			复疣合叶苔 *Scapania harea* Amak.
10			林地合叶苔 *Scapania nemorea* （L.） Grolle
11			合叶苔 *Scapania undulata* （L.） Dumort.
12	裂萼苔科	异萼苔属	圆叶异萼苔 *Heteroscyphus tener* （Steph.） Schiffn.
13	羽苔科	羽苔属	中华羽苔 *Plagiochila chinensis* Steph.
14			多齿羽苔 *Plagiochila perserrata* Herzog
15	扁萼苔科	扁萼苔属	中华扁萼苔 *Radula chinensis* Steph.
16		扁萼苔属	芽胞扁萼苔 *Radula lindenbergiana* Gottsche ex Hartm.
17	光萼苔科	光萼苔属	尖瓣光萼苔 *Porella acutifolia* （Lehm. & Lindenb.） Trevis.
18			心叶丛生光萼苔 *Porella acutifolia* var. *caespitans* （Steph.） Hatt.
19			密叶光萼苔 *Porella densifolia* （Steph.） S. Hatt.
20			细光萼苔 *Porella gracillima* Mitt.
21			钝叶光萼苔 *Porella obtusata* （Taylor） Trevis.
22			陕西卷叶光萼苔 *Porella revoluta* var. *propingua* （C. Massal.） S. Hatt.
23	耳叶苔科	耳叶苔属	缅甸耳叶苔 *Frullania berthoumieui* Steph.
24			达乌里耳叶苔 *Frullania davurica* Hampe
25			尼泊尔耳叶苔 *Frullania nepalensis* （Spreng.） Lehm. & Lindenb.

序号	科名	属名	种名
26	耳叶苔科	耳叶苔属	波叶耳叶苔 *Frullania eymae* S. Hatt.
27			喙瓣耳叶苔 *Frullania pedicellata* Steph.
28			多褶耳叶苔 *Frullania polyptera* Taylor
29			粗萼耳叶苔 *Frullania rhystocolea* Herzog ex Verd.
30			中华耳叶苔 *Frullania sinensis* Steph.
31	绿片苔科	片叶苔属	片叶苔 *Riccardia multifida* (L.) Gray
32	叉苔科	毛叉苔属	毛叉苔 *Apometzgeria pubescens* (Schrank) Kuwah.
33		叉苔属	平叉苔 *Metzgeria conjugata* Lindb.
34			狭尖叉苔 *Metzgeria consanguinea* Schiffn.
35			钩毛叉苔 *Metzgeria hamata* Lindb.
36	地钱科	地钱属	地钱 *Marchantia polymorpha* L.
37	泥炭藓科	泥炭藓属	广舌泥炭藓 *Sphagnum robustum* (Warnst.) Roell
38	曲尾藓科	曲柄藓属	黄曲柄藓 *Campylopus schmidii* Jaeger
39		青毛藓属	山地青毛藓 *Dicranodontium didictyon* (Mitt.) A. Jaeger
40		山毛藓属	山毛藓 *Oreas martiana* (Hoppe & Hornsch.) Brid.
41		合睫藓属	合睫藓 *Symblepharis vaginata* (Hook.) Wijk & Marg.
42	大帽藓科	大帽藓属	大帽藓 *Encalypta ciliata* Hedw.
43	丛藓科	小墙藓属	东亚小墙藓 *Weisiopsis anomala* (Broth. & Paris) Broth.
44	缩叶藓科	缩叶藓属	齿边缩叶藓 *Ptychomitrium dentatum* (Mitt.) A. Jaeger
45			多枝缩叶藓 *Ptychomitrium polyphylloides* (C. Muell.) Par.
46			狭叶缩叶藓 *Ptychomitrium linearifolium* Reimers & Sakurai
47	紫萼藓科	无尖藓属	黄无尖藓 *Dilutineuron anomodontoides* (Cardot) Bedn. –Ochyra, Sawicki, Ochyra, Szczecińska & Plášek
48		砂藓属	簇生砂藓 *Racomitrium aquaticum* (Brid. ex Schrad.) Brid.
49			长枝砂藓 *Racomitrium ericoides* (Hedw.) Brid.
50			多枝砂藓 *Racomitrium laetum* Besch. & Card.
51			小蒴砂藓 *Racomitrium microcarpon* (Hedw.) Brid.
52			阔叶砂藓 *Racomitrium nitidulum* Cardot
53		连轴藓属	溪岸连轴藓 *Schistidium rivulare* (Brid.) Podp.
54			长齿连轴藓 *Schistidium trichodon* (Brid.) Poelt
55	葫芦藓科	立碗藓属	红蒴立碗藓 *Physcomitrium eurystomum* Sendtn.
56	真藓科	真藓属	狭网真藓 *Bryum algovicum* Sendtn. ex Müll. Hal.
57			真藓 *Bryum argenteum* Hedw.
58			丛生真藓 *Bryum caespiticium* Hedw.
59			细叶真藓 *Bryum capillare* Hedw.
60			喀什真藓 *Bryum kashmirense* Broth.
61		平蒴藓属	平蒴藓 *Plagiobryum zieri* (Dicks. ex Hedw.) Lindb.

序号	科名	属名	种名
62	真藓科	丝瓜藓属	泛生丝瓜藓 *Pohlia cruda* Lindb.
63			丝瓜藓 *Pohlia elongata* Hedw.
64		大叶藓属	暖地大叶藓 *Rhodobryum giganteum* Paris
65			阔边大叶藓 *Rhodobryum laxelimbatum*（Hampe ex Ochi）Z. Iwats. & T. J. Kop.
66			狭边大叶藓 *Rhodobryum ontariense* Kindb.
67	提灯藓科	提灯藓属	提灯藓 *Mnium hornum* Hedw.
68			平肋提灯藓 *Mnium laevinerve* Cardot
69			具缘提灯藓 *Mnium marginatum* P. Beauv.
70			偏叶提灯藓 *Mnium thomsonii* Schimp.
71		匐灯藓属	皱叶匐灯藓 *Plagiomnium arbusculum* T. J. Kop.
72			日本匐灯藓 *Plagiomnium japonicum* T. J. Kop.
73			钝叶匐灯藓 *Plagiomnium rostratum* T. J. Kop.
74		毛灯藓属	圆叶毛灯藓 *Rhizomnium nudum* T. J. Kop.
75			小毛灯藓 *Rhizomnium parvulum* T. J. Kop.
76		疣灯藓属	疣灯藓 *Trachycystis microphylla* Lindb.
77			树形疣灯藓 *Trachycystis ussuriensis*（Maack & Regel）T. J. Kop.
78	珠藓科	珠藓属	亮叶珠藓 *Bartramia halleriana* Hedw.
79			梨蒴珠藓 *Bartramia pomiformis* Hedw.
80		泽藓属	球状泽藓 *Philonotis bartramioides*（Griff.）D. G. Griffin & W. R. Buck
81			泽藓 *Philonotis fontana* Brid.
82			直叶泽藓 *Philonotis marchica* Brid.
83	木灵藓科	直叶藓属	细枝直叶藓 *Macrocoma sullivantii* Grout
84		木灵藓属	毛帽木灵藓 *Orthotrichum dasymitrium* Lewinsky
85			中国木灵藓 *Orthotrichum hookeri* Wils. ex Mitt.
86			东亚木灵藓 *Orthotrichum ibukiense* Toyama
87	虎尾藓科	虎尾藓属	虎尾藓 *Hedwigia ciliata* Ehrh. ex P. Beauv.
88	隐蒴藓科	隐蒴藓	中华隐蒴藓 *Cryphaea sinensis* Bartr.
89		球蒴藓属	球蒴藓 *Hedwigia ciliata* Ehrh. ex P. Beauv.
90	白齿藓科	白齿藓属	中华白齿藓 *Leucodon sinensis* Thér.
91	扭叶藓科	扭叶藓属	扭叶藓 *Trachypus bicolor* Reinw. & Hornsch.
92	蕨藓科	小蔓藓属	小蔓藓 *Meteoriella soluta*（Mitt.）S. Okamura
93		滇蕨藓属	滇蕨藓 *Pseudopterobryum tenuicuspis* Broth.
94	蔓藓科	丝带藓属	四川丝带藓 *Floribundaria setschwanica* Broth.
95		粗蔓藓属	粗蔓藓 *Meteoriopsis squarrosa*（Hook.）M. Fleisch. ex Broth.
96		蔓藓属	川滇蔓藓 *Meteorium buchananii* Broth.
97			粗枝蔓藓 *Meteorium subpolytrichum* Broth.

续表

序号	科名	属名	种名
98	蔓藓科	新丝藓属	新丝藓 *Neodicladiella pendula* W. R. Buck
99	平藓科	树平藓属	小树平藓 *Homaliodendron exiguum* （Bosch & Sande Lac.） M. Fleisch.
100			西南树平藓 *Homaliodendron montagneanum* （Müll. Hal.） M. Fleisch.
101		平藓属	阔叶平藓 *Neckera borealis* Nog.
102			平藓 *Neckera pennata* Hedw.
103			短齿平藓 *Neckera yezozna* Besch.
104		拟平藓属	东亚拟平藓 *Neckeropsis calcicola* Nog.
105		木藓属	木藓 *Thamnobryum alopecurum* （Hedw.） Nieuwl. ex Gangulee
106	万年藓科	万年藓属	万年藓 *Climacium dendroides* F. Weber & Mohr
107	孔雀藓科	孔雀藓属	黄边孔雀藓 *Hypopterygium flavo-limbatum* C. Muell.
108	薄罗藓科	细枝藓属	中华细枝藓 *Lindbergia sinensis* （Müll. Hal.） Broth.
109	薄罗藓科	拟草藓属	拟草藓 *Pseudoleskeopsis zippelii* （Dozy & Molk.） Broth.
110	牛舌藓科	牛舌藓属	小牛舌藓 *Anomodon minor* Lindb.
111			牛舌藓 *Anomodon viticulosus* （Hedw.） Hook. & Taylor
112		多枝藓属	台湾多枝藓 *Haplohymenium formosanum* Nog.
113		羊角藓属	羊角藓 *Herpetineuron toccoae* （Sull. & Lesq.） Cardot
114	羽藓科	锦丝藓属	锦丝藓 *Actinothuidium hookeri* （Mitt.） Broth.
115		细羽藓属	多毛细羽藓 *Cyrtohypnum vestitissimum* （Besch.） W. R. Buck & Crum
116		羽藓属	大羽藓 *Thuidium cymbifolium* （Dozy & Molk.） Dozy & Molk.
117		羽藓属	短肋羽藓 *Thuidium kanedae* Sakurai
118			羽藓 *Thuidium tamariscinum* （Hedw.） B. S. G.
119	柳叶藓科	三洋藓属	三洋藓 *Sanionia uncinata* （Hedw.） Loeske
120	青藓科	青藓属	灰白青藓 *Brachythecium albicans* （Hedw.） Schimp.
121			密枝青藓 *Brachythecium amnicolum* C. Muell.
122			勃氏青藓 *Brachythecium brotheri* Paris
123			斜枝青藓 *Brachythecium campylothallum* Müll. Hal.
124			尖叶青藓 *Brachythecium coreanum* Cardot
125			石地青藓 *Brachythecium glareosum* （Bruch ex Spruce） Schimp.
126			悬垂青藓 *Brachythecium pendulum* Takaki
127			扁枝青藓 *Brachythecium planiusculum* Müll. Hal.
128			长肋青藓 *Brachythecium populeum* （Hedw.） Schimp.
129		燕尾藓属	燕尾藓 *Bryhnia novae-angliae* （Sull. & Lesq.） Grout
130		斜蒴藓属	斜蒴藓 *Camptothecium lutescens* （Hedw.） Schimp.
131		毛尖藓属	匙叶毛尖藓 *Cirriphyllum cirrosum* （Schwägr.） Grout
132			毛尖藓 *Cirriphyllum piliferum* （Hedw.） Grout
133		美喙藓属	短尖美喙藓 *Eurhynchium angustirete* （Broth.） T. J. Kop.
134			狭叶美喙藓 *Eurhynchium coarctum* Müll. Hal.

序号	科名	属名	种名
135	青藓科	美喙藓属	尖叶美喙藓 *Eurhynchium eustegium* (Besch.) Dixon
136			羽枝美喙藓 *Eurhynchium longirameum* (Müll. Hal.) Y. F. Wang & R. L. Hu
137			糙叶美喙藓 *Eurhynchium squarrifolium* Broth. ex Ihsiba
138		同蒴藓属	无疣同蒴藓 *Homalothecium laevisetum* Sande Lac.
139		鼠尾藓属	鼠尾藓 *Myuroclada maximowiczii* (G. G. Borshch.) Steere & W. B. Schofield
140		长喙藓属	水生长喙藓 *Rhynchostegium riparioides* (Hedw.) Card.
141	绢藓科	绢藓属	厚角绢藓 *Entodon concinnus* (De Not.) Paris
142			长帽绢藓 *Entodon dolichocuculatus* Okamua
143			钝叶绢藓 *Entodon obtusatus* Broth.
144		赤齿藓属	穗枝赤齿藓 *Erythrodontium julaceum* (Schwägr.) Paris
145	棉藓科	棉藓属	棉藓 *Plagiothecium denticulatum* (Hedw.) Schimp.
146			扁平棉藓 *Plagiothecium neckeroideum* Schimp.
147			垂蒴棉藓 *Plagiothecium nemorale* (Mitt.) A. Jaeger
148	锦藓科	丝灰藓属	丝灰藓 *Giraldiella levieri* C.Muell.
149		毛锦藓属	弯叶毛锦藓 *Pylaisiadelpha tenuirostris* (Bruch & Schimp. ex Sull.) W. R. Buck
150			短叶毛锦藓 *Pylaisiadelpha yokohamae* (Broth.) W. R. Buck
151		刺枝藓属	弯叶刺枝藓 *Wijkia deflexifolia* Crum
152	灰藓科	梳藓属	麻齿梳藓 *Ctenidium malacobolum* (Müll. Hal.) Broth.
153		粗枝藓属	皱叶粗枝藓 *Gollania ruginosa* (Mitt.) Broth.
154		毛灰藓属	东亚毛灰藓 *Homomallium connexum* (Cardot) Broth.
155		灰藓属	钙生灰藓 *Hypnum calcicolum* Ando
156			密枝灰藓 *Hypnum densirameum* Ando
157			弯叶灰藓 *Hypnum hamulosum* Schimp.
158			强弯温带灰藓 *Hypnum subimponens* subsp. *ulophyllum* (Müll. Hal.) Ando
159	塔藓科	星塔藓属	喜马拉雅星塔藓 *Hylocomiastrum himalayanum* (Mitt.) Broth.
160		塔藓属	塔藓 *Hylocomium splendens* (Hedw.) Schimp.
161		新船叶藓	新船叶藓 *Neodolichomitra yunnanensis* (Besch.) T. J. Kop.
162		拟垂枝藓属	拟垂枝藓 *Rhytidiadelphus squarrosus* (Hedw.) Warnst.
163			大拟垂枝藓 *Rhytidiadelphus triquetrus* (Hedw.) Warnst.
164		垂枝藓属	垂枝藓 *Rhytidium rugosum* (Hedw.) Kindb.
165	烟杆藓科	烟杆藓属	筒蒴烟杆藓 *Buxbaumia minakatae* S. Okamura
166	金发藓科	小金发藓属	扭叶小金发藓 *Pogonatum contortum* (Brid.) Lesq.
167			半栉小金发藓 *Pogonatum subfuscatum* Broth.
168			疣小金发藓 *Pogonatum urnigerum* (Hedw.) P. Beauv.

序号	科名	属名	种名
169	石松科	石松属	多穗石松 *Lycopodium annotinum* L.
170	卷柏科	卷柏属	兖州卷柏 *Selaginella involvens*（Sw.）Spring
171			细叶卷柏 *Selaginella labordei* Hieron. ex Christ
172			江南卷柏 *Selaginella moellendorffii* Hieron.
173			垫状卷柏 *Selaginella pulvinata*（Hook. et Grev.）Maxim.
174			红枝卷柏 *Selaginella sanguinolenta*（L.）Spring
175			鞘叶卷柏 *Selaginella vaginata* Spring
176			苍山卷柏 *Selaginella vardei* H. Lévl.
177	木贼科	木贼属	笔管草 *Equisetum ramosissimum* subsp. *debile*（Roxb. ex Vauch.）Hauke
178	阴地蕨科	阴地蕨属	扇羽阴地蕨 *Botrychium lunaria*（L.）Sw.
179			蕨萁 *Botrychium virginianum*（L.）Sw.
180	紫萁科	紫萁属	绒紫萁 *Claytosmunda claytoniana*（L.）Metzgar & Rouhan
181			紫萁 *Osmunda japonica* Thunb.
182	膜蕨科	蕗蕨属	细叶蕗蕨 *Mecodium poiyanthos*（Sw.）Cop.
183	凤尾蕨科	金粉蕨属	野雉尾金粉蕨 *Onychium japonicum*（Thunb.）Kze.
184		凤尾蕨属	蜈蚣凤尾蕨 *Pteris vittata* L.
185	中国蕨科	粉背蕨属	阔盖粉背蕨 *Aleuritopteris grisea*（Blanford）Panigrahi
186			雪白粉背蕨 *Aleuritopteris niphobola*（C. Chr.）Ching
187			无粉粉背蕨 *Aleuritopteris shensiensis* Ching
188		珠蕨属	陕西珠蕨 *Cryptogramma shensiensis* Ching
189		旱蕨属	西南旱蕨 *Cheilanthes smithii*（C. Christensen）R. M. Tryon
190	铁线蕨科	铁线蕨属	铁线蕨 *Adiantum capillus-veneris* L.
191			白背铁线蕨 *Adiantum davidii* Franch.
192			掌叶铁线蕨 *Adiantum pedatum* L.
193	裸子蕨科	凤丫蕨属	普通凤丫蕨 *Coniogramme intermedia* Hieron.
194	书带蕨科	肖书带蕨属	书带蕨 *Haplopteris flexuosa*（Fée）E. H. Crane
195	蹄盖蕨科	短肠蕨属	鳞柄短肠蕨 *Allantodia squamigera*（Mett.）Ching
196		蹄盖蕨属	宿蹄盖蕨 *Athyrium anisopterum* Christ
197			剑叶蹄盖蕨 *Athyrium attenuatum*（Clarke）Tagawa
198			中华蹄盖蕨 *Athyrium sinense* Rupr.
199			尖头蹄盖蕨 *Athyrium vidalii*（Franch. et Sav.）Nakai
200		冷蕨属	膜叶冷蕨 *Cystopteris pellucida*（Franch.）Ching ex C. Chr.
201		蛾眉蕨属	康县蛾眉蕨 *Lunathyrium kanghsienense* Ching et Y. P. Hsu
202		蛾眉蕨属	河北蛾眉蕨 *Lunathyrium vegetius*（Kitagawa）Ching
203		假冷蕨属	大叶假冷蕨 *Pseudocystopteris atkinsonii*（Bedd.）Ching
204			假冷蕨 *Pseudocystopteris spinulosa*（Maxim.）Ching
205			三角叶假冷蕨 *Pseudocystopteris subtriangularis*（Hook.）Ching

序号	科名	属名	种名
206	金星蕨科	金星蕨属	长根金星蕨 *Parathelypteris beddomei* （Bak.） Ching
207		卵果蕨属	卵果蕨 *Phegopteris connectilis* （Michaux） Watt
208			延羽卵果蕨 *Phegopteris decursive-pinnata* （H. C. Hall） Fée
209		紫柄蕨属	星毛紫柄蕨 *Pseudophegopteris levingei* （Clarke） Ching
210	铁角蕨科	铁角蕨属	北京铁角蕨 *Asplenium pekinense* Hance
211			华中铁角蕨 *Asplenium sarelii* Hook.
212			细茎铁角蕨 *Asplenium tenuicaule* Hayata
213			半边铁角蕨 *Asplenium unilaterale* Lam.
214	荚果蕨科	荚果蕨属	荚果蕨 *Matteuccia struthiopteris* （L.） Todaro
215	岩蕨科	岩蕨属	耳羽岩蕨 *Woodsia polystichoides* Eaton
216	鳞毛蕨科	贯众属	刺齿贯众 *Cyrtomium caryotideum* （Wall. ex Hook. & Grev.） C. Presl
217			小羽贯众 *Cyrtomium lonchitoides* （Christ） Christ
218		鳞毛蕨属	尖齿鳞毛蕨 *Dryopteris acutodentata* Ching
219			硬果鳞毛蕨 *Dryopteris fructuosa* （Christ） C. Chr.
220			华北鳞毛蕨 *Dryopteris goeringiana* （Kunze） Koidz.
221			半岛鳞毛蕨 *Dryopteris peninsulae* Kitag.
222			豫陕鳞毛蕨 *Dryopteris pulcherrima* Ching
223			纤维鳞毛蕨 *Dryopteris sinofibrillosa* Ching
224			狭鳞鳞毛蕨 *Dryopteris stenolepis* （Bak.） C. Chr.
225		耳蕨属	同形鳞毛蕨 *Dryopteris uniformis* （Makino） Makino
226			喜马拉雅耳蕨 *Polystichum garhwalicum* Nair & K. Nag.
227			黑鳞耳蕨 *Polystichum makinoi* （Tagawa） Tagawa
228			革叶耳蕨 *Polystichum neolobatum* Nakai
229			中华耳蕨 *Polystichum sinense* Christ
230			密鳞耳蕨 *Polystichum squarrosum* （Don） Fee
231			狭叶芽胞耳蕨 *Polystichum stenophyllum* Christ
232			秦岭耳蕨 *Polystichum submite* （Christ） Diels
233			尾叶耳蕨 *Polystichum thomsonii* （Hook. f.） Bedd.
234			对马耳蕨 *Polystichum tsus-simense* （Hook.） J. Sm.
235	水龙骨科	丝带蕨属	丝带蕨 *Lepisorus miyoshianus* （Makino） Fraser-Jenkins & Subh. Chandra
236		槲蕨属	秦岭槲蕨 *Drynaria baronii* Diels
237		骨牌蕨属	川滇槲蕨 *Drynaria delavayi* Christ
238			抱石莲 *Lemmaphyllum drymoglossoides* （Baker） Ching
239			梨叶骨牌蕨 *Lemmaphyllum rostratum* （Beddome） Tagawa
240		瓦韦属	狭叶瓦韦 *Lepisorus angustus* Ching
241			二色瓦韦 *Lepisorus bicolor* Ching
242			扭瓦韦 *Lepisorus contortus* （Christ） Ching

序号	科名	属名	种名
243	水龙骨科	瓦韦属	有边瓦韦 *Lepisorus marginatus* Ching
244			白边瓦韦 *Lepisorus morrisonensis* (Hayata) H. Ito
245			长瓦韦 *Lepisorus pseudonudus* Ching
246		假瘤蕨属	交连假瘤蕨 *Selliguea conjuncta* (Ching) S. G. Lu
247			金鸡脚假瘤蕨 *Selliguea hastata* (Thunberg) Fraser-Jenkins
248			陕西假瘤蕨 *Selliguea senanensis* (Maxim.) S. G. Lu
249		水龙骨属	中华水龙骨 *Polypodium chinensis* (Christ) S. G. Lu
250		石韦属	石蕨 *Pyrrosia angustissima* (Giesenh. ex Diels) C. M. Kuo
251			华北石韦 *Pyrrosia davidii* (Baker) Ching
252			毡毛石韦 *Pyrrosia drakeana* (Franch.) Ching
253			西南石韦 *Pyrrosia gralla* (Gies.) Ching
254			石韦 *Pyrrosia lingua* (Thunb.) Farwell
255			有柄石韦 *Pyrrosia petiolosa* (Christ) Ching
256	剑蕨科	剑蕨属	匙叶剑蕨 *Loxogramme grammitoides* (Baker) C. Chr.
257	银杏科	银杏属	银杏 *Ginkgo biloba* L.
258	松科	冷杉属	秦岭冷杉 *Abies chensiensis* Tiegh.
259			岷江冷杉 *Abies fargesii* var. *faxoniana* (Rehder & E. H. Wilson) Tang S. Liu
260		落叶松属	红杉 *Larix potaninii* Batalin
261			华北落叶松 *Larix gmelinii* var. *principis-rupprechtii* (Mayr) Pilger
262		松属	华山松 *Pinus armandii* Franch.
263			油松 *Pinus tabuliformis* Carriere
264		云杉属	云杉 *Picea asperata* Mast.
265			麦吊云杉 *Picea brachytyla* (Franch.) Pritz.
266			青杆 *Picea wilsonii* Mast.
267	杉科	杉木属	杉木 *Cunninghamia lanceolata* (Lamb.) Hook.
268	柏科	柏木属	千香柏 *Cupressus duclouxiana* Hickel
269		柏木属	柏木 *Cupressus funebris* Endl.
270		刺柏属	圆柏 *Juniperus chinensis* L.
271			刺柏 *Juniperus formosana* Hayata
272			高山柏 *Juniperus squamata* Buchanan-Hamilton ex D. Don
273		侧柏属	侧柏 *Platycladus orientalis* (L.) Franco
274	三尖杉科	三尖杉属	三尖杉 *Cephalotaxus fortunei* Hooker
275			粗榧 *Cephalotaxus sinensis* (Rehder et E. H. Wilson) H. L. Li
276	红豆杉科	穗花杉属	穗花杉 *Amentotaxus argotaenia* (Hance) Pilger
277		红豆杉属	红豆杉 *Taxus chinensis* (Pilger) Rehd.
278			南方红豆杉 *Taxus wallichiana* var. *mairei* (Lemee & H. Léveillé) L. K. Fu & Nan Li

序号	科名	属名	种名
279	三白草科	蕺菜属	蕺菜 *Houttuynia cordata* Thunb.
280	胡椒科	草胡椒属	豆瓣绿 *Peperomia tetraphylla*（G. Forst.）Hook. & Arn.
281	金粟兰科	金粟兰属	湖北金粟兰 *Chloranthus henryi* var. *hupehensis*（Pamp.）K. F. Wu
282			多穗金粟兰 *Chloranthus multistachys* Pei
283	杨柳科	杨属	山杨 *Populus davidiana* Dode
284			箭杆杨 *Populus nigra* var. *thevestina*（Dode）Bean
285			冬瓜杨 *Populus purdomii* Rehd.
286			小叶杨 *Populus simonii* Carr.
287			川杨 *Populus szechuanica* Schneid.
288			毛白杨 *Populus tomentosa* Carr.
289		柳属	垂柳 *Salix babylonica* L.
290			碧口柳 *Salix bikouensis* Y. L. Chou
291			中华柳 *Salix cathayana* Diels
292			乌柳 *Salix cheilophila* Schneid.
293			杯腺柳 *Salix cupularis* Rehd.
294			川鄂柳 *Salix fargesii* Burk.
295			甘肃柳 *Salix fargesii* var. *kansuensis*（Hao）N. Chao
296			丝毛柳 *Salix luctuosa* Lévl.
297			旱柳 *Salix matsudana* Koidz.
298			兴山柳 *Salix mictotricha* Schneid.
299			山生柳 *Salix oritrepha* Schneid.
300			川滇柳 *Salix rehderiana* Schneid.
301			中国黄花柳 *Salix sinica*（K. S. Hao ex C. F. Fang & A. K. Skvortsov）G. H. Zhu
302			匙叶柳 *Salix spathulifolia* Seemen ex Diels
303			周至柳 *Salix tangii* Hao
304			细叶周至柳 *Salix tangii* var. *angustifolia* C.Y.Yu
305			秋华柳 *Salix variegata* Franch.
306			皂柳 *Salix wallichiana* Anderss.
307	胡桃科	胡桃属	野核桃 *Juglans mandshurica* Maxim.
308			胡桃 *Juglans regia* L.
309		化香树属	化香树 *Platycarya strobilacea* Sieb. & Zucc.
310		枫杨属	甘肃枫杨 *Pterocarya macroptera* Batal.
311			华西枫杨 *Pterocarya macroptera* var. *insignis*（Rehder & E. H. Wilson）W. E. Manning
312	桦木科	桦木属	红桦 *Betula albosinensis* Burkill
313			白桦 *Betula platyphylla* Suk.
314			糙皮桦 *Betula utilis* D. Don

序号	科名	属名	种名
315	桦木科	鹅耳枥属	千金榆 *Carpinus cordata* Bl.
316			毛叶千金榆 *Carpinus cordata* var. *mollis* （Rehd.）Cheng ex Chun
317			鹅耳枥 *Carpinus turczaninowii* Hance
318		榛属	华榛 *Corylus chinensis* Franch.
319			披针叶榛 *Corylus fargesii* Schneid.
320			藏刺榛 *Corylus ferox* var. *tibetica* （Batal.）Franch.
321			榛 *Corylus heterophylla* Fisch. ex Trautv.
322			川榛 *Corylus heterophylla* var. *sutchuenensi* Franch.
323			毛榛 *Corylus mandshurica* Maxim.
324		虎榛子属	虎榛子 *Ostryopsis davidiana* Decaisne
325			滇虎榛 *Ostryopsis nobilis* I. B. Balfour & W. W. Smith
326	壳斗科	栗属	栗 *Castanea mollissima* Blume
327		水青冈属	米心水青冈 *Fagus engleriana* Seem.
328		栎属	岩栎 *Quercus acrodonta* Seem.
329			槲栎 *Quercus aliena* Blume
330			锐齿槲栎 *Quercus aliena* var. *acutiserrata* Maxim. ex Wenz.
331			橿子栎 *Quercus baronii* Skan
332			匙叶栎 *Quercus dolicholepis* A. Camus
333			辽东栎 *Quercus mongolica* Fischer ex Ledebour
334			尖叶栎 *Quercus oxyphylla* （E. H. Wilson）Hand.–Mazz.
335			枹栎 *Quercus serrata* Murray
336			刺叶高山栎 *Quercus spinosa* David ex Franchet
337			栓皮栎 *Quercus variabilis* Blume
338	榆科	朴属	紫弹朴 *Celtis biondii* Pamp.
339			黑弹树 *Celtis bungeana* Bl.
340		青檀属	青檀 *Pteroceltis tatarinowii* Maxim.
341		榆属	榆树 *Ulmus pumila* L.
342		榉属	大叶榉树 *Zelkova schneideriana* Hand.–Mazz.
343	杜仲科	杜仲属	杜仲 *Eucommia ulmoides* Oliver
344	桑科	大麻属	大麻 *Cannabis sativa* L.
345		榕属	异叶榕 *Ficus heteromorpha* Hemsl.
346			爬藤榕 *Ficus sarmentosa* var. *impressa* （Champ.）Corner
347		葎草属	葎草 *Humulus scandens* （Lour.）Merr.
348		柘属	构棘 *Maclura cochinchinensis* （Loureiro）Corner
349			柘 *Maclura tricuspidata* Carriere
350		桑属	鸡桑 *Morus australis* Poir.
351			华桑 *Morus cathayana* Hemsl.

序号	科名	属名	种名
352	荨麻科	苎麻属	薮苎麻 *Boehmeria japonica* (L. f.) Miq.
353			赤麻 *Boehmeria silvestrii* (Pamp.) W. T. Wang
354			细野麻 *Boehmeria spicata* (Thunb.) Thunb.
355		水麻属	长叶水麻 *Debregeasia longifolia* (Burm. F.) Wedd.
356			水麻 *Debregeasia orientalis* C. J. Chen
357		楼梯草属	楼梯草 *Elatostema involucratum* Franch. et Sav.
358			钝叶楼梯草 *Elatostema obtusum* Wedd.
359		艾麻属	珠芽艾麻 *Laportea bulbifera* (Sieb. et Zucc.) Wedd.
360		冷水花属	山冷水花 *Pilea japonica* (Maxim.) Hand.–Mazz.
361			大叶冷水花 *Pilea martini* (H. Léveillé) Hand.–Mazz.
362			冷水花 *Pilea notata* C. H. Wright
363			透茎冷水花 *Pilea pumila* (L.) A. Gray
364			钝尖冷水花 *Pilea pumila* var. *obtusifolia* C. J. Chen
365		荨麻属	甘肃异株荨麻 *Urtica dioica* subsp. *gansuensis* C. J. Chen
366			荨麻 *Urtica fissa* E. Pritz.
367			宽叶荨麻 *Urtica laetevirens* Maxim.
368	檀香科	米面蓊属	秦岭米面蓊 *Buckleya graebneriana* Diels
369			米面蓊 *Buckleya lanceolata* (Sieb. et Zucc.) Miq.
370		槲寄生属	槲寄生 *Viscum coloratum* (Kom.) Nakai
371	马兜铃科	马兜铃属	异叶马兜铃 *Aristolochia heterophylla* Hemsl.
372		细辛属	单叶细辛 *Asarum himalaicum* Hook. f. & Thoms. ex Klotzsch.
373	蓼科	金线草属	短毛金线草 *Antenoron filiforme* var. *neofiliforme* (Nakai) A. J. Li
374		荞麦属	疏穗野荞麦 *Fagopyrum caudatum* (Sam.) A. J. Li
375			荞麦 *Fagopyrum esculentum* Moench
376			细柄野荞麦 *Fagopyrum gracilipes* (Hemsl.) Damm. ex Diels
377			苦荞麦 *Fagopyrum tataricum* (L.) Gaertn.
378		何首乌属	何首乌 *Fallopia multiflora* (Thunb.) Harald.
379		蓼属	萹蓄 *Polygonum aviculare* L.
380			蓝药蓼 *Polygonum cyanandrum* Diels
381			冰川蓼 *Polygonum glaciale* (Meisn.) Hook. f.
382			水蓼 *Polygonum hydropiper* L.
383			酸模叶蓼 *Polygonum lapathifolium* (L.) Delarbre
384			绵毛酸模叶蓼 *Polygonum lapathifolium* var. *salicifolium* (Sibth.) Miyabe
385			长鬃蓼 *Polygonum longisetum* Bruijn
386			圆穗蓼 *Polygonum macrophyllum* D. Don
387			小蓼花 *Polygonum muricatum* Meisn.
388			尼泊尔蓼 *Polygonum nepalense* Meisn.

续表

序号	科名	属名	种名
389	蓼科	蓼属	红蓼 *Polygonum orientale* L.
390			丛枝蓼 *Polygonum posumbu* Buch.–Ham. ex D. Don
391			赤胫散 *Polygonum runcinatum* var. *sinense* Hemsl.
392			支柱蓼 *Polygonum suffultum* Maxim.
393			戟叶蓼 *Polygonum thunbergii* Sieb. & Zucc.
394			珠芽蓼 *Polygonum viviparum* L.
395		翼蓼属	翼蓼 *Pteroxygonum giraldii* Damm. & Diels
396		大黄属	心叶大黄 *Rheum acuminatum* Hook. f. & Thoms. ex Hook.
397			掌叶大黄 *Rheum palmatum* L.
398		酸模属	皱叶酸模 *Rumex crispus* L.
399			齿果酸模 *Rumex dentatus* L.
400			尼泊尔酸模 *Rumex nepalensis* Spreng.
401			巴天酸模 *Rumex patientia* L.
402		藜属	藜 *Chenopodium album* L.
403			灰绿藜 *Chenopodium glaucum* L.
404		猪毛菜属	猪毛菜 *Salsola collina* Pall.
405	苋科	牛膝属	牛膝 *Achyranthes bidentata* Blume
406		苋属	繁穗苋 *Amaranthus cruentus* L.
407			腋花苋 *Amaranthus roxburghianus* Kung
408	商陆科	商陆属	垂序商陆 *Phytolacca americana* L.
409			多雄蕊商陆 *Phytolacca polyandra* Batalin
410	马齿苋科	马齿苋属	马齿苋 *Portulaca oleracea* L.
411	石竹科	无心菜属	无心菜 *Arenaria serpyllifolia* L.
412		卷耳属	卷耳 *Cerastium arvense* L.
413			披针叶卷耳 *Cerastium falcatum* Bge.
414			簇生卷耳 *Cerastium fontanum* subsp. *vulgare* （Hartman） Greuter & Burdet
415		狗筋蔓属	狗筋蔓 *Cucubalus baccifera* （L.） Roth
416		石竹属	石竹 *Dianthus chinensis* L.
417		鹅肠菜属	鹅肠菜 *Myosoton aquaticum* （L.） Moench
418		孩儿参属	异花孩儿参 *Pseudostellaria heterantha* （Maxim.） Pax
419			须弥孩儿参 *Pseudostellaria himalaica* （Franch.） Pax
420		漆姑草属	漆姑草 *Sagina japonica* （Sw.） Ohwi
421		蝇子草属	女娄菜 *Silene aprica* Turcx. ex Fisch. & Mey.
422			长冠女娄菜 *Silene aprica* var. *oldhamiana* （Miq.） C. Y. Wu
423			麦瓶草 *Silene conoidea* L.
424			蝇子草 *Silene gallica* L.
425			喜马拉雅蝇子草 *Silene himalayensis* （Rohrb.） Majumdar

序号	科名	属名	种名
426	石竹科	蝇子草属	湖北蝇子草 *Silene hupehensis* C. L. Tang
427			石生蝇子草 *Silene tatarinowii* Regel
428		繁缕属	贺兰山繁缕 *Stellaria alaschanica* Y. Z. Zhao
429			禾叶繁缕 *Stellaria graminea* L.
430			繁缕 *Stellaria media*（L.）Villars
431			沼生繁缕 *Stellaria palustris* Retzius
432			柳叶繁缕 *Stellaria salicifolia* Y. W. Tsui ex P. Ke
433			箐姑草 *Stellaria vestita* Kurz.
434			巫山繁缕 *Stellaria wushanensis* F. N. Williams
435		王不留行属	麦蓝菜 *Vaccaria hispanica*（Miller）Rauschert
436	昆栏树科	领春木属	领春木 *Euptelea pleiosperma* J. D. Hooker & Thomson
437	连香树科	连香树属	连香树 *Cercidiphyllum japonicum* Sieb. & Zucc.
438	毛茛科	乌头属	乌头 *Aconitum carmichaelii* Debeaux
439			毛叶乌头 *Aconitum carmichaelii* var. *pubescens* W. T. Wang & P. K. Hsiao
440			川鄂乌头 *Aconitum henryi* Pritz.
441			花葶乌头 *Aconitum scaposum* Franch.
442			高乌头 *Aconitum sinomontanum* Nakai
443		类叶升麻属	类叶升麻 *Actaea asiatica* Hara
444		侧金盏花属	短柱侧金盏花 *Adonis davidii* Franch.
445			蜀侧金盏花 *Adonis sutchuenensis* Franch.
446		银莲花属	毛果银莲花 *Anemone baicalensis* Turcz.
447			甘肃银莲花 *Anemone baicalensis* var. *kansuensis*（W. T. Wang）W.T.Wang
448			宽叶展毛银莲花 *Anemone demissa* var. *major* W. T. Wang
449			小银莲花 *Anemone exigua* Maxim.
450			打破碗花花 *Anemone hupehensis* Lem.
451			草玉梅 *Anemone rivularis* Buch.–Ham.
452			小花草玉梅 *Anemone rivularis* var. *flore–minore* Maxim.
453			岷山银莲花 *Anemone rockii* Ulbr.
454			大火草 *Anemone tomentosa*（Maxim.）Pei
455		耧斗菜属	无距耧斗菜 *Aquilegia ecalcarata* Maxim.
456			甘肃耧斗菜 *Aquilegia oxysepala* var. *kansuensis* Bruhl
457			华北耧斗菜 *Aquilegia yabeana* Kitag.
458		星果草属	星果草 *Asteropyrum peltatum*（Franch.）Drumm. ex Hutch.
459		铁破锣属	铁破锣 *Beesia calthifolia*（Maxim.）Ulbr.
460		驴蹄草属	驴蹄草 *Caltha palustris* L.
461			空茎驴蹄草 *Caltha palustris* var. *barthei* Hance
462		升麻属	升麻 *Cimicifuga foetida* L.

续表

序号	科名	属名	种名
463	毛茛科	升麻属	小升麻 *Cimicifuga japonica* (Thunb.) Sprengel
464		铁线莲属	钝齿铁线莲 *Clematis apiifolia* var. *argentilucida* (H. Léveillé & Vaniot) W. T. Wang
465			甘南铁线莲 *Clematis austrogansuensis* W. T. Wang
466			毛花铁线莲 *Clematis dasyandra* Maxim.
467			小蓑衣藤 *Clematis gouriana* Roxb. ex DC.
468			薄叶铁线莲 *Clematis gracilifolia* Rehd. & Wils.
469			粗齿铁线莲 *Clematis grandidentata* (Rehd. & Wils.) W. T. Wang
470			毛蕊铁线莲 *Clematis lasiandra* Maxim.
471			绣球藤 *Clematis montana* Buch.–Ham. ex DC.
472			秦岭铁线莲 *Clematis obscura* Maxim.
473			钝萼铁线莲 *Clematis peterae* Hand.–Mazz.
474			毛果铁线莲 *Clematis peterae* var. *trichocarpa* W. T. Wang
475			须蕊铁线莲 *Clematis pogonandra* Maxim.
476			柱果铁线莲 *Clematis uncinata* Champ.
477		翠雀属	还亮草 *Delphinium anthriscifolium* Hance
478			秦岭翠雀花 *Delphinium giraldii* Diels.
479			多枝翠雀花 *Delphinium maximowiczii* Franch.
480			黑水翠雀花 *Delphinium potaninii* Huth
481			拟蓝翠雀花 *Delphinium pseudocaeruleum* W. T. Wang
482			松潘翠雀花 *Delphinium sutchuenense* Franch.
483		人字果属	纵肋人字果 *Dichocarpum fargesii* (Franch.) W. T. Wang & Hsiao
484		铁筷子属	铁筷子 *Helleborus thibetanus* Franch.
485		独叶草属	独叶草 *Kingdonia uniflora* Balf. f. & W. W. Sm
486		毛茛属	茴茴蒜 *Ranunculus chinensis* Bunge
487			康定毛茛 *Ranunculus dielsianus* Ulbr.
488			毛茛 *Ranunculus japonicus* Thunb.
489			褐鞘毛茛 *Ranunculus sinovaginatus* W. T. Wang
490			高原毛茛 *Ranunculus tanguticus* (Maxim.) Ovcz.
491		黄三七属	黄三七 *Souliea vaginata* (Maxim.) Franch.
492		唐松草属	直梗高山唐松草 *Thalictrum alpinum* var. *elatum* Ulbr.
493			西南唐松草 *Thalictrum fargesii* Franch. ex Finet & Gagn.
494			爪哇唐松草 *Thalictrum javanicum* Bl.
495			长喙唐松草 *Thalictrum macrorhynchum* Franch.
496			亚欧唐松草 *Thalictrum minus* L.
497			东亚唐松草 *Thalictrum minus* var. *hypoleucum* (Sieb. & Zucc.) Miq.
498			粗壮唐松草 *Thalictrum robustum* Maxim.

序号	科名	属名	种名
499	毛茛科	金莲花属	矮金莲花 *Trollius farreri* Stapf
500			毛茛状金莲花 *Trollius ranunculoides* Hemsl.
501	星叶草科	星叶草属	星叶草 *Circaeaster agrestis* Maxim.
502	芍药科	芍药属	美丽芍药 *Paeonia mairei* Lévl.
503			川赤芍 *Paeonia veitchii* Lynch
504	木通科	木通属	木通 *Akebia quinata* (Houtt.) Decne.
505		猫儿屎属	猫儿屎 *Decaisnea insignis* (Griff.) Hook. f. & Thoms.
506		八月瓜属	八月瓜藤 *Holboellia angustifolia* Wall.
507		大血藤属	大血藤 *Sargentodoxa cuneata* (Oliv.) Rehd. & Wils.
508		串果藤属	串果藤 *Sinofranchetia chinensis* (Franch.) Hemsl.
509	小檗科	小檗属	堆花小檗 *Berberis aggregata* Schneid.
510			黄芦木 *Berberis amurensis* Rupr.
511			秦岭小檗 *Berberis circumserrata* (Schneid.) Schneid.
512			直穗小檗 *Berberis dasystachya* Maxim.
513			置疑小檗 *Berberis dubia* Schneid.
514			大黄檗 *Berberis francisci-ferdinandi* Schneid.
515			川鄂小檗 *Berberis henryana* Schneid.
516			豪猪刺 *Berberis julianae* Schneid.
517			甘肃小檗 *Berberis kansuensis* Schneid.
518			刺黄花 *Berberis polyantha* Hemsl.
519			疣枝小檗 *Berberis verruculosa* Hemsl. & Wils.
520			金花小檗 *Berberis wilsoniae* Hemsl.
521		红毛七属	红毛七 *Caulophyllum robustum* Maxim.
522		山荷叶属	南方山荷叶 *Diphylleia sinensis* H. L. Li
523		淫羊藿属	淫羊藿 *Epimedium brevicornu* Maxim.
524		桃儿七属	桃儿七 *Sinopodophyllum hexandrum* (Royle) Ying
525	木兰科	五味子属	东亚五味子 *Schisandra elongata* (Bl.) Baill.
526			大花五味子 *Schisandra grandiflora* (Wall.) Hook. f. & Thoms.
527			红花五味子 *Schisandra rubriflora* (Franch) Rehd. & Wils.
528			华中五味子 *Schisandra sphenanthera* Rehd. & Wils.
529		玉兰属	玉兰 *Yulania denudata* (Desrousseaux) D. L. Fu
530			武当木兰 *Yulania sprengeri* (Pampanini) D. L. Fu
531	樟科	山胡椒属	卵叶钓樟 *Lindera limprichtii* H. Winkl.
532			三桠乌药 *Lindera obtusiloba* Bl.
533		木姜子属	宜昌木姜子 *Litsea ichangensis* Gamble
534			木姜子 *Litsea pungens* Hemsl.
535			秦岭木姜子 *Litsea tsinlingensis* Yang & P. H. Huang

序号	科名	属名	种名
536	罂粟科	白屈菜属	白屈菜 *Chelidonium majus* L.
537		紫堇属	文县紫堇 *Corydalis amphipogon* Lidén
538			金雀花黄堇 *Corydalis cytisiflora* （Fedde） Lidén ex C. Y. Wu
539			紫堇 *Corydalis edulis* Maxim.
540			北岭黄堇 *Corydalis fargesii* Franch.
541			叶苞紫堇 *Corydalis foliaceobracteata* C. Y. Wu & Z. Y. Su
542			泾源紫堇 *Corydalis jingyuanensis* C. Y. Wu & H. Chuang
543			条裂黄堇 *Corydalis linarioides* Maxim.
544			蛇果黄堇 *Corydalis ophiocarpa* Hook. f. & Thoms.
545			小黄紫堇 *Corydalis raddeana* Regel
546			秃疮花 *Dicranostigma leptopodum* （Maxim.） Fedde
547		博落回属	博落回 *Macleaya cordata* （Willd.） R. Br.
548			小果博落回 *Macleaya microcarpa* （Maxim.） Fedde
549		绿绒蒿属	川西绿绒蒿 *Meconopsis henrici* Bur. & Franch.
550			多刺绿绒蒿 *Meconopsis horridula* Hook. f. & Thoms.
551			全缘叶绿绒蒿 *Meconopsis integrifolia* （Maxim.） Franch.
552			五脉绿绒蒿 *Meconopsis quintuplinervia* Regel
553	十字花科	南芥属	垂果南芥 *Arabis pendula* L.
554			粉绿垂果南芥 *Arabis pendula* var. *hypoglauca* L.
555		芸薹属	芸薹 *Brassica rapa* var. *oleifera* de Candolle
556		荠属	荠 *Capsella bursa-pastoris* （L.） Medic.
557		碎米荠属	光头山碎米荠 *Cardamine engleriana* O. E. Schulz
558			白花碎米荠 *Cardamine leucantha* （Tausch） O. E. Schulz
559			大叶碎米荠 *Cardamine macrophylla* Willd.
560		播娘蒿属	播娘蒿 *Descurainia sophia* （L.） Webb ex Prantl
561		独行菜属	独行菜 *Lepidium apetalum* Willd.
562		独行菜属	楔叶独行菜 *Lepidium cuneiforme* C. Y. Wu
563		蔊菜属	蔊菜 *Rorippa indica* （L.） Hiern
564		菥蓂属	菥蓂 *Thlaspi arvense* L.
565		蚓果芥属	蚓果芥 *Neotorularia humilis* （C. A. Meyer） Hedge & J. Léonard
566		阴山荠属	锐棱阴山荠 *Yinshania acutangula* （O. E. Schulz） Y. H. Zhang
567	景天科	孔岩草属	孔岩草 *Kungia aliciae* （Raymond-Hamet） K. T. Fu
568			狭穗孔岩草 *Kungia schoenlandii* var. *stenostachya* （Froderstrom） K. T. Fu
569		瓦松属	有边瓦松 *Orostachys alicae* （Hamet） H. Ohba
570			狭穗瓦松 *Orostachys schoenlandii* （Hamet） H. Ohba
571		费菜属	费菜 *Phedimus aizoon* （L.） 't Hart
572		红景天属	宽果红景天 *Rhodiola macrocarpa* （Praeg.） S. H. Fu

序号	科名	属名	种名
573	景天科	红景天属	云南红景天 *Rhodiola yunnanensis* （Franch.） S. H. Fu
574		景天属	大苞景天 *Sedum oligospermum* Maire
575			佛甲草 *Sedum lineare* Thunb.
576			多茎景天 *Sedum multicaule* Wall.
577			火焰草 *Sedum stellariifolium* Franch.
578	虎耳草科	落新妇属	落新妇 *Astilbe chinensis* （Maxim.） Franch. & Savat.
579		岩白菜属	峨眉岩白菜 *Bergenia emeiensis* C. Y. Wu
580			秦岭岩白菜 *Bergenia scopulosa* T. P. Wang
581		金腰属	秦岭金腰 *Chrysosplenium biondianum* Engl.
582			纤细金腰 *Chrysosplenium giraldianum* Engl.
583			肾叶金腰 *Chrysosplenium griffithii* Hook. f. & Thoms.
584			绵毛金腰 *Chrysosplenium lanuginosum* Hook. f. & Thoms.
585			细弱金腰 *Chrysosplenium lanuginosum* var. *gracile* （Franch.） Hara
586			大叶金腰 *Chrysosplenium macrophyllum* Oliv.
587			微子金腰 *Chrysosplenium microspermum* Franch.
588			柔毛金腰 *Chrysosplenium pilosum* var. *valdepilosum* Ohwi
589			陕甘金腰 *Chrysosplenium qinlingense* Jien ex J. T. Pan
590			中华金腰 *Chrysosplenium sinicum* Maxim.
591		溲疏属	白溲疏 *Deutzia albida* Batalin
592			异色溲疏 *Deutzia discolor* Hemsl.
593			长叶溲疏 *Deutzia longifolia* Franch.
594		绣球属	东陵绣球 *Hydrangea bretschneideri* Dippel
595			莼兰绣球 *Hydrangea longipes* Franch.
596			蜡莲绣球 *Hydrangea strigosa* Rehd.
597			柔毛绣球 *Hydrangea aspera* D. Don
598		梅花草属	鸡眼梅花草 *Parnassia wightiana* Wall. ex Wight & Arn.
599		山梅花属	山梅花 *Philadelphus incanus* Koehne
600		茶藨子属	冰川茶藨子 *Ribes glaciale* Wall.
601			纤细茶藨子 *Ribes longeracemosum* var. *gracillimum* L. T. Lu
602			东北茶藨子 *Ribes mandshuricum* （Maxim.） Kom.
603			华西茶藨子 *Ribes maximowiczii* Batalin
604			宝兴茶藨子 *Ribes moupinense* Franch.
605			三裂茶藨子 *Ribes moupinense* var. *tripartitum* （Batalin） Jancz.
606			渐尖茶藨子 *Ribes takare* D. Don
607			细枝茶藨子 *Ribes tenue* Jancz.
608		鬼灯檠属	七叶鬼灯檠 *Rodgersia aesculifolia* Batalin
609		虎耳草属	优越虎耳草 *Saxifraga egregia* Engl.

序号	科名	属名	种名
610	虎耳草科	虎耳草属	红毛虎耳草 *Saxifraga rufescens* Balf. f.
611			球茎虎耳草 *Saxifraga sibirica* L.
612			繁缕虎耳草 *Saxifraga stellariifolia* Franch.
613			虎耳草 *Saxifraga stolonifera* Curt.
614		黄水枝属	黄水枝 *Tiarella polyphylla* D. Don
615	海桐花科	海桐花属	崖花子 *Pittosporum truncatum* Pritz.
616	金缕梅科	蜡瓣花属	小果蜡瓣花 *Corylopsis microcarpa* Chang
617	蔷薇科	龙芽草属	龙芽草 *Agrimonia pilosa* Ldb.
618		唐棣属	唐棣 *Amelanchier sinica*（Schneid.）Chun
619		桃属	山桃 *Amygdalus davidiana*（Carr.）C. de Vos
620			陕甘山桃 *Amygdalus davidiana* var. *potaninii*（Batal.）Yü & Lu
621			甘肃桃 *Amygdalus kansuensis*（Rehd.）Skeels
622		杏属	毛杏 *Armeniaca sibirica* var. *pubescens* Kost.
623			杏 *Armeniaca vulgaris* Lam.
624		假升麻属	假升麻 *Aruncus sylvester* Kostel.
625		樱属	微毛樱桃 *Cerasus clarofolia*（Schneid.）Yü & Li
626			锥腺樱桃 *Cerasus conadenia*（Koehne）Yü & Li
627			多毛樱桃 *Cerasus polytricha*（Koehne）Yü & Li
628			樱桃 *Cerasus pseudocerasus*（Lindl.）G. Don
629			刺毛樱桃 *Cerasus setulosa*（Batal.）Yü & Li
630			托叶樱桃 *Cerasus stipulacea*（Maxim.）Yü & Li
631			毛樱桃 *Cerasus tomentosa*（Thunb.）Wall.
632		枸子属	灰枸子 *Cotoneaster acutifolius* Turcz.
633			匍匐枸子 *Cotoneaster adpressus* Bois
634			细尖枸子 *Cotoneaster apiculatus* Rehd. & Wils.
635			木帚枸子 *Cotoneaster dielsianus* Pritz.
636			散生枸子 *Cotoneaster divaricatus* Rehd. & Wils.
637			麻核枸子 *Cotoneaster foveolatus* Rehd. & Wils.
638			细弱枸子 *Cotoneaster gracilis* Rehd. & Wils.
639			平枝枸子 *Cotoneaster horizontalis* Dcne.
640			小叶平枝枸子 *Cotoneaster horizontalis* var. *perpusillus* Schneid.
641			宝兴枸子 *Cotoneaster moupinensis* Franch.
642			水枸子 *Cotoneaster multiflorus* Bge.
643			暗红枸子 *Cotoneaster obscurus* Rehd. & Wils.
644			柳叶枸子 *Cotoneaster salicifolius* Franch.
645			准噶尔枸子 *Cotoneaster soongoricus*（Regel & Herd.）Popov
646			疣枝枸子 *Cotoneaster verruculosus* Diels

序号	科名	属名	种名
647	蔷薇科	栒子属	西北栒子 *Cotoneaster zabelii* Schneid.
648		蛇莓属	蛇莓 *Duchesnea indica*（Andr.）Focke
649		草莓属	纤细草莓 *Fragaria gracilis* Losinsk.
650			西南草莓 *Fragaria moupinensis*（Franch.）Card.
651			黄毛草莓 *Fragaria nilgerrensis* Schlecht. ex Gay
652			东方草莓 *Fragaria orientalis* Lozinsk.
653			五叶草莓 *Fragaria pentaphylla* Losinsk.
654		路边青属	路边青 *Geum aleppicum* Jacq.
655			柔毛路边青 *Geum japonicum* var. *chinense* F. Bolle
656		棣棠花属	棣棠花 *Kerria japonica*（L.）DC.
657		臭樱属	锐齿臭樱 *Maddenia incisoserrata* Yü & Ku
658		苹果属	山荆子 *Malus baccata*（L.）Borkh.
659			湖北海棠 *Malus hupehensis*（Pamp.）Rehd.
660			陇东海棠 *Malus kansuensis*（Batal.）Schneid.
661			毛山荆子 *Malus mandshurica*（Maxim.）Kom.
662			楸子 *Malus prunifolia*（Willd.）Borkh.
663			苹果 *Malus pumila* Mill.
664			三叶海棠 *Malus sieboldii*（Regel）Rehd.
665			川鄂滇池海棠 *Malus yunnanensis* var. *veitchii*（Veitch）Rehd.
666		绣线梅属	毛叶绣线梅 *Neillia ribesioides* Rehd.
667			中华绣线梅 *Neillia sinensis* Oliv.
668		小石积属	华西小石积 *Osteomeles schwerinae* Schneid.
669			小叶华西小石积 *Osteomeles schwerinae* var. *microphylla* Rehd. & Wils.
670		稠李属	短梗稠李 *Padus brachypoda*（Batal.）Schneid.
671			橉木 *Padus buergeriana*（Miq.）Yü & Ku
672			细齿稠李 *Padus obtusata*（Koehne）Yü & Ku
673			毡毛稠李 *Padus velutina*（Batal.）Schneid.
674			绢毛稠李 *Padus wilsonii* Schneid.
675		石楠属	光萼石楠 *Photinia villosa* var. *glabricalycina* L. T. Lu & C. L. Li
676		委陵菜属	蕨麻 *Potentilla anserina* L.
677			委陵菜 *Potentilla chinensis* Ser.
678			莓叶委陵菜 *Potentilla fragarioides* L.
679			金露梅 *Potentilla fruticosa* L.
680			银露梅 *Potentilla glabra* Lodd.
681			蛇含委陵菜 *Potentilla kleiniana* Wight & Arn.
682			银叶委陵菜 *Potentilla leuconota* D. Don
683			多茎委陵菜 *Potentilla multicaulis* Bge.

序号	科名	属名	种名
684	蔷薇科	委陵菜属	钉柱委陵菜 *Potentilla saundersiana* Royle
685			西山委陵菜 *Potentilla sischanensis* Bge. ex Lehm.
686			齿裂西山委陵菜 *Potentilla sischanensis* var. *peterae*（Hand.–Mazz.）Yü & Li
687			朝天委陵菜 *Potentilla supina* L.
688		李属	李 *Prunus salicina* Lindl.
689		火棘属	细圆齿火棘 *Pyracantha crenulata*（D. Don）Roem.
690			细叶细圆齿火棘 *Pyracantha crenulata* var. *kansuensis* Rehd.
691			火棘 *Pyracantha fortuneana*（Maxim.）Li
692		梨属	沙梨 *Pyrus pyrifolia*（Burm. F.）Nakai
693			麻梨 *Pyrus serrulata* Rehd.
694		蔷薇属	单瓣白木香 *Rosa banksiae* var. *normalis* Regel
695			拟木香 *Rosa banksiopsis* Baker
696			西北蔷薇 *Rosa davidii* Crép.
697			卵果蔷薇 *Rosa helenae* Rehd. & Wils.
698			软条七蔷薇 *Rosa henryi* Bouleng.
699			黄蔷薇 *Rosa hugonis* Hemsl.
700			华西蔷薇 *Rosa moyesii* Hemsl.
701			峨眉蔷薇 *Rosa omeiensis* Rolfe
702			铁杆蔷薇 *Rosa prattii* Hemsl.
703			缫丝花 *Rosa roxburghii* Tratt.
704			悬钩子蔷薇 *Rosa rubus* Lévl. & Vant.
705			钝叶蔷薇 *Rosa sertata* Rolfa
706			扁刺蔷薇 *Rosa sweginzowii* Koehne
707			小叶蔷薇 *Rosa willmottiae* Hemsl.
708		悬钩子属	秀丽莓 *Rubus amabilis* Focke
709			粉枝莓 *Rubus biflorus* Buch.–Ham. ex Smith
710			毛叶插田泡 *Rubus coreanus* var. *tomentosus* Card.
711			凉山悬钩子 *Rubus fockeanus* Kurz.
712			光滑高粱泡 *Rubus lambertianus* var. *glaber* Hemsl.
713			绵果悬钩子 *Rubus lasiostylus* Focke
714			喜阴悬钩子 *Rubus mesogaeus* Focke
715			红泡刺藤 *Rubus niveus* Thunb.
716			琴叶悬钩子 *Rubus panduratus* Hand.–Mazz.
717			腺花茅莓 *Rubus parvifolius* var. *adenochlamys*（Focke）Migo
718			菰帽悬钩子 *Rubus pileatus* Focke
719			陕西悬钩子 *Rubus piluliferus* Focke

序号	科名	属名	种名
720	蔷薇科	悬钩子属	针刺悬钩子 *Rubus pungens* Camb.
721			单茎悬钩子 *Rubus simplex* Focke
722			密刺悬钩子 *Rubus subtibetanus* Hand.–Mazz.
723			西藏悬钩子 *Rubus thibetanus* Franch.
724			黄果悬钩子 *Rubus xanthocarpus* Bureau & Franch.
725		山莓草属	隐瓣山莓草 *Sibbaldia procumbens* var. *aphanopetala* （Hand.–Mazz.）Yü & Li
726		珍珠梅属	高丛珍珠梅 *Sorbaria arborea* Schneid.
727			毛叶高丛珍珠梅 *Sorbaria arborea* var. *subtomentosa* Rehd.
728			华北珍珠梅 *Sorbaria kirilowii* （Regel） Maxim.
729		花楸属	水榆花楸 *Sorbus alnifolia* （Sieb. & Zucc.） K. Koch
730			石灰花楸 *Sorbus folgneri* （Schneid.） Rehd.
731			江南花楸 *Sorbus hemsleyi* （Schneid.） Rehd.
732			湖北花楸 *Sorbus hupehensis* Schneid.
733			陕甘花楸 *Sorbus koehneana* Schneid.
734			泡吹叶花楸 *Sorbus meliosmifolia* Rehd.
735			西康花楸 *Sorbus prattii* Koehne
736			四川花楸 *Sorbus setschwanensis* （Schneid.） Koehne
737		绣线菊属	绣球绣线菊 *Spiraea blumei* G. Don
738			小叶绣球绣线菊 *Spiraea blumei* var. *microphylla* Rehd.
739			翠蓝绣线菊 *Spiraea henryi* Hemsl.
740			渐尖绣线菊 *Spiraea japonica* var. *acumilata* Franch.
741			长芽绣线菊 *Spiraea longigemmis* Maxim.
742			细枝绣线菊 *Spiraea myrtilloides* Rehd.
743			土庄绣线菊 *Spiraea pubescens* Turcz.
744			南川绣线菊 *Spiraea rosthornii* Pritz.
745			无毛川滇绣线菊 *Spiraea schneideriana* var. *amphidoxa* Rehd.
746			绢毛绣线菊 *Spiraea sericea* Turcz.
747			鄂西绣线菊 *Spiraea veitchii* Hemsl.
748			陕西绣线菊 *Spiraea wilsonii* Duthie
749		红果树属	红果树 *Stranvaesia davidiana* Dcne.
750	豆科	合欢属	山槐 *Albizia kalkora* （Roxb.） Prain
751		落花生属	落花生 *Arachis hypogaea* L.
752		黄耆属	多花黄耆 *Astragalus floridulus* Podlech
753			莲山黄耆 *Astragalus leansanicus* Ulbr.
754			四川黄耆 *Astragalus sutchuenensis* Franch.
755			文县黄耆 *Astragalus wenxianensis* Y. C. Ho

序号	科名	属名	种名
756	豆科	羊蹄甲属	鞍叶羊蹄甲 *Bauhinia brachycarpa* Wall. ex Benth.
757		杭子梢属	杭子梢 *Campylotropis macrocarpa*（Bge.）Rehd.
758			丝苞杭子梢 *Campylotropis macrocarpa* var. *hupehensis*（Pamp.）Iokawa & H. Ohashi
759			小雀花 *Campylotropis polyantha*（Franch.）Schindl.
760		锦鸡儿属	甘蒙锦鸡儿 *Caragana opulens* Kom.
761		紫荆属	紫荆 *Cercis chinensis* Bunge
762		黄檀属	大金刚藤 *Dalbergia dyeriana* Prain ex Harms
763			象鼻藤 *Dalbergia mimosoides* Franch.
764		皂荚属	皂荚 *Gleditsia sinensis* Lam.
765		大豆属	大豆 *Glycine max*（L.）Merr.
766			野大豆 *Glycine soja* Sieb. & Zucc.
767		米口袋属	米口袋 *Gueldenstaedtia verna*（Georgi）Boriss.
768		岩黄耆属	多序岩黄耆 *Hedysarum polybotrys* Hand.-Mazz.
769		长柄山蚂蝗属	羽叶长柄山蚂蝗 *Hylodesmum oldhamii*（Oliver）H. Ohashi & R. R. Mill
770			四川长柄山蚂蝗 *Hylodesmum podocarpum* subsp. *szechuenense*（Craib）H. Ohashi & R. R. Mill
771		木蓝属	多花木蓝 *Indigofera amblyantha* Craib
772			河北木蓝 *Indigofera bungeana* Walp.
773			马棘 *Indigofera pseudotinctoria* Matsum.
774			甘肃木蓝 *Indigofera szechuensis* Craib
775			四川木蓝 *Indigofera szechuensis* Craib
776		鸡眼草属	长萼鸡眼草 *Kummerowia stipulacea*（Maxim.）Makino
777		山黧豆属	牧地山黧豆 *Lathyrus pratensis* L.
778		胡枝子属	胡枝子 *Lespedeza bicolor* Turcz.
779			截叶铁扫帚 *Lespedeza cuneata*（Dum.-Cours.）G. Don
780			兴安胡枝子 *Lespedeza davurica*（Laxmann）Schindler
781			多花胡枝子 *Lespedeza floribunda* Bunge
782			美丽胡枝子 *Lespedeza thunbergii* subsp. *formosa*（Vogel）H. Ohashi
783			牛枝子 *Lespedeza potaninii* Vass.
784			细梗胡枝子 *Lespedeza virgata*（Thunb.）DC.
785		百脉根属	百脉根 *Lotus corniculatus* L.
786		苜蓿属	天蓝苜蓿 *Medicago lupulina* L.
787			紫苜蓿 *Medicago sativa* L.
788		草木犀属	白花草木犀 *Melilotus albus* Desr.
789			草木犀 *Melilotus officinalis*（L.）Pall.

序号	科名	属名	种名
790	豆科	碗豆属	豌豆 *Pisum sativum* L.
791		葛属	葛 *Pueraria montana*（Loureiro）Merrill
792		鹿藿属	菱叶鹿藿 *Rhynchosia dielsii* Harms
793		苦参属	白刺花 *Sophora davidii*（Franch.）Skeels
794		苦马豆属	苦马豆槐 *Sphaerophysa salsula*（Pall.）DC.
795		槐属	槐 *Styphnolobium japonicum*（L.）Schott
796		野豌豆属	大花野豌豆 *Vicia bungei* Ohwi
797			广布野豌豆 *Vicia cracca* L.
798			大野豌豆 *Vicia gigantea* Bunge
799			大龙骨野豌豆 *Vicia megalotropis* Ledeb.
800			多茎野豌豆 *Vicia multicaulis* Ledeb.
801			西南野豌豆 *Vicia nummularia* Hand.–Mazz.
802			精致野豌豆 *Vicia perelegans* K. T. Fu
803			大叶野豌豆 *Vicia pseudo–orobus* Fischer & C. A. Meyer
804			救荒野豌豆 *Vicia sativa* L.
805			四花野豌豆 *Vicia tetrantha* H. W. Kung
806			歪头菜 *Vicia unijuga* A. Br.
807			武山野豌豆 *Vicia wushanica* Xia
808	酢浆草科	酢浆草属	白花酢浆草 *Oxalis acetosella* L.
809	牻牛儿苗科	牻牛儿苗属	牻牛儿苗 *Erodium stephanianum* Willd.
810		老鹳草属	粗根老鹳草 *Geranium dahuricum* DC.
811			毛蕊老鹳草 *Geranium platyanthum* Duthie
812			尼泊尔老鹳草 *Geranium nepalense* Sweet
813			甘青老鹳草 *Geranium pylzowianum* Maxim.
814			陕西老鹳草 *Geranium shensianum* R. Knuth
815			鼠掌老鹳草 *Geranium sibiricum* L.
816			老鹳草 *Geranium wilfordii* Maxim.
817	亚麻科	亚麻属	野亚麻 *Linum stelleroides* Planch.
818			亚麻 *Linum usitatissimum* L.
819	蒺藜科	蒺藜属	蒺藜 *Tribulus terrestris* L.
820	芸香科	茵芋属	黑果茵芋 *Skimmia melanocarpa* Rehd. & Wils.
821		花椒属	竹叶花椒 *Zanthoxylum armatum* DC.
822			毛竹叶花椒 *Zanthoxylum armatum* var. *ferrugineum*（Rehd. & Wils.）Huang
823			花椒 *Zanthoxylum bungeanum* Maxim.
824			异叶花椒 *Zanthoxylum dimorphophyllum* Hemsl.
825			川陕花椒 *Zanthoxylum piasezkii* Maxim.

序号	科名	属名	种名
826	芸香科	花椒属	狭叶花椒 *Zanthoxylum stenophyllum* Hemsl.
827	苦木科	臭椿属	臭椿 *Ailanthus altissima*（Mill.）Swingle
828	远志科	远志属	瓜子金 *Polygala japonica* Houtt.
829			西伯利亚远志 *Polygala sibirica* L.
830			远志 *Polygala tenuifolia* Willd.
831	大戟科	铁苋菜属	铁苋菜 *Acalypha australis* L.
832		假奓包叶属	假奓包叶 *Discocleidion rufescens*（Franch.）Pax & Hoffm.
833		大戟属	泽漆 *Euphorbia helioscopia* L.
834			地锦 *Euphorbia humifusa* Willd.
835			湖北大戟 *Euphorbia hylonoma* Hand.–Mazz.
836			甘青大戟 *Euphorbia micractina* Boiss.
837			钩腺大戟 *Euphorbia sieboldiana* Morr. & Decne.
838		海漆属	狭叶海漆 *Excoecaria acerifolia* var. *cuspidata*（Müll. Arg.）Müll. Arg.
839		白饭树属	一叶萩 *Flueggea suffruticosa*（Pall.）Baill.
840		雀舌木属	雀儿舌头 *Leptopus chinensis*（Bunge）Pojark.
841		地构叶属	地构叶 *Speranskia tuberculata*（Bunge）Baill.
842		油桐属	油桐 *Vernicia fordii*（Hemsl.）Airy Shaw
843	黄杨科	黄杨属	黄杨 *Buxus sinica*（Rehd. & Wils.）Cheng
844		清香桂属	双蕊野扇花 *Sarcococca hookeriana* var. *digyna* Franch.
845	马桑科	马桑属	马桑 *Coriaria nepalensis* Wall.
846	漆树科	黄栌属	粉背黄栌 *Cotinus coggygria* var. *glaucophylla* C. Y. Wu
847			毛黄栌 *Cotinus coggygria* var. *pubescens* Engl.
848		黄连木属	黄连木 *Pistacia chinensis* Bunge
849		盐肤木属	盐肤木 *Rhus chinensis* Mill.
850			青麸杨 *Rhus potaninii* Maxim.
851			红麸杨 *Rhus punjabensis* var. *sinica*（Diels）Rehd. & Wils.
852		漆属	野漆 *Toxicodendron succedaneum*（L.）O. Kuntze
853			漆 *Toxicodendron vernicifluum*（Stokes）F. A. Barkl.
854	冬青科	冬青属	猫儿刺 *Ilex pernyi* Franch.
855	卫矛科	南蛇藤属	苦皮藤 *Celastrus angulatus* Maxim.
856			大芽南蛇藤 *Celastrus gemmatus* Loes.
857			粉背南蛇藤 *Celastrus hypoleucus*（Oliv.）Warb. ex Loes.
858			南蛇藤 *Celastrus orbiculatus* Thunb.
859			皱叶南蛇藤 *Celastrus rugosus* Rehd. & Wils.
860		卫矛属	卫矛 *Euonymus alatus*（Thunb.）Sieb.
861			岩坡卫矛 *Euonymus clivicola* W. W. Smith
862			角翅卫矛 *Euonymus cornutus* Hemsl.

序号	科名	属名	种名
863	卫矛科	卫矛属	冷地卫矛 *Euonymus frigidus* Wall. ex Roxb.
864			纤齿卫矛 *Euonymus giraldii* Loes.
865			大花卫矛 *Euonymus grandiflorus* Wall.
866			西南卫矛 *Euonymus hamiltonianus* Wall.
867			小卫矛 *Euonymus nanoides* Loes. & Rehd.
868			石枣子 *Euonymus sanguineus* Loes.
869			中亚卫矛 *Euonymus semenovii* Regel & Herd.
870			疣点卫矛 *Euonymus verrucosoides* Loes.
871	省沽油科	省沽油属	膀胱果 *Staphylea holocarpa* Hemsl.
872	槭树科	槭属	界山三角槭 *Acer buergerianum* var. *kaiscianense* （Pamp.）Fang
873			深灰槭 *Acer caesium* Wall. ex Brandis
874			长尾槭 *Acer caudatum* Wall.
875			青榨槭 *Acer davidii* Franch.
876			异色槭 *Acer discolor* Maxim.
877			毛花槭 *Acer erianthum* Schwer.
878			扇叶槭 *Acer flabellatum* Rehd.
879			建始槭 *Acer henryi* Pax
880			疏花槭 *Acer laxiflorum* Pax
881			五尖槭 *Acer maximowiczii* Pax
882			五裂槭 *Acer oliverianum* Pax
883			五角枫 *Acer pictum* subsp. *mono* （Maxim.）H. Ohashi
884			陕西槭 *Acer shensiense* Fang & L. C. Hu
885			四蕊槭 *Acer stachyophyllum* subsp. *betulifolium* （Maxim.）P. C. de Jong
886		金钱槭属	金钱槭 *Dipteronia sinensis* Oliv.
887	清风藤科	泡花树属	泡花树 *Meliosma cuneifolia* Franch.
888		清风藤属	鄂西清风藤 *Sabia campanulata* subsp. *ritchieae* （Rehd. & Wils.）Y. F. Wu
889	凤仙花科	凤仙花属	水金凤 *Impatiens noli–tangere* L.
890			齿瓣凤仙花 *Impatiens odontopetala* Maxim.
891			宽距凤仙花 *Impatiens platyceras* Maxim.
892			陇南凤仙花 *Impatiens potaninii* Maxim.
893	鼠李科	勾儿茶属	黄背勾儿茶 *Berchemia flavescens* （Wall.）Brongn.
894			多花勾儿茶 *Berchemia floribunda* （Wall.）Brongn.
895			勾儿茶 *Berchemia sinica* Schneid.
896		枳椇树	枳椇 *Hovenia acerba* Lindl.
897		鼠李属	刺鼠李 *Rhamnus dumetorum* Schneid.
898			异叶鼠李 *Rhamnus heterophylla* Oliv.
899			小冻绿树 *Rhamnus rosthornii* Pritz.

续表

序号	科名	属名	种名
900	鼠李科	鼠李属	皱叶鼠李 *Rhamnus rugulosa* Hemsl.
901			甘青鼠李 *Rhamnus tangutica* J. Vass.
902			冻绿 *Rhamnus utilis* Decne.
903		雀梅藤属	梗花雀梅藤 *Sageretia henryi* Drumm. & Sprague
904			少脉雀梅藤 *Sageretia paucicostata* Maxim.
905			对节刺 *Horaninovia ulicina* Fischer & C. A. Meyer
906		枣属	枣 *Ziziphus jujuba* Mill.
907			酸枣 *Ziziphus jujuba* var. *spinosa* (Bunge) Hu ex H. F. Chow
908	葡萄科	蛇葡萄属	乌头叶蛇葡萄 *Ampelopsis aconitifolia* Bunge
909			蓝果蛇葡萄 *Ampelopsis bodinieri* (Lévl. & Vant.) Rehd.
910		爬山虎属	花叶地锦 *Parthenocissus henryana* (Hemsl.) Diels & Gilg
911			三叶地锦 *Parthenocissus semicordata* (Wall.) Planch.
912		葡萄属	桦叶葡萄 Vitis betulifolia Diels & Gilg
913	锦葵科	扁担杆属	小花扁担杆 *Grewia biloba* var. *parviflora* (Bunge) Hand.–Mazz.
914		椴树属	华椴 *Tilia chinensis* Maxim.
915		苘麻属	苘麻 *Abutilon theophrasti* Medicus
916		棉属	草棉 *Gossypium herbaceum* L.
917		锦葵属	圆叶锦葵 *Malva pusilla* Smith
918	猕猴桃科	猕猴桃属	狗枣猕猴桃 *Actinidia kolomikta* (Maxim. & Rupr.) Maxim.
919			葛枣猕猴桃 *Actinidia polygama* (Sieb. & Zucc.) Maxim.
920			四萼猕猴桃 *Actinidia tetramera* Maxim.
921		藤山柳属	藤山柳 *Clematoclethra scandens* Maxim.
922			猕猴桃藤山柳 *Clematoclethra scandens* subsp. *actinidioides* (Maxim.) Y. C. Tang & Q. Y. Xiang
923	金丝桃科	金丝桃属	黄海棠 *Hypericum ascyron* L.
924			纤茎金丝桃 *Hypericum monanthemum* subsp. *filicaule* (Dyer) N. Robson
925			贯叶连翘 *Hypericum perforatum* L.
926	堇菜科	堇菜属	鸡腿堇菜 *Viola acuminata* Ledeb.
927			双花堇菜 *Viola biflora* L.
928			鳞茎堇菜 *Viola bulbosa* Maxim.
929			球果堇菜 *Viola collina* Bess.
930			萱 *Viola moupinensis* Franch.
931			悬果堇菜 *Viola pendulicarpa* W. Beck.
932			早开堇菜 *Viola prionantha* Bunge
933			紫花地丁 *Viola philippica* Cav.
934			长托叶石生堇菜 *Viola rupestris* subsp. *licentii* W.Beck.
935			圆叶堇菜 *Viola striatella* H. Boissieu

序号	科名	属名	种名
936	堇菜科	堇菜属	纤茎堇菜 *Viola tenuissima* Chang
937	旌节花科	旌节花属	中国旌节花 *Stachyurus chinensis* Franch.
938	瑞香科	瑞香属	黄瑞香 *Daphne giraldii* Nitsche
939			凹叶瑞香 *Daphne retusa* Hemsl.
940			唐古特瑞香 *Daphne tangutica* Maxim.
941		狼毒属	狼毒 *Stellera chamaejasme* L.
942		荛花属	河朔荛花 *Wikstroemia chamaedaphne* Meisn.
943			武都荛花 *Wikstroemia haoi* Domke
944	胡颓子科	胡颓子属	长叶胡颓子 *Elaeagnus bockii* Diels
945			披针叶胡颓子 *Elaeagnus lanceolata* Warb.
946			星毛羊奶子 *Elaeagnus stellipila* Rehd.
947			牛奶子 *Elaeagnus umbellata* Thunb.
948	千屈菜科	千屈菜属	千屈菜 *Lythrum salicaria* L.
949	石榴科	石榴属	石榴 *Punica granatum* L.
950	八角枫科	八角枫属	八角枫 *Alangium chinense* （Lour.） Harms
951			稀花八角枫 *Alangium chinense* subsp. *pauciflorum* Fang
952	柳叶菜科	柳兰属	柳兰 *Chamerion angustifolium* （L.） Holub
953			毛脉柳兰 *Chamerion angustifolium* subsp. *circumvagum* （Mosquin） Hoch
954		露珠草属	高山露珠草 *Circaea alpina* L.
955			南方露珠草 *Circaea mollis* Sieb. & Zucc.
956			露珠草 *Circaea cordata* Royle
957		柳叶菜属	毛脉柳叶菜 *Epilobium amurense* Hausskn.
958			光滑柳叶菜 *Epilobium amurense* subsp. *cephalostigma* （Hausskn.） C. J. Chen
959			腺茎柳叶菜 *Epilobium brevifolium* subsp. *trichoneurum* （Hausskn.） Raven
960			圆柱柳叶菜 *Epilobium cylindricum* D. Don.
961			柳叶菜 *Epilobium hirsutum* L.
962			细籽柳叶菜 *Epilobium minutiflorum* Hausskn.
963			小花柳叶菜 *Epilobium parviflorum* Schreber.
964			阔柱柳叶菜 *Epilobium platystigmatosum* C. Robinson
965			长籽柳叶菜 *Epilobium pyrricholophum* Franch. & Savat.
966			短梗柳叶菜 *Epilobium royleanum* Hausskn.
967			滇藏柳叶菜 *Epilobium wallichianum* Hausskn.
968	五加科	楤木属	黄毛楤木 *Aralia chinensis* L.
969			东北土当归 *Aralia continentalis* Kitagawa
970			食用土当归 *Aralia cordata* Thunb.
971			楤木 *Aralia elata* （Miq.） Seem.

续表

序号	科名	属名	种名
972	五加科	楤木属	柔毛龙眼独活 *Aralia henryi* Harms
973			甘肃土当归 *Aralia kansuensis* Hoo
974		五加属	红毛五加 *Eleutherococcus giraldii* (Harms) Nakai
975			糙叶五加 *Eleutherococcus henryi* Oliver
976			藤五加 *Eleutherococcus leucorrhizus* Oliver
977			糙叶藤五加 *Eleutherococcus leucorrhizus* var. *fulvescens* (Harms & Rehder) Nakai
978			刺五加 *Eleutherococcus senticosus* (Rupr. & Maxim.) Maxim.
979			蜀五加 *Eleutherococcus leucorrhizus* var. *setchuenensis* (Harms) C. B. Shang & J. Y. Huang
980		常春藤属	常春藤 *Hedera nepalensis* var. *sinensis* (Tobl.) Rehd.
981		梁王茶属	异叶梁王茶 *Metapanax davidii* (Franchet) J. Wen & Frodin
982		人参属	疙瘩七 *Panax bipinnatifidus* Seem.
983			竹节参 *Panax japonicus* (T. Nees) C. A. Meyer
984			珠子参 *Panax japonicus* var. *major* (Burkill) C. Y. Wu & K. M. Feng
985	伞形科	丝瓣芹属	条叶丝瓣芹 *Acronema chienii* Shan
986		当归属	紫花前胡 *Angelica decursiva* (Miquel) Franchet & Savatier
987			疏叶当归 *Angelica laxifoliata* Diels
988			管鞘当归 *Angelica pseudoselinum* de Boiss.
989		峨参属	峨参 *Anthriscus sylvestris* (L.) Hoffm.
990		柴胡属	北柴胡 *Bupleurum chinense* DC.
991			马尔康柴胡 *Bupleurum malconense* Shan & Y. Li
992			竹叶柴胡 *Bupleurum marginatum* Wall. ex DC.
993			马尾柴胡 *Bupleurum microcephalum* Diels
994			黑柴胡 *Bupleurum smithii* Wolff
995		葛缕子属	田葛缕子 *Carum buriaticum* Turcz.
996			葛缕子 *Carum carvi* L.
997		蛇床属	蛇床 *Cnidium monnieri* (L.) Cuss.
998		芫荽属	芫荽 *Coriandrum sativum* L.
999		鸭儿芹属	鸭儿芹 *Cryptotaenia japonica* Hassk.
1000		胡萝卜属	野胡萝卜 *Daucus carota* L.
1001		独活属	城口独活 *Heracleum fargesii* de Boiss.
1002			尖叶独活 *Heracleum franchetii* M. Hiroe
1003			短毛独活 *Heracleum moellendorffii* Hance
1004		白苞芹属	川白苞芹 *Nothosmyrnium japonicum* var. *sutchuenense* de Boiss.
1005		羌活属	宽叶羌活 *Notopterygium franchetii* de Boiss.
1006			羌活 *Notopterygium incisum* Ting ex H. T. Chang

序号	科名	属名	种名
1007	伞形科	香根芹属	香根芹 *Osmorhiza aristata* （Thunb.） Makino & Yabe
1008		前胡属	前胡 *Peucedanum praeruptorum* Dunn
1009		茴芹属	异叶茴芹 *Pimpinella diversifolia* DC.
1010			菱叶茴芹 *Pimpinella rhomboidea* Diels
1011			直立茴芹 *Pimpinella smithii* Wolff
1012		棱子芹属	松潘棱子芹 *Pleurospermum franchetianum* Hemsl.
1013		囊瓣芹	丛枝囊瓣芹 *Pternopetalum caespitosum* Shan
1014			异叶囊瓣芹 *Pternopetalum heterophyllum* Hand.-Mazz.
1015		变豆菜属	变豆菜 *Sanicula chinensis* Bunge
1016			长序变豆菜 *Sanicula elongata* K. T. Fu
1017			直刺变豆菜 *Sanicula orthacantha* S. Moore
1018		西风芹属	锐齿西风芹 *Seseli incisodentatum* K. T. Fu
1019		窃衣属	小窃衣 *Torilis japonica* （Houtt.） DC.
1020			窃衣 *Torilis scabra* （Thunb.） DC.
1021	山茱萸科	山茱萸属	灯台树 *Cornus controversa* Hemsl.
1022			红椋子 *Cornus hemsleyi* C. K. Schneider & Wangerin
1023			四照花 *Cornus kousa* subsp. *chinensis* （Osborn） Q. Y. Xiang
1024		梾木属	梾木 *Swida macrophylla* （Wall.） Sojak
1025			灰叶梾木 *Swida poliophylla* （Schneid. & Wanger.） Sojak
1026		青荚叶属	中华青荚叶 *Helwingia chinensis* Batal.
1027			钝齿青荚叶 *Helwingia chinensis* var. *crenata* （Lingelsh. ex Limpr.） Fang
1028			青荚叶 *Helwingia japonica* （Thunb.） Dietr.
1029			峨眉青荚叶 *Helwingia omeiensis* （Fang） Hara & Kuros.
1030		鞘柄木属	有齿鞘柄木 *Torricellia angulata* var. *intermedia* （Harms） Hu
1031	鹿蹄草科	喜冬草属	喜冬草 *Chimaphila japonica* Miq.
1032		鹿蹄草属	鹿蹄草 *Pyrola calliantha* H. Andr.
1033			红花鹿蹄草 *Pyrola asarifolia* subsp. *incarnata* （de Candolle） E. Haber & H. Takahashi
1034	杜鹃花科	吊钟花属	灯笼树 *Enkianthus chinensis* Franch.
1035			毛叶吊钟花 *Enkianthus deflexus* （Griff.） Schneid.
1036			腺梗吊钟花 *Enkianthus deflexus* var. *glabrescens* R. C. Fang
1037		珍珠花属	小果珍珠花 *Lyonia ovalifolia* var. *elliptica* （Sieb. & Zucc.） Hand.-Mazz.
1038		杜鹃属	毛肋杜鹃 *Rhododendron augustinii* Hemsl.
1039			头花杜鹃 *Rhododendron capitatum* Maxim.
1040			秀雅杜鹃 *Rhododendron concinnum* Hemsl.
1041			楔叶杜鹃 *Rhododendron cuneatum* W. W. Smith
1042			大叶金顶杜鹃 *Rhododendron faberi* subsp. *prattii* （Franch.） Chamb.

序号	科名	属名	种名
1043	杜鹃花科	杜鹃属	岷江杜鹃 *Rhododendron hunnewellianum* Rehd. & Wils.
1044			黄毛岷江杜鹃 *Rhododendron hunnewellianum* subsp. *rockii*（Wils.）Chamb. ex Cullen & Chamb.
1045			绝伦杜鹃 *Rhododendron invictum* Balf. f. & Farrer
1046			麻花杜鹃 *Rhododendron maculiferum* Franch.
1047			照山白 *Rhododendron micranthum* Turcz.
1048			山光杜鹃 *Rhododendron oreodoxa* Franch.
1049			多鳞杜鹃 *Rhododendron polylepis* Franch.
1050			三花杜鹃 *Rhododendron triflorum* Hook. f.
1051			无柄杜鹃 *Rhododendron watsonii* Hemsl. & Wils.
1052		越橘属	扁枝越橘 *Vaccinium japonicum* var. *sinicum*（Nakai）Rehd.
1053	紫金牛科	铁仔属	铁仔 *Myrsine africana* L.
1054	报春花科	点地梅属	峨眉点地梅 *Androsace paxiana* R. Knuth
1055		珍珠菜属	虎尾草 *Lysimachia barystachys* Bunge
1056			过路黄 *Lysimachia christiniae* Hance
1057			矮桃 *Lysimachia clethroides* Duby
1058			临时救 *Lysimachia congestiflora* Hemsl.
1059			距萼过路黄 *Lysimachia crista-galli* Pamp. ex Hand.-Mazz.
1060			小山萝过路黄 *Lysimachia melampyroides* var. *brunnelloides*（Pax & K. Hoffmann）F. H. Chen & C. M. Hu
1061			狭叶珍珠菜 *Lysimachia pentapetala* Bunge
1062			北延叶珍珠菜 *Lysimachia silvestrii*（Pamp.）Hand.-Mazz.
1063			腺药珍珠菜 *Lysimachia stenosepala* Hemsl.
1064		报春花属	裂瓣穗状报春 *Primula aerinantha* Balf. f. & Purdom
1065			蔓茎报春 *Primula alsophila* Balf. f. & Farrer
1066			穗花报春 *Primula deflexa* Duthie
1067			天山报春 *Primula nutans* Georgi
1068			齿萼报春 *Primula odontocalyx*（Franch.）Pax
1069			掌叶报春 *Primula palmata* Hand.-Mazz.
1070			苣叶报春 *Primula sonchifolia* Franch.
1071			狭萼报春 *Primula stenocalyx* Maxim.
1072	白花丹科	蓝雪花属	小蓝雪花 *Ceratostigma minus* Stapf ex Prain
1073		补血草属	二色补血草 *Limonium bicolor*（Bunge）Kuntze
1074	柿树科	柿属	柿 *Diospyros kaki* Thunb.
1075			君迁子 *Diospyros lotus* L.
1076	木犀科	流苏树属	流苏树 *Chionanthus retusus* Lindl. & Paxt.
1077		连翘属	秦连翘 *Forsythia giraldiana* Lingelsh.

序号	科名	属名	种名
1078	木犀科	梣属	白蜡树 *Fraxinus chinensis* Roxb.
1079			秦岭梣 *Fraxinus paxiana* Lingelsh.
1080		素馨属	狭叶矮探春 *Jasminum humile* var. *microphyllum*（Chia）P. S. Green
1081		女贞属	丽叶女贞 *Ligustrum henryi* Hemsl.
1082			女贞 *Ligustrum lucidum* Ait.
1083			宜昌女贞 *Ligustrum strongylophyllum* Hemsl.
1084		丁香属	西蜀丁香 *Syringa komarowii* Schneid.
1085	马钱科	醉鱼草属	巴东醉鱼草 *Buddleja albiflora* Hemsl.
1086			皱叶醉鱼草 *Buddleja crispa* Benth.
1087			大叶醉鱼草 *Buddleja davidii* Fr.
1088			密蒙花 *Buddleja officinalis* Maxim.
1089	龙胆科	龙胆属	肾叶龙胆 *Gentiana crassuloides* Bureau & Franch.
1090			六叶龙胆 *Gentiana hexaphylla* Maxim. ex Kusnez.
1091			陕南龙胆 *Gentiana piasezkii* Maxim.
1092			红花龙胆 *Gentiana rhodantha* Franch. ex Hemsl.
1093			鳞叶龙胆 *Gentiana squarrosa* Ledeb.
1094		扁蕾属	湿生扁蕾 *Gentianopsis paludosa*（Hook. f.）Ma
1095		花锚属	椭圆叶花锚 *Halenia elliptica* D. Don
1096		獐牙菜属	獐牙菜 *Swertia bimaculata*（Sieb.&Zucc.）Hook.f.&Thoms. ex C.B.Clark
1097			北方獐牙菜 *Swertia diluta*（Turcz.）Benth. & Hook. f.
1098	夹竹桃科	络石属	络石 *Trachelospermum jasminoides*（Lindl.）Lem.
1099	萝藦科	鹅绒藤属	牛皮消 *Cynanchum auriculatum* Royle ex Wight
1100			白首乌 *Cynanchum bungei* Decne.
1101			鹅绒藤 *Cynanchum chinense* R. Br.
1102			大理白前 *Cynanchum forrestii* Schltr.
1103			竹灵消 *Cynanchum inamoenum*（Maxim.）Loes.
1104			朱砂藤 *Cynanchum officinale*（Hemsl.）Tsiang & Zhang
1105			地梢瓜 *Cynanchum thesioides*（Freyn）K. Schum.
1106		南山藤属	苦绳 *Dregea sinensis* Hemsl.
1107		萝藦属	萝藦 *Metaplexis japonica*（Thunb.）Makino
1108			华萝藦 *Metaplexis hemsleyana* Oliv.
1109		杠柳属	青蛇藤 *Periploca calophylla*（Wight）Falc.
1110			杠柳 *Periploca sepium* Bunge
1111		娃儿藤属	汶川娃儿藤 *Tylophora nana* Schneid.
1112	旋花科	打碗花属	打碗花 *Calystegia hederacea* Wall.
1113			藤长苗 *Calystegia pellita*（Ledeb.）G. Don
1114		旋花属	田旋花 *Convolvulus arvensis* L.

序号	科名	属名	种名
1115	旋花科	旋花属	刺旋花 *Convolvulus tragacanthoides* Turcz.
1116		菟丝子属	菟丝子 *Cuscuta chinensis* Lam.
1117			金灯藤 *Cuscuta japonica* Choisy
1118		鱼黄草属	北鱼黄草 *Merremia sibirica* (L.) Hall. f.
1119		牵牛属	牵牛 *Ipomoea nil* (L.) Roth
1120			圆叶牵牛 *Ipomoea purpurea* Lam.
1121		飞蛾藤属	飞蛾藤 *Dinetus racemosus* (Roxb.) Buch.–Ham. ex Sweet
1122	紫草科	斑种草属	狭苞斑种草 *Bothriospermum kusnezowii* Bge.
1123			柔弱斑种草 *Bothriospermum zeylanicum* (J. Jacquin) Druce
1124		紫草属	田紫草 *Lithospermum arvense* L.
1125			梓木草 *Lithospermum zollingeri* A. DC.
1126		琉璃草属	美丽琉璃草 *Cynoglossum amabile* f. *ruberum* X. D. Dong
1127			琉璃草 *Cynoglossum furcatum* Wallich
1128			甘青琉璃草 *Cynoglossum gansuense* Y. L. Liu
1129			小花琉璃草 *Cynoglossum lanceolatum* Forsk.
1130			西南琉璃草 *Cynoglossum wallichii* G. Don
1131		微孔草属	长叶微孔草 *Microula trichocarpa* (Maxim.) Johnst.
1132		滇紫草属	小叶滇紫草 *Onosma sinicum* Diels
1133		车前紫草属	短蕊车前紫草 *Sinojohnstonia moupinensis* (Franch.) W. T. Wang
1134		盾果草属	弯齿盾果草 *Thyrocarpus glochidiatus* Maxim.
1135			盾果草 *Thyrocarpus sampsonii* Hance
1136		附地菜属	附地菜 *Trigonotis peduncularis* (Trev.) Benth. ex Baker & Moore
1137			钝萼附地菜 *Trigonotis peduncularis* var. *amblyosepala* (Nakai & Kitagawa) W. T. Wang
1138		附地菜属	祁连山附地菜 *Trigonotis petiolaris* Maxim.
1139	马鞭草科	紫珠属	老鸦糊 *Callicarpa giraldii* Hesse ex Rehd.
1140			日本紫珠 *Callicarpa japonica* Thunb.
1141		莸属	光果莸 *Caryopteris tangutica* Maxim.
1142			三花莸 *Caryopteris terniflora* Maxim.
1143		大青属	臭牡丹 *Clerodendrum bungei* Steud.
1144			海州常山 *Clerodendrum trichotomum* Thunb.
1145		马鞭草属	马鞭草 *Verbena officinalis* L.
1146		牡荆属	黄荆 *Vitex negundo* L.
1147	唇形科	藿香属	藿香 *Agastache rugosa* (Fisch. & Mey.) O. Ktze.
1148		筋骨草属	筋骨草 *Ajuga ciliata* Bunge
1149			微毛筋骨草 *Ajuga ciliata* var. *glabrescens* Hemsl.
1150			长毛筋骨草 *Ajuga ciliata* var. *hirta* C. Y. Wu & C. Chen

序号	科名	属名	种名
1151	唇形科	水棘针属	水棘针 *Amethystea caerulea* L.
1152		风轮菜属	细风轮菜 *Clinopodium gracile*（Benth.）Matsum.
1153			灯笼草 *Clinopodium polycephalum*（Vaniot）C. Y. Wu & Hsuan ex P. S. Hsu
1154			匍匐风轮菜 *Clinopodium repens*（Buch.–Ham. ex D. Don）Wall ex Benth
1155			麻叶风轮菜 *Clinopodium urticifolium*（Hance）C. Y. Wu & Hsuan ex H. W. Li
1156		香薷属	香薷 *Elsholtzia ciliata*（Thunb.）Hyland.
1157			密花香薷 *Elsholtzia densa* Benth.
1158			鸡骨柴 *Elsholtzia fruticosa*（D. Don）Rehd.
1159			木香薷 *Elsholtzia stauntonii* Benth.
1160		活血丹属	白透骨消 *Glechoma biondiana*（Diels）C. Y. Wu & C. Chen
1161		异野芝麻属	异野芝麻 *Heterolamium debile*（Hemsl.）C. Y. Wu
1162		香茶菜属	拟缺香茶菜 *Isodon excisoides*（Sun ex C. H. Hu）H. Hara
1163			鄂西香茶菜 *Isodon henryi*（Hemsl.）Kudo
1164			显脉香茶菜 *Isodon nervosus*（Hemsl.）Kudo
1165			小叶香茶菜 *Isodon parvifolius*（Batalin）H. Hara
1166			碎米桠 *Isodon rubescens*（Hemsl.）H. Hara
1167		夏至草属	夏至草 *Lagopsis supina*（Steph. ex Willd.）Ik.–Gal. ex Knorr.
1168		益母草属	益母草 *Leonurus japonicus* Houttuyn
1169			大花益母草 *Leonurus macranthus* Maxim.
1170			錾菜 *Leonurus pseudomacranthus* Kitagawa
1171		龙头草属	肉叶龙头草 *Meehania faberi*（Hemsl.）C. Y. Wu
1172		薄荷属	薄荷 *Mentha canadensis* L.
1173		荆芥属	荆芥 *Nepeta cataria* L.
1174		牛至属	牛至 *Origanum vulgare* L.
1175		紫苏属	紫苏 *Perilla frutescens*（L.）Britt.
1176		糙苏属	糙苏 *Phlomis umbrosa* Turcz.
1177			南方糙苏 *Phlomis umbrosa* var. *australis* Hemsl.
1178		夏枯草属	山菠菜 *Prunella asiatica* Nakai
1179			夏枯草 *Prunella vulgaris* L.
1180		钩子木属	钩子木 *Rostrinucula dependens*（Rehd.）Kudo
1181		鼠尾草属	犬形鼠尾草 *Salvia cynica* Dunn
1182			鼠尾草 *Salvia japonica* Thunb.
1183			鄂西鼠尾草 *Salvia maximowicziana* Hemsl.
1184			荔枝草 *Salvia plebeia* R. Br.
1185			长冠鼠尾草 *Salvia plectranthoides* Griff.

序号	科名	属名	种名
1186	唇形科	鼠尾草属	甘西鼠尾草 *Salvia przewalskii* Maxim.
1187			粘毛鼠尾草 *Salvia roborowskii* Maxim.
1188		黄芩属	龙头黄芩 *Scutellaria meehanioides* C. Y. Wu
1189			甘肃黄芩 *Scutellaria rehderiana* Diels
1190		水苏属	西南水苏 *Stachys kouyangensis*（Vaniot）Dunn
1191			甘露子 *Stachys sieboldii* Miquel
1192		香科科属	血见愁 *Teucrium viscidum* Bl.
1193	茄科	辣椒属	辣椒 *Capsicum annuum* L.
1194		曼陀罗属	曼陀罗 *Datura stramonium* L.
1195		天仙子属	天仙子 *Hyoscyamus niger* L.
1196		枸杞属	枸杞 *Lycium chinense* Miller
1197		烟草属	黄花烟草 *Nicotiana rustica* L.
1198		茄属	挂金灯 *Physalis alkekengi* var. *franchetii*（Masters）Makino
1199			野海茄 *Solanum japonense* Nakai
1200			白英 *Solanum lyratum* Thunb.
1201			龙葵 *Solanum nigrum* L.
1202			海桐叶白英 *Solanum pittosporifolium* Hemsl.
1203			珊瑚樱 *Solanum pseudocapsicum* L.
1204			青杞 *Solanum septemlobum* Bunge
1205			阳芋 *Solanum tuberosum* L.
1206	玄参科	小米草属	小米草 *Euphrasia pectinata* Tenore
1207			短腺小米草 *Euphrasia regelii* Wettst.
1208		鞭打绣球属	鞭打绣球 *Hemiphragma heterophyllum* Wall.
1209		母草属	宽叶母草 *Lindernia nummulariifolia*（D. Don）Wettstein
1210		通泉草属	通泉草 *Mazus pumilus*（N. L. Burman）Steenis
1211			弹刀子菜 *Mazus stachydifolius*（Turcz.）Maxim.
1212		沟酸浆属	四川沟酸浆 *Mimulus szechuanensis* Pai
1213			尼泊尔沟酸浆 *Mimulus tenellus* var. *nepalensis*（Benth.）Tsoong
1214			高大沟酸浆 *Mimulus tenellus* var. *procerus*（Grant）Hand.–Mazz.
1215		马先蒿属	大卫氏马先蒿 *Pedicularis davidii* Franch.
1216			美观马先蒿 *Pedicularis decora* Franch.
1217			条纹马先蒿 *Pedicularis lineata* Franch. ex Maxim.
1218			藓状马先蒿 *Pedicularis muscoides* Li
1219			南川马先蒿 *Pedicularis nanchuanensis* Tsoong
1220			返顾马先蒿 *Pedicularis resupinata* L.
1221			粗野马先蒿 *Pedicularis rudis* Maxim.
1222			穗花马先蒿 *Pedicularis spicata* Pall.

序号	科名	属名	种名
1223	玄参科	马先蒿属	四川马先蒿 *Pedicularis szetschuanica* Maxim.
1224		松蒿属	松蒿 *Phtheirospermum japonicum*（Thunb.）Kanitz
1225		地黄属	地黄 *Rehmannia glutinosa*（Gaert.）Libosch. ex Fisch. & Mey.
1226		玄参属	长梗玄参 *Scrophularia fargesii* Franch.
1227			长柱玄参 *Scrophularia stylosa* Tsoong
1228		阴行草属	阴行草 *Siphonostegia chinensis* Benth.
1229		婆婆纳属	北水苦荬 *Veronica anagallis-aquatica* L.
1230			长果婆婆纳 *Veronica ciliata* Fisch
1231			疏花婆婆纳 *Veronica laxa* Benth.
1232			小婆婆纳 *Veronica serpyllifolia* L.
1233			四川婆婆纳 *Veronica szechuanica* Batalin
1234			唐古拉婆婆纳 *Veronica vandellioides* Maxim.
1235	紫葳科	角蒿属	两头毛 *Incarvillea arguta*（Royle）Royle
1236			角蒿 *Incarvillea sinensis* Lam.
1237	列当科	草苁蓉属	丁座草 *Boschniakia himalaica* Hook. f. & Thoms.
1238		藨寄生属	宝兴藨寄生 *Gleadovia mupinensis* Hu
1239		齿鳞草属	齿鳞草 *Lathraea japonica* Miq.
1240	苦苣苔科	直瓣苣苔属	直瓣苣苔 *Ancylostemon saxatilis*（Hemsl.）Craib
1241		珊瑚苣苔属	小石花 *Corallodiscus conchifolius* Batalin
1242			珊瑚苣苔 *Corallodiscus lanuginosus*（Wall. ex A. DC.）B. L. Burtt
1243		吊石苣苔属	吊石苣苔 *Lysionotus pauciflorus* Maxim.
1244	透骨草科	透骨草属	透骨草 *Phryma leptostachya* subsp. *asiatica*（Hara）Kitamura
1245	车前科	车前属	车前 *Plantago asiatica* Ledeb.
1246			长果车前 *Plantago asiatica* subsp. *densiflora*（J. Z. Liu）Z. Y. Li
1247			疏花车前 *Plantago asiatica* subsp. *erosa*（Wall.）Z. Y. Li
1248			平车前 *Plantago depressa* Willd.
1249	茜草科	香果树属	香果树 *Emmenopterys henryi* Oliv.
1250		拉拉藤属	原拉拉藤 *Galium aparine* L.
1251		拉拉藤属	车叶葎 *Galium asperuloides* Edgew.
1252			狭叶四叶葎 *Galium bungei* var. *angustifolium*（Loesen.）Cuf.
1253		野丁香属	黄杨叶野丁香 *Leptodermis buxifolia* H. S. Lo
1254			文水野丁香 *Leptodermis diffusa* Batalin
1255			甘肃野丁香 *Leptodermis purdomii* Hutchins.
1256		鸡矢藤属	鸡矢藤 *Paederia foetida* L.
1257		茜草属	金剑草 *Rubia alata* Roxb.
1258			东南茜草 *Rubia argyi*（Lévl. & Vant）Hara ex L. Lauener & D. K. Fergu

序号	科名	属名	种名
1259	茜草科	茜草属	茜草 *Rubia cordifolia* L.
1260			金线茜草 *Rubia membranacea* Diels
1261			卵叶茜草 *Rubia ovatifolia* Z. Y. Zhang
1262	忍冬科	六道木属	南方六道木 *Abelia dielsii*（Graebn.）Makino
1263			蓪梗花 *Abelia uniflora* R. Brown
1264			小叶六道木 *Abelia uniflora* R. Brown
1265		双盾木属	双盾木 *Dipelta floribunda* Maxim.
1266			云南双盾木 *Dipelta yunnanensis* Franch.
1267		忍冬属	淡红忍冬 *Lonicera acuminata* Wall.
1268			葱皮忍冬 *Lonicera ferdinandi* Franch.
1269			樱桃忍冬 *Lonicera fragrantissima* subsp. *phyllocarpa*（Maxim.）Hsu & H. J. Wang
1270			苦糖果 *Lonicera fragrantissima* var. *lancifolia*（Rehder）Q. E. Yang
1271			刚毛忍冬 *Lonicera hispida* Pall. ex Roem. & Schult.
1272			忍冬 *Lonicera japonica* Thunb.
1273			亮叶忍冬 *Lonicera ligustrina* var. *yunnanensis* Franch.
1274			金银忍冬 *Lonicera maackii*（Rupr.）Maxim.
1275			红脉忍冬 *Lonicera nervosa* Maxim.
1276			凹叶忍冬 *Lonicera retusa* Franch.
1277			岩生忍冬 *Lonicera rupicola* Hook. f. & Thoms.
1278			袋花忍冬 *Lonicera tangutica* Maxim.
1279			毛药忍冬 *Lonicera tangutica* Maxim.
1280			唐古特忍冬 *Lonicera tangutica* Maxim.
1281			盘叶忍冬 *Lonicera tragophylla* Hemsl.
1282			长叶毛花忍冬 *Lonicera trichosantha* var. *deflexicalyx*（Batalin）P. S. Hsu & H. J. Wang
1283		接骨木属	血满草 *Sambucus adnata* Wall. ex DC.
1284			接骨草 *Sambucus javanica* Blume
1285			接骨木 *Sambucus williamsii* Hance
1286		莛子藨属	穿心莛子藨 *Triosteum himalayanum* Wall.
1287			莛子藨 *Triosteum pinnatifidum* Maxim.
1288		荚蒾属	桦叶荚蒾 *Viburnum betulifolium* Batal.
1289			醉鱼草状荚蒾 *Viburnum buddleifolium* C. H. Wright
1290			荚蒾 *Viburnum dilatatum* Thunb.
1291			红荚蒾 *Viburnum erubescens* Wall.
1292			细梗红荚蒾 *Viburnum erubescens* Wall. var gracilipes Rehd.
1293			桦叶荚蒾 *Viburnum betulifolium* Batal.

序号	科名	属名	种名
1294	忍冬科	荚蒾属	显脉荚蒾 *Viburnum nervosum* D. Don
1295			皱叶荚蒾 *Viburnum rhytidophyllum* Hemsl.
1296			陕西荚蒾 *Viburnum schensianum* Maxim.
1297			合轴荚蒾 *Viburnum sympodiale* Graebn.
1298	败酱科	败酱属	异叶败酱 *Patrinia heterophylla* Bunge
1299			少蕊败酱 *Patrinia monandra* C. B. Clarke
1300			岩败酱 *Patrinia rupestris* （Pall.） Juss.
1301		缬草属	长序缬草 *Valeriana hardwickii* Wall.
1302			缬草 *Valeriana officinalis* L.
1303	川续断科	刺续断属	刺续断 *Acanthocalyx nepalensis* （D. Don） M. Cannon
1304		川续断属	川续断 *Dipsacus asper* Wallich ex Candolle
1305			日本续断 *Dipsacus japonicus* Miq.
1306		双参属	双参 *Triplostegia glandulifera* Wall. ex DC.
1307	葫芦科	绞股蓝属	绞股蓝 *Gynostemma pentaphyllum* （Thunb.） Makino
1308		裂瓜属	湖北裂瓜 *Schizopepon dioicus* Cogn. ex Oliv.
1309		赤瓟属	头花赤瓟 *Thladiantha capitata* Cogn.
1310			赤瓟 *Thladiantha dubia* Bunge
1311			南赤瓟 *Thladiantha nudiflora* Hemsl. ex Forbes & Hemsl.
1312			鄂赤瓟 *Thladiantha oliveri* Cogn. ex Mottet
1313	桔梗科	沙参属	丝裂沙参 *Adenophora capillaris* Hemsl.
1314			石沙参 *Adenophora polyantha* Nakai
1315			林沙参 *Adenophora stenanthina* subsp. *sylvatica* Hong
1316			川西沙参 *Adenophora stricta* subsp. *aurita* （Franch.） Hong & S. Ge
1317			无柄沙参 *Adenophora stricta* subsp. *sessilifolia* Hong
1318			聚叶沙参 *Adenophora wilsonii* Nannf.
1319		风铃草属	紫斑风铃草 *Campanula punctata* Lamarck
1320		党参属	党参 *Codonopsis pilosula* （Franch.） Nannf.
1321		蓝钟花属	大萼蓝钟花 *Cyananthus macrocalyx* Franch.
1322		袋果草属	袋果草 *Peracarpa carnosa* （Wall.） Hook. f. & Thoms.
1323	菊科	蓍属	蓍 *Achillea millefolium* L.
1324			云南蓍 *Achillea wilsoniana* Heimerl ex Hand.-Mazz.
1325		和尚菜属	和尚菜 *Adenocaulon himalaicum* Edgew.
1326		兔儿风属	杏香兔儿风 *Ainsliaea fragrans* Champ.
1327			长穗兔儿风 *Ainsliaea henryi* Diels
1328			宽叶兔儿风 *Ainsliaea latifolia* （D. Don） Sch.-Bip.
1329		亚菊属	川甘亚菊 *Ajania potaninii* （Krasch.） Poljak.
1330		香青属	黄腺香青 *Anaphalis aureopunctata* Lingelsheim & Borza

序号	科名	属名	种名
1331	菊科	香青属	珠光香青 Anaphalis margaritacea (L.) Benth. & Hook. f.
1332			线叶珠光香青 Anaphalis margaritacea var. japonica (Sch.–Bip.) Makino
1333			尼泊尔香青 Anaphalis nepalensis (Spreng.) Hand.–Mazz.
1334			伞房尼泊尔香青 Anaphalis nepalensis var. corymbosa (Franch.) Hand.–Mazz.
1335			香青 Anaphalis sinica Hance
1336		牛蒡属	牛蒡 Arctium lappa L.
1337		蒿属	莳萝蒿 Artemisia anethoides Mattf.
1338			黄花蒿 Artemisia annua L.
1339			艾 Artemisia argyi Lévl. & Van.
1340			牛尾蒿 Artemisia dubia Wall. ex Bess.
1341			甘肃南牡蒿 Artemisia eriopoda var. gansuensis Ling & Y. R. Ling
1342			歧茎蒿 Artemisia igniaria Maxim.
1343			牡蒿 Artemisia japonica Thunb.
1344			矮蒿 Artemisia lancea Van
1345			野艾蒿 Artemisia lavandulifolia Candolle
1346			蒙古蒿 Artemisia mongolica (Fisch. ex Bess.) Nakai
1347			魁蒿 Artemisia princeps Pamp.
1348			无毛牛尾蒿 Artemisia dubia var. subdigitata (Mattf.) Y. R. Ling
1349			甘青蒿 Artemisia tangutica Pamp.
1350		紫菀属	三脉紫菀 Aster trinervius subsp. ageratoides (Turczaninow) Grierson
1351			异叶三脉紫菀 Aster ageratoides var. heterophyllus Maxim.
1352			小舌紫菀 Aster albescens (DC.) Hand.–Mazz.
1353			无毛小舌紫菀 Aster albescens var. glabratus (Diels) Boufford & Y. S. Chen
1354			萎软紫菀 Aster flaccidus Bge.
1355			异苞紫菀 Aster heterolepis Hand.–Mazz.
1356			灰枝紫菀 Aster poliothamnus Diels
1357			紫菀 Aster tataricus L. f.
1358		鬼针草属	婆婆针 Bidens bipinnata L.
1359		飞廉属	节毛飞廉 Carduus acanthoides L.
1360		天名精属	天名精 Carpesium abrotanoides L.
1361			烟管头草 Carpesium cernuum L.
1362			高原天名精 Carpesium lipskyi Winkl.
1363			长叶天名精 Carpesium longifolium Chen & C. M. Hu
1364			大花金挖耳 Carpesium macrocephalum Franch. & Sav.

序号	科名	属名	种名
1365	菊科	天名精属	棉毛尼泊尔天名精 *Carpesium nepalense* var. *lanatum* （Hook. f. & T. Thoms. ex C. B. Clarke） Kitamura
1366			四川天名精 *Carpesium szechuanense* Chen & C. M. Hu
1367			暗花金挖耳 *Carpesium triste* Maxim.
1368			毛暗花金挖耳 *Carpesium triste* Maxim.
1369		蓟属	刺儿菜 *Cirsium arvense* var. *integrifolium* C. Wimm. & Grabowski
1370			魁蓟 *Cirsium leo* Nakai & Kitag.
1371			马刺蓟 *Cirsium monocephalum* （Vant.） Lévl.
1372			牛口刺 *Cirsium shansiense* Petrak
1373		鱼眼草属	小鱼眼草 *Dichrocephala benthamii* C. B. Clarke
1374		多榔菊属	狭舌多榔菊 *Doronicum stenoglossum* Maxim.
1375		飞蓬属	一年蓬 *Erigeron annuus* （L.） Pers.
1376			展苞飞蓬 *Erigeron patentisquama* Jeffrey ex Diels
1377		泽兰属	异叶泽兰 *Eupatorium heterophyllum* DC.
1378			白头婆 *Eupatorium japonicum* Thunb.
1379		大丁草属	大丁草 *Gerbera anandria* （L.） Sch. –Bip.
1380		鼠曲草属	细叶鼠曲草 *Gnaphalium japonicum* Thunb.
1381			丝绵草 *Gnaphalium luteoalbum* L.
1382		狗娃花属	阿尔泰狗娃花 *Heteropappus altaicus* （Willd.） Novopokr.
1383		旋覆花属	旋覆花 *Inula japonica* Thunb.
1384			总状土木香 *Inula racemosa* Hook. f.
1385		苦荬菜属	山苦荬 *Ixeris chinensis* （Thunb.） Nakai
1386			窄叶小苦荬 *Ixeris chinensis* subsp. *versicolor* （Fisch. ex Link） Kitam.
1387			苦荬菜 *Ixeris polycephala* Cass.
1388		马兰属	马兰 *Kalimeris indica* （L.） Sch.–Bip.
1389		火绒草属	薄雪火绒草 *Leontopodium japonicum* Miq.
1390			长叶火绒草 *Leontopodium junpeianum* Kitam.
1391			狭叶火绒草 *Leontopodium longifolium* f. *angustifolium* Ling
1392			峨眉火绒草 *Leontopodium omeiense* Ling
1393			绢茸火绒草 *Leontopodium smithianum* Hand.–Mazz.
1394		橐吾属	蹄叶橐吾 *Ligularia fischeri* （Ledeb.） Turcz.
1395			掌叶橐吾 *Ligularia przewalskii* （Maxim.） Diels
1396			离舌橐吾 *Ligularia veitchiana* （Hemsl.） Greenm.
1397		紫菊属	黑花紫菊 *Notoseris melanantha* （Franch.） Shih
1398		蟹甲草属	甘肃蟹甲草 *Parasenecio gansuensis* Y. L. Chen
1399			太白山蟹甲草 *Parasenecio pilgerianus* （Diels） Y. L. Chen
1400			蛛毛蟹甲草 *Parasenecio roborowskii* （Maxim.） Y. L. Chen

序号	科名	属名	种名
1401	菊科	蜂斗菜属	毛裂蜂斗菜 *Petasites tricholobus* Franch.
1402		毛连菜属	毛连菜 *Picris hieracioides* L.
1403			日本毛连菜 *Picris japonica* Thunb.
1404		福王草属	多裂福王草 *Prenanthes macrophylla* Franch.
1405			福王草 *Prenanthes tatarinowii* Maxim.
1406		拟鼠曲草属	拟鼠曲草 *Pseudognaphalium affine* (D. Don) Anderberg
1407		翅果菊属	毛脉翅果菊 *Pterocypsela raddeana* (Maxim.) Shih
1408		秋分草属	秋分草 *Rhynchospermum verticillatum* Reinw.
1409		风毛菊属	长梗风毛菊 *Saussurea dolichopoda* Diels
1410			禾叶风毛菊 *Saussurea graminea* Dunn
1411			紫苞雪莲 *Saussurea iodostegia* Hance
1412			风毛菊 *Saussurea japonica* (Thunb.) DC.
1413			大耳叶风毛菊 *Saussurea macrota* Franch.
1414			少花风毛菊 *Saussurea oligantha* Franch.
1415			多头风毛菊 *Saussurea polycephala* Hand.-Mazz.
1416			杨叶风毛菊 *Saussurea populifolia* Hemsl.
1417			华北鸦葱 *Scorzonera albicaulis* Bunge
1418		千里光属	密齿千里光 *Senecio densiserratus* Chang
1419			千里光 *Senecio scandens* Buch.-Ham. ex D. Don
1420		豨莶属	豨莶 *Sigesbeckia orientalis* L.
1421			腺梗豨莶 *Sigesbeckia pubescens* (Makino) Makino
1422		华蟹甲属	华蟹甲 *Sinacalia tangutica* (Maxim.) B. Nord.
1423		蒲儿根属	耳柄蒲儿根 *Sinosenecio euosmus* (Hand.-Mazz.) B. Nord.
1424			蒲儿根 *Sinosenecio oldhamianus* (Maxim.) B. Nord.
1425			圆叶蒲儿根 *Sinosenecio rotundifolius* Y. L. Chen
1426		苦苣菜属	苦苣菜 *Sonchus oleraceus* L.
1427			短裂苦苣菜 *Sonchus uliginosus* M. B.
1428			苣荬菜 *Sonchus wightianus* DC.
1429		蒲公英属	白花蒲公英 *Taraxacum albiflos* Kirschner & Štěpánek
1430			大头蒲公英 *Taraxacum calanthodium* Dahlst.
1431			川甘蒲公英 *Taraxacum lugubre* Dahlst.
1432			蒲公英 *Taraxacum mongolicum* Hand.-Mazz.
1433			药用蒲公英 *Taraxacum officinale* F. H. Wigg.
1434			深裂蒲公英 *Taraxacum scariosum* (Tausch) Kirschner & Štěpánek
1435		苍耳属	苍耳 *Xanthium strumarium* L.
1436		黄鹌菜属	异叶黄鹌菜 *Youngia heterophylla* (Hemsl.) Babc. & Stebbins
1437			多花百日菊 *Zinnia peruviana* (L.) L.

序号	科名	属名	种名
1438	香蒲科	香蒲属	宽叶香蒲 *Typha latifolia* L.
1439	禾本科	芨芨草属	异颖芨芨草 *Achnatherum inaequiglume* Keng ex P. C. Kuo
1440		剪股颖属	华北剪股颖 *Agrostis clavata* Trin.
1441			巨序剪股颖 *Agrostis gigantea* Roth
1442			小花剪股颖 *Agrostis micrantha* Steud.
1443			西伯利亚剪股颖 *Agrostis stolonifera* L.
1444		须芒草属	西藏须芒草 *Andropogon munroi* C. B. Clarke
1445		荩草属	小叶荩草 *Arthraxon lancifolius* (Trin.) Hochst.
1446		燕麦属	莜麦 *Avena chinensis* (Fisch. ex Roem. & Schult.) Metzg.
1447			光稃野燕麦 *Avena fatua* var. *glabrata* Peterm.
1448		孔颖草属	白羊草 *Bothriochloa ischaemum* (L.) Keng
1449		短柄草属	短柄草 *Brachypodium sylvaticum* (Huds.) Beauv.
1450		雀麦属	雀麦 *Bromus japonicus* Thunb. ex Murr.
1451			篦齿雀麦 *Bromus pectinatus* Thunb.
1452			疏花雀麦 *Bromus remotiflorus* (Steud.) Ohwi
1453		拂子茅属	单蕊拂子茅 *Calamagrostis emodensis* Griseb.
1454			假苇拂子茅 *Calamagrostis pseudophragmites* (Hall. f.) Koel.
1455		细柄草属	细柄草 *Capillipedium parviflorum* (R. Br.) Stapf
1456		隐子草属	丛生隐子草 *Cleistogenes caespitosa* Keng
1457		香茅属	芸香草 *Cymbopogon distans* (Nees) Wats.
1458		狗牙根属	狗牙根 *Cynodon dactylon* (L.) Pers.
1459		鸭茅属	鸭茅 *Dactylis glomerata* L.
1460		发草属	短枝发草 *Deschampsia cespitosa* subsp. *ivanovae* (Tzvelev) S. M. Phillips & Z. L. Wu
1461		野青茅属	糙野青茅 *Deyeuxia scabrescens* (Griseb.) Munro ex Duthie
1462		马唐属	升马唐 *Digitaria ciliaris* (Retz.) Koel.
1463		稗属	光头稗 *Echinochloa colona* (L.) Link
1464			无芒稗 *Echinochloa crus-galli* var. *mitis* (Pursh) Petermann
1465		披碱草属	披碱草 *Elymus dahuricus* Turcz.
1466			圆柱披碱草 *Elymus dahuricus* var. *cylindricus* Franch.
1467			麦宾草 *Elymus tangutorum* (Nevski) Hand.-Mazz.
1468		䅟属	牛筋草 *Eleusine indica* (L.) Gaertn.
1469		野黍属	野黍 *Eriochloa villosa* (Thunb.) Kunth
1470		箭竹属	缺苞箭竹 *Fargesia denudata* Yi
1471			青川箭竹 *Fargesia rufa* Yi
1472			糙花箭竹 *Fargesia scabrida* Yi
1473		黄茅属	黄茅 *Heteropogon contortus* (L.) P. Beauv. ex Roem. & Schult.

序号	科名	属名	种名
1474	禾本科	白茅属	大白茅 *Imperata cylindrica* var. *major* (Nees) C. E. Hubbard
1475		臭草属	广序臭草 *Melica onoei* Franch. & Sav.
1476			细叶臭草 *Melica radula* Franch.
1477			臭草 *Melica scabrosa* Trin.
1478		粟草属	粟草 *Milium effusum* L.
1479		芒属	双药芒 *Miscanthus nudipes* (Grisebach) Hackel
1480			芒 *Miscanthus sinensis* Anderss.
1481		求米草属	求米草 *Oplismenus undulatifolius* (Arduino) Beauv.
1482		稻属	稻 *Oryza sativa* L.
1483		落芒草属	湖北落芒草 *Oryzopsis henryi* (Rendle) Keng ex P. C. Kuo
1484		稷属	稷 *Panicum miliaceum* L.
1485		狼尾草属	狼尾草 *Pennisetum alopecuroides* (L.) Spreng.
1486			白草 *Pennisetum flaccidum* Grisebach
1487		显子草属	显子草 *Phaenosperma globosa* Munro ex Benth.
1488		梯牧草属	高山梯牧草 *Phleum alpinum* L.
1489			鬼蜡烛 *Phleum paniculatum* Huds.
1490		芦苇属	芦苇 *Phragmites australis* (Cav.) Trin. ex Steud.
1491		早熟禾属	早熟禾 *Poa annua* L.
1492			林地早熟禾 *Poa nemoralis* L.
1493		棒头草属	棒头草 *Polypogon fugax* Nees ex Steud.
1494		鹅观草属	纤毛鹅观草 *Roegneria ciliaris* (Trin.) Nevski
1495			多秆鹅观草 *Roegneria multiculmis* Kitag.
1496			中华鹅观草 *Roegneria sinica* Keng
1497		狗尾草属	西南莩草 *Setaria forbesiana* (Nees) Hook. f.
1498			金色狗尾草 *Setaria pumila* (Poiret) Roemer & Schultes
1499			狗尾草 *Setaria viridis* (L.) Beauv.
1500		鼠尾粟属	鼠尾粟 *Sporobolus fertilis* (Steud.) W. D. Glayt.
1501		针茅属	长芒草 *Stipa bungeana* Trin.
1502		锋芒草属	虱子草 *Tragus berteronianus* Schultes
1503		草沙蚕属	中华草沙蚕 *Tripogon chinensis* (Franch.) Hack.
1504		三毛草属	三毛草 *Trisetum bifidum* (Thunb.) Ohwi
1505			优雅三毛草 *Trisetum scitulum* Bor
1506			穗三毛 *Trisetum spicatum* (L.) Richt.
1507	莎草科	薹草属	团穗薹草 *Carex agglomerata* C. B. Clarke
1508			干生薹草 *Carex aridula* V. Krecz.
1509			尖鳞薹草 *Carex atrata* subsp. *pullata* (Boott) Kukenth.
1510			青绿薹草 *Carex breviculmis* R. Br.

序号	科名	属名	种名
1511	莎草科	薹草属	褐果薹草 *Carex brunnea* Thunb.
1512			溪生薹草 *Carex fluviatilis* Boott
1513			亲族薹草 *Carex gentilis* Franch.
1514			穹隆薹草 *Carex gibba* Wahlenb.
1515			亨氏薹草 *Carex henryi* C. B. Clarke
1516			日本薹草 *Carex japonica* Thunb.
1517			眉县薹草 *Carex meihsienica* K. T. Fu
1518			云雾薹草 *Carex nubigena* D. Don
1519			刺囊薹草 *Carex obscura* var. *brachycarpa* C. B. Clarke
1520			峨眉薹草 *Carex omeiensis* Tang & Wang
1521			卵穗薹草 *Carex ovatispiculata* Y. L. Chang ex S. Y. Liang
1522			类白穗薹草 *Carex polyschoenoides* K. T. Fu
1523			丝引薹草 *Carex remotiuscula* Wahlenb.
1524			高山穗序薹草 *Carex rochebrunii* subsp. *remotispicula*（Hayata）T. Koyama
1525			匍匐薹草 *Carex rochebrunii* subsp. *reptans*（Franch.）S. Yun Liang & Y. C. Tang
1526			陕西薹草 *Carex shaanxiensis* Wang & Tang ex P. C. Li
1527			武都薹草 *Carex wutuensis* K. T. Fu
1528		莎草属	褐穗莎草 *Cyperus fuscus* L.
1529			香附子 *Cyperus rotundus* L.
1530		水蜈蚣属	无刺鳞水蜈蚣 *Kyllinga brevifolia* var. *leiolepis*（Franch. & Savat.）Hara
1531		砖子苗属	砖子苗 *Mariscus umbellatus* Vahl
1532		扁莎属	直球穗扁莎 *Pycreus flavidus* var. *strictus* Karthikeyan
1533			红鳞扁莎 *Pycreus sanguinolentus*（Vahl）Nees
1534	天南星科	魔芋属	魔芋 *Amorphophallus konjac* K. Koch
1535		天南星属	长行天南星 *Arisaema consanguineum* Schott
1536			象南星 *Arisaema elephas* Buchet
1537			一把伞南星 *Arisaema erubescens*（Wall.）Schott
1538			天南星 *Arisaema heterophyllum* Blume
1539			花南星 *Arisaema lobatum* Engl.
1540		半夏属	半夏 *Pinellia ternata*（Thunb.）Breit.
1541		犁头尖属	独角莲 *Typhonium giganteum* Engl.
1542	鸭跖草科	鸭跖草属	鸭跖草 *Commelina communis* L.
1543		竹叶子属	竹叶子 *Streptolirion volubile* Edgew.
1544	灯心草科	灯心草属	翅茎灯心草 *Juncus alatus* Franch. & Sav.
1545			葱状灯心草 *Juncus allioides* Franch.

序号	科名	属名	种名
1546	灯心草科	灯心草属	小花灯心草 *Juncus articulatus* L.
1547			小灯心草 *Juncus bufonius* L.
1548			灯心草 *Juncus effusus* L.
1549			多花灯心草 *Juncus modicus* N. E. Brown
1550			野灯心草 *Juncus setchuensis* Buchen. ex Diels
1551			假灯心草 *Juncus setchuensis* var. *effusoides* Buchen.
1552		地杨梅属	散序地杨梅 *Luzula effusa* Buchen.
1553			多花地杨梅 *Luzula multiflora*（Ehrhart）Lej.
1554			羽毛地杨梅 *Luzula plumosa* E. Mey.
1555	百合科	粉条儿菜属	无毛粉条儿菜 *Aletris glabra* Bur. & Franch.
1556			粉条儿菜 *Aletris spicata*（Thunb.）Franch.
1557			狭瓣粉条儿菜 *Aletris stenoloba* Franch.
1558		葱属	蓝苞葱 *Allium atrosanguineum* Schrenk
1559			白头韭 *Allium leucocephalum* Turcz.
1560			薤白 *Allium macrostemon* Bunge
1561			卵叶山葱 *Allium ovalifolium* Hand.–Mazz.
1562			糙亭韭 *Allium tenuissimum* f. *zimmermannianum*（Gilg）Q. S. Sun
1563			韭 *Allium tuberosum* Rottler ex Sprengle
1564		天门冬属	羊齿天门冬 *Asparagus filicinus* D. Don
1565			甘肃天门冬 *Asparagus kansuensis* Wang & Tang ex S. C. Chen
1566		绵枣儿属	绵枣儿 *Barnardia japonica*（Thunberg）Schultes & J. H. Schultes
1567		开口箭属	橙花开口箭 *Campylandra aurantiaca* Baker
1568			碟花开口箭 *Campylandra tui*（F. T. Wang & T. Tang）M. N. Tamura et al.
1569		大百合属	大百合 *Cardiocrinum giganteum*（Wall.）Makino
1570		七筋姑属	七筋姑 *Clintonia udensis* Trantv. & Mey.
1571		万寿竹属	短蕊万寿竹 *Disporum bodinieri*（Lévl. & Vant.）Wang & Tang
1572			大花万寿竹 *Disporum megalanthum* Wang & Tang
1573		独尾草属	独尾草 *Eremurus chinensis* Fedtsch.
1574		贝母属	甘肃贝母 *Fritillaria przewalskii* Maxim.
1575			太白贝母 *Fritillaria taipaiensis* P. Y. Li
1576		萱草属	萱草 *Hemerocallis fulva*（L.）L.
1577			北黄花菜 *Hemerocallis lilioasphodelus* L.
1578			小黄花菜 *Hemerocallis minor* Mill.
1579		百合属	野百合 *Lilium brownii* F. E. Brown ex Miellez
1580			百合 *Lilium brownii* var. *viridulum* Baker
1581			宝兴百合 *Lilium duchartrei* Franch.
1582			山丹 *Lilium pumilum* DC.

序号	科名	属名	种名
1583	百合科	百合属	卷丹 *Lilium tigrinum* Ker Gawler
1584		山麦冬属	禾叶山麦冬 *Liriope graminifolia* （L.） Baker
1585			山麦冬 *Liriope spicata* （Thunb.） Lour.
1586		洼瓣花属	西藏洼瓣花 *Lloydia tibetica* Baker ex Oliver
1587		舞鹤草属	舞鹤草 *Maianthemum bifolium* （L.） F. W. Schmidt
1588			管花鹿药 *Maianthemum henryi* （Baker） LaFrankie
1589			鹿药 *Maianthemum japonicum* （A. Gray） LaFrankie
1590			少叶鹿药 *Maianthemum stenolobum* （Franch.） S. C. Chen & Kawano
1591			四川鹿药 *Maianthemum szechuanicum* （F. T. Wang & T. Tang） H. Li
1592			窄瓣鹿药 *Maianthemum tatsienense* （Franch.） LaFrankie
1593		沿阶草属	沿阶草 *Ophiopogon bodinieri* Lévl.
1594			麦冬 *Ophiopogon japonicus* （L. f.） Ker-Gawl.
1595		重楼属	七叶一枝花 *Paris polyphylla* Smith
1596			狭叶重楼 *Paris polyphylla* var. *stenophylla* Franch.
1597			黑籽重楼 *Paris thibetica* Franch.
1598			北重楼 *Paris verticillata* M.-Bieb.
1599		黄精属	粗毛黄精 *Polygonatum hirtellum* Hand.-Mzt.
1600			玉竹 *Polygonatum odoratum* （Mill.） Druce
1601			黄精 *Polygonatum sibiricum* Delar. ex Redoute
1602			轮叶黄精 *Polygonatum verticillatum* （L.） All.
1603			湖北黄精 *Polygonatum zanlanscianense* Pamp.
1604		菝葜属	托柄菝葜 *Smilax discotis* Warb.
1605			黑果菝葜 *Smilax glaucochina* Warb.
1606			粗糙菝葜 *Smilax lebrunii* Lévl.
1607			防己叶菝葜 *Smilax menispermoidea* A. DC.
1608			小叶菝葜 *Smilax microphylla* C. H. Wright
1609			黑叶菝葜 *Smilax nigrescens* Wang & Tang ex P. Y. Li
1610			短梗菝葜 *Smilax scobinicaulis* C. H. Wright
1611			鞘柄菝葜 *Smilax stans* Maxim.
1612			糙柄菝葜 *Smilax trachypoda* Norton
1613		扭柄花属	扭柄花 *Streptopus obtusatus* Fassett
1614		油点草属	黄花油点草 *Tricyrtis pilosa* Wallich
1615		延龄草属	延龄草 *Trillium tschonoskii* Maxim.
1616		藜芦属	藜芦 *Veratrum nigrum* L.
1617		丫蕊花属	丫蕊花 *Ypsilandra thibetica* Franch.

序号	科名	属名	种名
1618	薯蓣科	薯蓣属	黄独 *Dioscorea bulbifera* L.
1619			毛芋头薯蓣 *Dioscorea kamoonensis* Kunth
1620			黑珠芽薯蓣 *Dioscorea melanophyma* Prain & Burkill
1621			穿龙薯蓣 *Dioscorea nipponica* Makino
1622			柴黄姜 *Dioscorea nipponica* subsp. *rosthornii*（Prain & Burkill）C. T. Ting
1623			薯蓣 *Dioscorea polystachya* Turcz.
1624			盾叶薯蓣 *Dioscorea zingiberensis* C. H. Wright
1625	鸢尾科	射干属	射干 *Belamcanda chinensis*（L.）Redouté
1626		鸢尾属	锐果鸢尾 *Iris goniocarpa* Baker
1627			鸢尾 *Iris tectorum* Maxim.
1628			甘肃鸢尾 *Iris tigridia* Bunge
1629	兰科	白及属	小白及 *Bletilla formosana*（Hayata）Schltr.
1630			黄花白及 *Bletilla ochracea* Schltr.
1631			白及 *Bletilla striata*（Thunb. ex Murray）Rchb. f.
1632		虾脊兰属	流苏虾脊兰 *Calanthe alpina* Hook. f. ex Lindl.
1633			弧距虾脊兰 *Calanthe arcuata* Rolfe
1634			肾唇虾脊兰 *Calanthe brevicornu* Lindl.
1635			剑叶虾脊兰 *Calanthe davidii* Franch.
1636			天府虾脊兰 *Calanthe fargesii* Finet
1637			三棱虾脊兰 *Calanthe tricarinata* Lindl.
1638			三褶虾脊兰 *Calanthe triplicata*（Willem.）Ames
1639		头蕊兰属	银兰 *Cephalanthera erecta*（Thunb. ex A. Murray）Bl.
1640			头蕊兰 *Cephalanthera longifolia*（L.）Fritsch
1641		杜鹃兰属	杜鹃兰 *Cremastra appendiculata*（D. Don）Makino
1642		建兰属	建兰 *Cymbidium ensifolium*（L.）Sw.
1643		杓兰属	对叶杓兰 *Cypripedium debile* Rchb. f.
1644			毛杓兰 *Cypripedium franchetii* E. H. Wilson
1645			绿花杓兰 *Cypripedium henryi* Rolfe
1646			西藏杓兰 *Cypripedium tibeticum* King ex Rolfe
1647		掌裂兰属	凹舌掌裂兰 *Dactylorhiza viridis*（L.）R. M. Bateman，Pridgeon & M. W. Chase
1648		石斛属	细叶石斛 *Dendrobium hancockii* Rolfe
1649		火烧兰属	火烧兰 *Epipactis helleborine*（L.）Crantz.

序号	科名	属名	种名
1650	兰科	火烧兰属	大叶火烧兰 *Epipactis mairei* Schltr.
1651		盔花兰属	二叶盔花兰 *Galearis spathulata*（Lindl.）P. F. Hunt
1652			斑唇盔花兰 *Galearis wardii*（W. W. Sm.）P. F. Hunt
1653		天麻属	天麻 *Gastrodia elata* Bl.
1654		斑叶兰属	斑叶兰 *Goodyera schlechtendaliana* Rchb. f.
1655		手参属	角距手参 *Gymnadenia bicornis* T. Tang & K. Y. Lang
1656		玉凤花属	小花玉凤花 *Habenaria acianthoides* Schltr.
1657			雅致玉凤花 *Habenaria fargesii* Finet
1658		角盘兰属	裂瓣角盘兰 *Herminium alaschanicum* Maxim.
1659			叉唇角盘兰 *Herminium lanceum*（Thunb.）Vuijk
1660		瘦房兰属	瘦房兰 *Ischnogyne mandarinorum*（Kraenzlin）Schlechter
1661		羊耳蒜属	羊耳蒜 *Liparis campylostalix* H. G. Reichenbach
1662		沼兰属	沼兰 *Malaxis monophyllos*（L.）Sw.
1663		鸟巢兰属	尖唇鸟巢兰 *Neottia acuminata* Schltr.
1664		山兰属	长叶山兰 *Oreorchis fargesii* Finet
1665		鹤顶兰属	少花鹤顶兰 *Phaius delavayi*（Finet）P. J. Cribb & Perner
1666		舌唇兰属	对耳舌唇兰 *Platanthera finetiana* Schltr.
1667			舌唇兰 *Platanthera japonica*（Thunb. ex Marray）Lindl.
1668			小花舌唇兰 *Platanthera minutiflora* Schltr.
1669			蜻蜓舌唇兰 *Platanthera souliei* Kraenzl.
1670		独蒜兰属	独蒜兰 *Pleione bulbocodioides*（Franch.）Rolfe
1671		小红门兰属	广布小红门兰 *Ponerorchis chusua*（D. Don）Soó
1672			华西小红门兰 *Ponerorchis limprichtii*（Schltr.）Soó
1673		绶草属	绶草 *Spiranthes sinensis*（Pers.）Ames
1667		舌唇兰属	舌唇兰 *Platanthera japonica*（Thunb. ex Marray）Lindl.
1668			小花舌唇兰 *Platanthera minutiflora* Schltr.
1669			蜻蜓舌唇兰 *Platanthera souliei* Kraenzl.
1670		独蒜兰属	独蒜兰 *Pleione bulbocodioides*（Franch.）Rolfe
1671		小红门兰属	广布小红门兰 *Ponerorchis chusua*（D. Don）Soó
1672			华西小红门兰 *Ponerorchis limprichtii*（Schltr.）Soó
1673		绶草属	绶草 *Spiranthes sinensis*（Pers.）Ames

附录二 脊椎动物名录

分类	国家保护等级	三有动物	中国红色名录
鱼纲 Pisces			
鲤形目 Cypriniformes			
鲤科 Cyprinidae			LC
宽鳍鱲 *Zacco platypus*			
马口鱼 *Opsariichthys bidens*			LC
齐口裂腹鱼 *Schizothorax prenanti*			VU
鳅科 Cobitidae			
泥鳅 *Misgurnus anguillicaudatus*			LC
两栖纲 *Amphibia*			
有尾目 Caudata			
小鲵科 Hynobiidae			
西藏山溪鲵 *Batrachuperus tibetanus*		+	VU
无尾目 Anura			
蟾蜍科 Bufonidae			
中华大蟾蜍 *Bufo gargarizans*		+	LC
蛙科 Ranidae			
中国林蛙 *Rana chensinensis*		+	LC
四川湍蛙 *Amolops mantzorum*		+	LC
隆肛蛙 *Rana quadranus*		+	NT
黑斑侧褶蛙 *Rana nigromaculata*		+	NT
爬行纲 *Reptilia*			
蜥蜴目 Lacertiformes			
鬣蜥科 Agamidae			
丽纹攀蜥 *Japalura splendida*		+	LC
蜥蜴科 Lacertian			
北草蜥 *Takydromus septentrionalis*		+	LC
丽斑麻蜥 *Eremia sargus*		+	LC
石龙子科 Scincidae			
黄纹石龙子 *Eumeces capito*		+	LC
铜蜓蜥 *Sphenomorphus indicus*		+	LC
蛇目 Serpentiformes			
游蛇科 Megophryidae			
黑脊蛇 *Achalinus spinalis*		+	LC

分类	国家保护等级	三有动物	中国红色名录
爬行纲 Reptilia			
蛇目 Serpentiformes			
游蛇科 Megophryidae			鹜
平鳞钝头蛇 Pareas boulengeri		+	LC
紫灰锦蛇 Elaphe porphyracea		+	LC
王锦蛇 Elaphe carinata		+	EN
玉斑锦蛇 Elaphe mandarinus		+	VU
黑眉锦蛇 Elaphe taeniura		+	LC
颈槽蛇 Rhabdophis nuchalis		+	LC
虎斑颈槽蛇 Rhabdophis tigrine		+	LC
横纹小头蛇 Oligodon multizonatus		+	NT
黑头剑蛇 Sibynophis chinensis		+	LC
斜鳞蛇 Pseudoxenodon macrops		+	LC
乌梢蛇 Zaocys dhumnades		+	VU
黑线乌梢蛇 Zaocys nigromarginatus		+	VU
蝰科 Rhacophoridae			
菜花烙铁头 Trimeresurus jerdonii		+	LC
原矛头蝮 Trimeresurus mucrosquamatus		+	LC
竹叶青 Trimeresurus stejneger		+	LC
鸟纲 Aves			
鸡形目 Galliformes			
雉科 Phasianidae			
红喉雉鹑 Tetraophasis obscurus	一级		VU
血雉 Ithaginis cruentus	二级		NT
红腹角雉 Tragopan temminckii	二级		NT
勺鸡 Pucrasia macrolopha	二级		LC
蓝马鸡 Crossoptilon auritum	二级		NT
环颈雉 Phasianus colchicus		+	LC
红腹锦鸡 Chrysolophus pictus	二级		NT
鸽形目 Columbiformes			
鸠鸽科 Columbidae			
岩鸽 Columba rupestris		+	LC
山斑鸠 Streptopelia orientalis		+	LC
珠颈斑鸠 Streptopelia chinensis		+	LC

分类	国家保护 等级	三有 动物	中国红色 名录
鸟纲 Aves			
鹃形目 Strgiformes			
杜鹃科 Cuculidae			
噪鹃 *Eudynamys scolopaceus*		+	LC
大杜鹃 *Cuculus canorus*		+	LC
四声杜鹃 *Cuculus micropterus*		+	LC
鹰形目 Accipitriformes			
鹰科 Accipitridae			
金雕 *Aquila chrysaetos*	一级		NT
凤头鹰 *Accipiter trivirgatus*	二级		NT
赤腹鹰 *Accipiter soloensis*	二级		LC
雀鹰 *Accipiter nisus*	二级		LC
黑鸢 *Milvus migrans*	二级		LC
普通鵟 *Buteo buteo*	二级		LC
鸮形目 Strigiformes			
鸱鸮科 Strgidae			
雕鸮 *Bubo bubo*	二级		NT
灰林鸮 *Strix aluco*	二级		NT
斑头鸺鹠 *Glaucidium cuculoides*	二级		LC
纵纹腹小鸮 *Athene noctua*	二级		LC
犀鸟目 Bucerotiformes			
戴胜科 Upupidae			
戴胜 *Upupa epops*		+	LC
啄木鸟目 Piciformes			
啄木鸟科 Picidae			
蚁䴕 *Jynx torquilla*		+	LC
星头啄木鸟 *Dendrocopos canicapillus*		+	LC
大斑啄木鸟 *Dendrocopos major*		+	LC
灰头绿啄木鸟 *Picus canus*			LC
隼形目 Falconformes			
隼科 Falconidae			
红隼 *Falco tinnunculus*	二级		LC

分类	国家保护等级	三有动物	中国红色名录
鸟纲 Aves			
雀形目 Passeriformes			
山椒鸟科 Campephagidae			
长尾山椒鸟 *Pericrocotus ethologus*		+	LC
伯劳科 Laniidae			
红尾伯劳 *Lanius cristatus*		+	LC
灰背伯劳 *Lanius tephronotus*		+	LC
鸦科 Corvidae			
松鸦 *Garrulus glandarius*			LC
红嘴蓝鹊 *Urocissa erythroryncha*		+	LC
喜鹊 *Pica pica*		+	LC
星鸦 *Nucifraga caryocatactes*			LC
红嘴山鸦 *Pyrrhocorax pyrrhocorax*			LC
小嘴乌鸦 *carvus corone*			LC
大嘴乌鸦 *Corvus macrorhynchos*			LC
玉鹟科 Stenostiridae			
方尾鹟 *Culicicapa ceylonensis*			LC
山雀科 Paridae			
煤山雀 *Parus ater*		+	LC
黄腹山雀 *Parus venustulus*		+	LC
白眉山雀 *Poecile superciliosus*		+	NT
红腹山雀 *Poecile davidi*		+	LC
沼泽山雀 *Parus palustris*		+	LC
大山雀 *Parus major*		+	LC
绿背山雀 *Parus monticolus*		+	LC
燕科 Hirundinidae			
家燕 *Hirundo rustica*		+	LC
岩燕 *Ptyonoprogne rupestris*		+	LC
烟腹毛脚燕 *Delichon dasypus*		+	LC
鹎科 Pycnonotidae			
领雀嘴鹎 *Spizixos semitorques*		+	LC
黄臀鹎 *Pycnonotus xanthorrhous*		+	LC
白头鹎 *Pycnonotus sinensis*		+	LC
绿翅短脚鹎 *Ixos mcclellandii*			LC

续表

分类	国家保护等级	三有动物	中国红色名录
鸟纲 Aves			
雀形目 Passeriformes			
柳莺科 Phylloscopidae			
褐柳莺 *Phylloscopus fuscatus*		+	LC
黄腹柳莺 *Phylloscopus affinis*		+	LC
棕眉柳莺 *Phylloscopus armandii*		+	LC
云南柳莺 *Phylloscopus yunnanensis*			LC
淡黄腰柳莺 *Phylloscopus chloronotus*			LC
暗绿柳莺 *Phylloscopus trochiloides*		+	LC
冠纹柳莺 *Phylloscopus claudiae*		+	LC
黄眉柳莺 *Phylloscopus inornatus*		+	LC
极北柳莺 *Phylloscopus borealis*		+	LC
树莺科 Cettiidae			
棕脸鹟莺 *Abroscopus albogularis*			LC
强脚树莺 *Horornis fortipes*			LC
长尾山雀科 Aegithalidae			
银脸长尾山雀 *Aegithalos fuliginosus*		+	LC
红头长尾山雀 *Aegithalos concinnus*		+	LC
莺鹛科 Sylviidae			
金胸雀鹛 *Lioparus chrysotis*			LC
褐头雀鹛 *Fulvetta cinereiceps*			LC
棕头雀鹛 *Fulvetta ruficapilla*		+	LC
棕头鸦雀 *Paradoxornis webbianus*			LC
绣眼鸟科 Zosteropidae			
纹喉凤鹛 *Yuhina gularis*			LC
白领凤鹛 *Yuhina diademata*			LC
灰腹绣眼鸟 *Zosterops palpebrosus*		+	LC
林鹛科 Timaliidae			
斑胸钩嘴鹛 *Erythrogenys gravivox*			LC
棕颈钩嘴鹛 *Pomatorhinus ruficollis*			LC
红头穗鹛 *Cyanoderma ruficeps*			LC
幽鹛科 Pellorneidae			
灰眶雀鹛 *Alcippe morrisonia*			LC
褐顶雀鹛 *Schoeniparus brunneus*		+	LC

续表

分类	国家保护等级	三有动物	中国红色名录
鸟纲 Aves			
雀形目 Passeriformes			
噪鹛科 Leiothrichidae			
矛纹草鹛 *Babax lanceolatus*	=		lc
画眉 *Garrulax canorus*		+	NT
斑背噪鹛 *Garrulax lunulatus*		+	LC
眼纹噪鹛 *Garrulax ocellatus*		+	NT
白喉噪鹛 *Garrulax albogularis*		+	LC
黑领噪鹛 *Garrulax pectoralis*		+	LC
山噪鹛 *Garrulax davidi*		+	LC
白颊噪鹛 *Garrulax sannio*		+	LC
橙翅噪鹛 *Trochalopteron elliotii*		+	LC
黑顶噪鹛 *Trochalopteron affinis*		+	LC
红嘴相思鸟 *Leiothrix lutea*		+	LC
旋木雀科 Certhiidae			
霍氏旋木雀 *Certhia hodgsoni*			LC
䴓科 Sittidae			
普通䴓 *Sitta europaea*			LC
鹪鹩科 Troglodytidae			
鹪鹩 *Troglodytes troglodytes*			LC
河乌科 Cinclidae			
褐河乌 *Cinclus pallasii*			LC
椋鸟科 Sturnidae			
灰椋鸟 *Spodiopsar cineraceus*		+	LC
鸫科 Turdidae			
虎斑地鸫 *Zoothera aurea*		+	LC
灰翅鸫 *Turdus boulboul*		+	LC
乌鸫 *Turdus merula*		+	LC
灰头鸫 *Turdus rubrocanus*			LC
宝兴歌鸫 *Turdus mupinensis*		+	LC
鹟科 Muscicapidae			
蓝喉歌鸲 *Luscinia svecica*		+	LC
红胁蓝尾鸲 *Tarsiger cyanurus*		+	LC

续表

分类	国家保护 等级	三有 动物	中国红色 名录
鸟纲 Aves			
雀形目 Passeriformes			
鹟科 Muscicapidae			
白眉林鸲 *Tarsiger indicus*			LC
鹊鸲 *Copsychus saularis*		+	LC
北红尾鸲 *Phoenicurus auroreus*		+	LC
红尾水鸲 *Rhyacornis fuliginosa*			LC
白顶溪鸲 *Chaimarrornis leucocephalus*			LC
紫啸鸫 *Myophonus caeruleus*			LC
小燕尾 *Enicurus scouleri*			LC
白额燕尾 *Enicurus leschenaulti*			LC
灰林䳭 *Saxicola ferreus*			LC
蓝矶鸫 *Monticola solitarius*			LC
乌鹟 *Muscicapa sibirica*		+	LC
橙胸姬鹟 *Ficedula strophiata*			LC
红喉姬鹟 *Ficedula albicilla*		+	LC
花蜜鸟科 Nectariniidae			
蓝喉太阳鸟 *Aethopyga gouldiae*		+	LC
岩鹨科 Prunellidae			
棕胸岩鹨 *Prunella strophiata*			LC
雀科 Passeridae			
山麻雀 *Passer rutilans*		+	LC
麻雀 *Passer montanus*		+	LC
鹡鸰科 Motacillidae			
黄鹡鸰 *Motacilla flava*		+	LC
黄头鹡鸰 *Motacilla citreola*		+	LC
灰鹡鸰 *Motacilla cinerea*		+	LC
白鹡鸰 *Motacilla alba*		+	LC
树鹨 *Anthus hodgsoni*		+	LC
粉红胸鹨 *Anthus roseatus*		+	LC
燕雀科 Fringillidae			
燕雀 *Fringilla montifringilla*		+	LC
黄颈拟蜡嘴雀 *Mycerobas affinis*			LC

分类	国家保护 等级	三有 动物	中国红色 名录
鸟纲 Aves			
雀形目 Passeriformes			
燕雀科 Fringillidae			
灰头灰雀 *Pyrrhula erythaca*		+	LC
赤朱雀 *Agraphospiza rubescens*		+	LC
棕朱雀 *Carpodacus edwardsii*		+	LC
金翅雀 *Carduelis sinica*		+	LC
黄嘴朱顶雀 *Linaria flavirostris*		+	LC
红交嘴雀 *Loxia curvirostra*		+	LC
藏黄雀 *Spinus thibetanus*			NT
鹀科 Emberizidae			
蓝鹀 *Latoucheornis siemsseni*		+	LC
灰眉岩鹀 *Emberiza godlewskii*		+	LC
三道眉草鹀 *Emberiza cioides*		+	LC
小鹀 *Emberiza pusilla*	+		LC
黄喉鹀 *Emberiza elegans*	+		LC
哺乳纲 Mammalia			
翼手目 Chiroptera			
蝙蝠科 Vespertilionidae			
双色蝙蝠 *Vespertilio murinus*			LC
东亚伏翼 *Pipistrellus abramus*			LC
劳亚食虫目 Erinaceomrpha			
猬科 Erinaceidae			
大耳猬 *Hemiechinus auritus*		+	LC
鼹科 Talpidae			
甘肃鼩鼹 *Scapanulus oweni*			NT
麝鼹 *Scaptochirus moschatus*			NT
鼩鼱科 Soricidae			
中鼩鼱 *Sorex caecutiens*			NT
小鼩鼱 *Sorex minutus*			NT
纹背鼩鼱 *Sorex cylindricauda*			NT
食肉目 Carnivora			
熊科 Ursidae			
黑熊 *Ursus thibetanus*	二级		VU

分类	国家保护等级	三有动物	中国红色名录
哺乳纲 Mammalia			
食肉目 Carnivora			
大熊猫科 Ailuropodidae			
大熊猫 *Ailuropoda melanoleuca*	一级		VU
鼬科 Mustelidae			
猪獾 *Arctonyx collaris*		+	NT
狗獾 *Meles leucurus*		+	NT
青鼬（黄喉貂）*Martes flavigula*	二级		NT
黄鼬 *Mustela sibirica*		+	LC
香鼬 *Mustela altaica*		+	NT
灵猫科 Viverridae			
果子狸 *Paguma larvata*		+	NT
猫科 Felidae			
豹猫 *Prionailurus bengalensis*		+	VU
金猫 *Prodofelis temmincki*	二级		CR
偶蹄目 Artiodactyla			
猪科 Suidae			
野猪 *Sus scrofa*		+	LC
麝科 Moschidae			
林麝 *Moschus berezovskii*	一级		CR
鹿科 Cervidae			
毛冠鹿 *Elaphodus cephalophus*		+	VU
小麂 *Muntiacus reevesi*		+	VU
牛科 Bovidae			
中华鬣羚 *Capricornis milneedwardsii*	二级		VU
中华斑羚 *Naemorhedus griseus*	二级		VU
羚牛 *Budorcas taxicolor*	一级		VU
啮齿目 Rodentia			
松鼠科 Sciuridae			
花鼠 *Tamias sibiricus*		+	LC
岩松鼠 *Sciurotamias davidianus*		+	LC
隐纹花松鼠 *Tamiops swinhoei*		+	LC
复齿鼯鼠 *Trogopterus xanthipes*		+	VU
仓鼠科 Cricetidae			
长尾仓鼠 *Cricetulus longicaudatus*			LC

续表

分类	国家保护 等级	三有 动物	中国红色 名录
哺乳纲 Mammalia			
啮齿目 Rodentia			
鼠科 Muridae			
黑线姬鼠 *Apodemus agrarius*			LC
黑腹绒鼠 *Eothenomys melanogaster*			LC
小家鼠 *Mus musculus*			LC
褐家鼠 *Rattus norvegicus*			LC
鼹型鼠科 Spalacidae			
中华竹鼠 *Rhizomys sinensis*		+	LC
豪猪科 Hystrcidae			
豪猪 *Hystrix brachyura*		+	LC

注：中国脊椎动物红色名录等级：濒危（EN）、易危（VU）、近危（NT）、无危（LC）、数据缺乏（DD）；《国家重点保护野生动物名录》，1989；国家林业局令第 7 号，2003；《国家保护的有益的或者有重要经济、科学研究价值的陆生野生动物名录》，2000。

附录三　昆虫名录

一、襀翅目 Plecoptera

（一）卷襀科 Leuctridae

1. 东方拟卷襀 *Paraleuetra orientalis*（Chu）

甘肃分布：文县、武都、康县、徽县、两当。

2. 叉突诺襀 *Rhopalopsole furcata* Yang et Yang

甘肃分布：文县。

（二）扁襀科 Peltoperlidae

3. 翘叶小扁襀 *Microparla retroloba*（Wu）

甘肃分布：文县。

4. 尖刺刺扁襀 *Cryptoperla stilifera* Sivee

甘肃分布：文县。

（三）绿襀科 Chloroperlidae

5. 长突长绿襀 *Sweltsa longistyla*（Wu）

甘肃分布：文县。

（四）襀科 Perlinae

6. 多锥钮襀 *Acroneuria multiconata* Du et Chou

甘肃分布：文县。

7. 华钮襀 *Sinacroneuria* sp.

甘肃分布：文县、康县。

8. 双条钩襀 *Kamimuria bimaculata* Du et Sivee

甘肃分布：文县、康县。

9. 杨氏钩襀 *Kamimuria yangi* Du et Sivee

甘肃分布：文县、康县。

10. 白水江新襀 *Neoperla baishuijiangensis* Du

甘肃分布：文县。

二、蜻蜓目 Odonata

（一）蜓科 Aeschnidae

1. 黄面蜓 *Aeschnia ornithocephala* Mclachlan

甘肃分布：文县、康县、武都、舟曲。

2. 碧伟蜓 *Anax parthenope* Julius Brauer

甘肃分布：文县、康县。

3. 角斑黑额蜓 *Planaeschna milnesi* Selys

甘肃分布：文县、康县、武都。

（二）大蜻科 Macromidae

4. 闪蓝丽大蜻 *Epophthalmis elegams* Brauer

甘肃分布：文县、康县、武都。

（三）蜻科 Libelluidae

5. 帆白蜻 *Deielia phaon* Selys

甘肃分布：文县、康县。

6. 异色灰蜻 *Orthetrum triangulara melania* Selys

甘肃分布：文县、康县、武都、成县、徽县、两当、宕昌。

7. 红蜻 *Crocothemis servilia* Drury

甘肃分布：文县、康县、两当、舟曲、迭部、广河、康乐、和政、临夏、永靖、岷县、兰州、灵台、泾川、庆阳、古浪、武威、山丹、张掖、酒泉、嘉峪关。

8. 黄蜻 *Pantala flavescens* Fabricius

甘肃分布：文县、康县、武都、徽县、两当。

9. 闪绿宽腹蜻 *Lyriothemis pachygastera* Selys *

甘肃分布：文县、麦积。

10. 黄蜻 *Pantala flavescens* Fabricius

甘肃分布：文县、麦积、崇信、灵台、庆阳、卓尼、舟曲、迭部、广河、康乐、和政、临夏市、永靖、定西、临洮、靖远、武威、金昌、山丹、张掖、临泽、高台、酒泉、嘉峪关。

（四）色蟌科 Agriidae

11. 透顶色蟌 *Agrion grahami* Needae

甘肃分布：文县、徽县、麦积。

12. 中带绿蟌 *Mnais gregoryi* Fraser

甘肃分布：文县、徽县、秦州、麦积、庄浪、华亭。

三、等翅目 Isoptera

（一）木白蚁科 Kalotermitidae

1. 陇南树白蚁 *Glyptotermes longanensis* Gao et Zhu

甘肃分布：文县。

2. 川西树白蚁 *Glyptotermes Hesperus* Gao

甘肃分布：文县、武都。

（二）鼻白蚁科 Rhinotermitidae

3. 黄肢散白蚁 *Reticulitermes flaviceps*（Oshima）*

甘肃分布：文县、康县。

四、𬌗目 Phasmida

（一）𬌗科 Phasmatidae

1. 断沟短肛𬌗 *Baculum intersulcatum* Chen et Ke

甘肃分布：文县、康县。

2. 短肛𬌗 *Baculum pingliense* Chen et He

甘肃分布：文县。

3. 崇信短肛𬌗 *Baculum chongxinense* Chen et He

甘肃分布：文县、华亭、崇信。

4. 白水江瘦枝𬌗 *Macellina baishuijiangia* Chen et Wang

甘肃分布：文县。

五、螳螂目 Mantodea

(一) 螳螂科 Mantidae

1. 大刀螳 *Tenodera aridfolia* （Stoll）

甘肃分布：文县、徽县、迭部、环县、正宁、合水、灵台。

2. 中华大刀螳 *Tendera sinensis* （Saussure）

甘肃分布：文县、武都、康县、徽县、两当、舟曲、天水、平凉、庆阳。

3. 华北大刀螳 *Tendera augustipennis* Saussure

甘肃分布：文县、武都、成县、西和、礼县、两当、徽县、宕昌、舟曲、天水、平凉、武威、酒泉、敦煌、瓜州。

(二) 花螳科 Hymenopodidae

4. 中华原螳 *Anaxarcha sinensis* Beier

甘肃分布：文县、康县。

5. 眼斑螳 *Creobroter* sp.

甘肃分布：文县。

(三) 长颈螳科 Vatidae

6. 中华屏顶螳 *Kishinonyeum sinensae* （Ouchi） *

甘肃分布：文县。

7. 广腹螳螂 *Hierodula patellifera* Serville

甘肃分布：文县、武都、康县、天水。

8. 绿污斑螳螂 *Statilia maculata* Thunberg

甘肃分布：文县、武都、徽县、两当、天水、平凉、酒泉。

9. 棕污斑螳螂 *Statilia nemoralis* Saussure

甘肃分布：文县、两当、天水。

10. 素叶螳螂 *Paratenodera aridifolia* Stau

甘肃分布：文县、徽县。

11. 薄翅螳螂 *Mahtis religiosa* Linnaeus

甘肃分布：文县、武都、康县、成县、西和、礼县、两当、徽县、舟曲、卓尼、天水、平凉、武威、酒泉、嘉峪关。

六、直翅目 Orthoptera

(一) 刺翼蚱科 Scelimenidae

1. 刺羊角蚱 *Criotettix bispinosus* （Dalman）

甘肃分布：文县。

2. 日本羊角蚱 *Criotettix japonicus*（De Haan）

甘肃分布：文县。

3. 大优角蚱 *Eucriotettix grandis*（Hancock）*

甘肃分布：文县；

4. 钝优角蚱 *Eucriotettix dohertyi*（Hancock）*

甘肃分布：文县。

（二）蚱科 Tetrigidae

5. 巴山尖顶蚱 *Teredorus bashanensis* Zheng

甘肃分布：文县。

6. 隆背蚱 *Tetrix tartara*（Bolivar）

甘肃分布：文县、渭源、临洮、积石山。

7. 日本蚱 *Tetrix japonica*（Bolivar）

甘肃分布：文县。

8. 白水江台蚱 *Formosatattix baishuijiangensis* Zheng et Wang

甘肃分布：文县。

9. 长翅长背蚱 *Paratettix uvarovi* Semenov

甘肃分布：文县。

（三）锥头蝗科 Pyrgomorphidae

10. 短额负蝗 *Atractomorpha sinensis* Bol.

甘肃分布：文县、康县、兰州、白银、漳县、永靖、东乡、积石山、平凉、华亭、灵台、泾川。

11. 柳枝负蝗 *Atractomorpha psittacina*（De Haan）

甘肃分布：文县。

12. 锥头蝗 *Pyrgomorpha conica deserti* Bei-Bienko

甘肃分布：文县。

（四）剑角蝗科 Acrididae

13. 中华蚱蜢 *Acrida cinera* Thunberg

甘肃分布：文县、武都、宕昌、徽县、舟曲、迭部、肃南、兰州、白银、靖远、东乡、康乐、泾川、灵台、庆阳。

14. 荒地蚱蜢 *Acrida oxycephala*（Pall.）

甘肃分布：文县、康县、成县、徽县、天水、肃南。

15. 日本鸣蝗 *Mongolotettix japonicus*（I. Bol.）

甘肃分布：文县、两当、靖远。

16. 中华拂蝗 *Phlaeoba sinensis* （I. Bol.）

甘肃分布：文县、武都、康县、成县、徽县、天水。

（五）丝角蝗科 Oedipodidae

17. 花胫绿纹蝗 *Aiolopus tamulus tamulus* （Fabr.）

甘肃分布：文县、武都、天水、兰州。

18. 长翅素木蝗 *Atractomorpha sinensis* （I. Bol.）

甘肃分布：文县、康县、宕昌、天水、靖远、灵台。

19. 黄脊竹蝗 *Ceracris kiangsu* Tsai

甘肃分布：文县、武都、康县、成县、徽县、两当、宕昌、西和、礼县、舟曲。

20. 青脊竹蝗 *Ceracris nigricornis nigricornis* Walker

甘肃分布：文县、徽县、成县、两当。

21. 东亚飞蝗 *Locusta migratoria manilensis* （Mey.）

甘肃分布：文县、康县、宕昌、舟曲、迭部、兰州、靖远、临洮、定西、漳县、岷县、康乐、静宁、庄浪、崇信、泾川、庆阳。

22. 亚洲小车蝗 *Oedaleus decorus asiaticus* B.–Bienko

甘肃分布：文县、宕昌、徽县、张掖、金昌、武威（祁连山林区）、榆中、靖远、漳县、康乐、和政、广河、庆阳。

23. 黄胫小车蝗 *Oedaleus infernalis* Saussure

甘肃分布：文县、康县、武都、宕昌、成县、徽县、两当、天水、舟曲、迭部、康乐、和政、临夏、漳县、肃南、平凉。

24. 红胫小车蝗 *Oedaleus manjius* Chang

甘肃分布：文县、康县、成县、徽县、两当、宕昌、舟曲。

25. 无齿稻蝗 *Oxya adentata* Willemse

甘肃分布：文县、武都、徽县。

26. 山稻蝗 *Oxya agavisa* Tsai

甘肃分布：文县、武都。

27. 中华稻蝗 *Oxya chinensis* （Thunberg）

甘肃分布：文县、武都、宕昌、舟曲。

28. 小稻蝗 *Oxya intricatea* （Stal）

甘肃分布：文县、武都、徽县、天水、舟曲、迭部、静宁、庄浪、华亭、灵台。

29. 日本稻蝗 *Oxya japonica* （Thunberg）

甘肃分布：康县、天水。

（六）螽蟖科 Tettigoniidae

30. 日本条螽 *Ducetia* （Thunberg）

甘肃分布：文县。

31. 瘦露螽 *Phaneroptera gracilis* Burmeister

甘肃分布：文县。

32. 陈氏掩耳螽 *Elimaea cheni* Yang et Kang *

甘肃分布：文县。

33. 贝氏掩耳冬 *Elimaea berezorskii* Bei-Bienko

甘肃分布：文县。

34. 中华螽斯 *Tettigonia chinensis* Willemse

甘肃分布：文县、康县。

35. 绿背复翅螽 *Tegranouae-hallandiae uiridinotata* （Stal）

甘肃分布：文县。

36. 翡螽 *Phyllomimus* sp.

甘肃分布：文县。

37. 华草螽 *Conocephalus chinensis* Redtenbacher

甘肃分布：文县、武都、徽县。

（七）蛉蟋科 Trigonidiidae

38. 素色异针蟋 *Pteronemobius concolor* （Walker）

甘肃分布：文县。

（八）蟋蟀科 Gryllidae

39. 北京油葫芦 *Teleogryllus emma* Ohmachi & Matsumma

甘肃分布：文县、徽县、两当、舟曲、康乐、漳县。

40. 南方油葫芦 *Teleogryllus testaceus* （Walker）

甘肃分布：文县、徽县、舟曲、平凉、庆阳、靖远、景泰、兰州、武威、民勤、临泽、金塔、酒泉、瓜州、敦煌。

（九）蝼蛄科 Gryllotalpidae

41. 东方蝼蛄 *Gryllotalpa orientalis* Burmeister

甘肃分布：文县、武都、徽县、两当、天水、平凉、庆阳、舟曲、临夏、通渭、漳县、定西、临洮、白银、兰州、武威、民勤、永昌、张掖、敦煌、嘉峪关。

42. 华北蝼蛄 *Gryllotalpa unispina* Saussure

甘肃分布：文县、武都、康县、天水、平凉、庆阳、临夏州、兰州、武威、民勤、永昌、张掖、金塔、酒泉、玉门、瓜州、敦煌、嘉峪关。

七、半翅目 Heimaptera

（一）龟蝽科 Plataspidae

1. 平龟蝽 *Brachyplatys* sp.

甘肃分布：文县、武都、康县、成县、徽县、两当、西和、礼县、舟曲。

2. 双列圆龟蝽 *Coptosoma bifaria* Montandon

甘肃分布：文县、武都、康县、成县、徽县、宕昌、舟曲。

3. 双痣圆龟蝽 *Coptosoma biguttula* Motsch.

甘肃分布：文县、康县。

4. 子都圆龟蝽 *Coptosoma pulchella* Montandon

甘肃分布：文县。

5. 西蜀圆龟蝽 *Coptosoma sordidula* Montandon

甘肃分布：文县、武都、康县、成县、徽县、西和、礼县、宕昌、舟曲。

6. 多变圆龟蝽 *Coptosoma variegata* Herrich–Schaeffer

甘肃分布：文县。

7. 显著圆龟蝽 *Coptosoma notabilis* Montandon*

甘肃分布：文县。

8. 光腹豆龟蝽 *Megacopta laeviventris* Hsiao et Jen*

甘肃分布：文县。

9. 大华龟蝽 *Tarichea chinensis* （Dallas）

甘肃分布：文县。

10. 豆龟蝽 *Megacopta cribraia* （Fabricius）

甘肃分布：文县、康县。

（二）土蝽科 Cydnidae

11. 黑鳖土蝽 *Adrisa nigra* Amyot et Serville

甘肃分布：文县。

12. 点边土蝽 *Adomerus triguttulus* （Motschulsky）

甘肃分布：文县、康县。

13. 青革土蝽 *Macroscytus subaeneus* （Dallas）

甘肃分布：文县、康县。

14. 褐领土蝽 *Chilocoris piceus* Signoret

甘肃分布：文县。

（三）盾蝽科 Scutelleridae

15. 麦扁盾蝽 *Eurygaster integriceps* Puton

甘肃分布：舟曲、文县、宕昌。

16. 金绿宽盾蝽 *Poecilocoris lewisi*（Distant）

甘肃分布：文县、宕昌、舟曲。

17. 沟盾蝽 *Solenostethium rubropunctatum*（Guerin）

甘肃分布：文县。

（四）荔蝽科 Tessaratomidae

18. 硕蝽 *Eurostus validus*（Dallas）

甘肃分布：文县、康县。

19. 异色巨蝽 *Eurostus cupreus*（Westwood）

甘肃分布：文县。

20. 暗绿巨蝽 *Eusthenes curpreus* Stål

甘肃分布：文县。

（五）兜蝽科 Dinidoridae

21. 褐兜蝽 *Aspongopus brunneus*（Thunberg）

甘肃分布：文县、康县、武都。

22. 九香虫 *Aspongopus chinensis*（Dallas）

甘肃分布：文县、康县、武都。

（六）蝽科 Pentatomidae

23. 蠋蝽 *Arma custos*（Fabricius）

甘肃分布：文县、康县、成县、徽县、宕昌。

24. 峨眉疣蝽 *Cazira emeia* Zhang et Liu

甘肃分布：文县、成县。

25. 益蝽 *Picromerus lewisi* Scott

甘肃分布：文县、康县、宕昌、成县。

26. 蓝蝽 *Zicrona caerula*（Linnaeus）

甘肃分布：文县、康县、武都、宕昌、徽县、礼县。

27. 斑须蝽（细毛蝽）*Dolycoris baccarum*（Linnaeus）

甘肃分布：文县、康县、宕昌、舟曲。

28. 褐普蝽 *Priassus testaceus* Hsiao et Cheng

甘肃分布：文县、康县。

29. 紫蓝曼蝽（紫蓝蝽）*Menida violacea* Motschulsky

甘肃分布：文县、康县、成县、舟曲。

30. 赤条蝽 *Graphosoma rubrolineata*（Westwood）

甘肃分布：文县、康县、成县、宕昌、舟曲。

31. 岱蝽 *Dalpada oculata*（Fabricius）

甘肃分布：文县、康县。

32. 全蝽（四横点蝽）*Homalogonia obtuse*（Walker）*

甘肃分布：文县、康县。

33. 褐真蝽 *Pentatoma armandi* Fallou

甘肃分布：文县、武都、成县、徽县、西和、宕昌、舟曲。

34. 红玉蝽 *Hoplistodera pulchra* Yang

甘肃分布：文县、康县。

35. 玉蝽 *Hoplistodera fergussoni* Distant*

甘肃分布：文县、康县。

36. 黄蝽 *Euryaspis flavescens* Distant

甘肃分布：文县、康县。

37. 二星蝽 *Stollia guttiger*（Thunberg）

甘肃分布：文县、武都、康县、成县、徽县、西和、两当、宕昌、舟曲。

38. 麻皮蝽 *Erthesina fullo*（Thunberg）

甘肃分布：文县、武都、康县、徽县、成县、两当、西和、礼县、宕昌、舟曲。

39. 菜蝽 *Eurydema dominulus*（Scopoli）

甘肃分布：文县、康县。

40. 横纹菜蝽 *Eurydema gebleri* Kolenati

甘肃分布：文县、康县、宕昌、舟曲。

41. 川甘碧蝽 *Palomena haemorrhoidalis* Lindberg

甘肃分布：文县。

42. 珠蝽（肩边蝽）*Rubiconia intermedia*（Wolff）

甘肃分布：文县。

43. 凹肩辉蝽 *Carbula sinica* Hsiao et Cheng

甘肃分布：文县、武都、康县、徽县、成县、宕昌、舟曲。

44. 稻绿蝽点斑型 *Nezara viridula forma aurantiaca* Costa

甘肃分布：文县、武都、康县。

45. 稻绿蝽黄肩型 *Nezara viridula forma torquata*（Fabricius）

甘肃分布：文县、武都、康县。

46. 稻绿蝽全绿型 *Neara viridula forma*（Linnaeus）

甘肃分布：文县、武都、康县。

47. 茶翅蝽 *Halyomorpha picus* （Fabricius）

甘肃分布：文县、武都、康县、成县、两当、徽县、宕昌、舟曲。

48. 珀蝽 *Plautia fimbriata* （Fabricius）

甘肃分布：文县、武都。

49. 卵圆蝽 *Hippota dorsalis* （Stal）

甘肃分布：文县。

50. 并蝽 *Pinthaeus humeralis* Horvath

甘肃分布：文县。

51. 莽蝽 *Placosternum taurus* （Fabricius）

甘肃分布：文县。

（七）同蝽科 Acanthosomatidae

52. 短直同蝽 *Elasmostethus brevis* Lindberg

甘肃分布：文县、武都、康县、成县、徽县、西和、两当、礼县、宕昌、舟曲。

53. 背匙同蝽 *Elasmucha dorsalis* Jakovlev

甘肃分布：宕昌、文县、舟曲。

54. 匙同蝽 *Elasmucha ferrugata* （Fieber）

甘肃分布：文县、宕昌、舟曲。

55. 灰匙同蝽 *Elasmucha grisea* （Linnaeus）

甘肃分布：文县、武都、宕昌、成县。

56. 板同蝽 *Platacantha armifer* Lindberg

甘肃分布：文县、武都、康县、成县、徽县、宕昌、舟曲。

57. 剪板同蝽 *Platacantha forfex* （Dallas）

甘肃分布：文县、武都、舟曲。

58. 秀板同蝽 *Lindbergicoris elegans* Zheng et Wang*

甘肃分布：文县。

59. 俏板同蝽 *Lindbergicoris elegantulus* Zheng et Wang*

甘肃分布：文县。

60. 丽板同蝽 *Lindbergicoris pulchra* Zheng et Wang*

甘肃分布：文县。

61. 伊锥同蝽 *Sastragala esakii* Hasegawa

甘肃分布：文县。

62. 副锥同蝽 *Sastragala edessoides* Distant

甘肃分布：文县。

63. 宽铗同蝽 *Acanthosoma labiduroides* Jakovlev

甘肃分布：文县、舟曲。

64. 细铗同蝽 *Acanthosoma forficula* Jakovlev

甘肃分布：文县。

65. 显同蝽 *Acanthosoma distinctum*（Walker）

甘肃分布：文县、康县。

66. 花椒同蝽 *Acanthosoma zanthoxylum* Hsiao et Liu

甘肃分布：文县、武都、宕昌、西和、礼县、舟曲。

67. 黑背同蝽 *Acanthosoma nigrodorsum* Hsiao et Liu

甘肃分布：文县、武都、康县、成县、宕昌、徽县、舟曲。

68. 泛刺同蝽 *Acanthosoma spinicolle* Jakovlev

甘肃分布：文县、武都、成县、徽县、宕昌、舟曲。

69. 黑刺同蝽 *Acanthosoma nigrospina* Hsiao et Liu

甘肃分布：文县、武都、康县、成县、西和、礼县、徽县、宕昌、舟曲。

70. 陕西同蝽 *Acanthosoma shensiensis* Hsiao et Liu

甘肃分布：文县、成县、徽县。

（八）异蝽科 Urostylidae

71. 华异蝽 *Tessaromerus maculates* Hsiao et Ching*

甘肃分布：文县、武都、康县、成县、徽县。

72. 亮壮异蝽 *Urochela distincta* Distant

甘肃分布：文县、宕昌。

73. 花壮异蝽 *Urochela luteovaria* Distant

甘肃分布：文县、康县、徽县。

74. 黑门娇异蝽 *Urostylis westwoodi* Scott

甘肃分布：文县、宕昌、舟曲。

75. 淡娇异蝽 *Urostylis yangi* Maa

甘肃分布：文县、康县、宕昌。

（九）缘蝽科 Coreidae

76. 月肩奇缘蝽 *Derepteryx lunata*（Distant）

甘肃分布：文县、武都、康县。

77. 曲胫侏缘蝽 *Lethocerus indicas* *

甘肃分布：文县、宕昌、舟曲。

78. 波赭缘蝽 *Ochrochira potanini* Kiritshenko

甘肃分布：文县、康县。

79. 瘤缘蝽 *Acanthocoris scaber*（Linnaeus）

甘肃分布：文县、宕昌、舟曲。

80. 暗黑缘蝽 *Hygia*（*H.*）*opaca* Uhler*

甘肃分布：文县、宕昌、舟曲。

81. 环胫黑缘蝽 *Hygia*（*H.*）*touchei* Distant

甘肃分布：文县、武都、康县、成县、宕昌。

82. 广腹同缘蝽 *Homoeocerus*（*H.*）*dilatatus* Horvath

甘肃分布：文县、武都、康县、成县、徽县、两当、宕昌、舟曲。

83. 波原缘蝽 *Coreus potanini* Jakovlev

甘肃分布：文县、武都、康县、成县、徽县、两当、宕昌。

（十）姬缘蝽科 Rhopalidae

84. 欧姬缘蝽 *Corizus hyoscyami* Linnaeus

甘肃分布：文县、宕昌。

85. 开环缘蝽 *Stictopleurus minutus* Blote*

甘肃分布：文县、宕昌。

86. 粟缘蝽 *Liorhyssus hyalinus* Fabricius

甘肃分布：文县、武都、宕昌、舟曲。

87. 黄伊缘蝽 *Rhopalus maculates* Hsiao

甘肃分布：文县、舟曲。

88. 点伊缘蝽 *Rhopalus latus*（Jakovlev）

甘肃分布：文县、宕昌、舟曲。

89. 克氏伊缘蝽 *Rhopalus kerzhneri* Gollner–Scheiding

甘肃分布：文县、宕昌、舟曲。

90. 棕伊缘蝽 *Rhopalus parumpunctatus*

甘肃分布：文县、徽县。

91. 褐伊缘蝽 *Rhopalus sapporensis*（Matsumrea）

甘肃分布：文县、武都、宕昌、舟曲。

92. 点蜂缘蝽 *Riptortus pedestris* Fabricius

甘肃分布：文县、武都、康县、成县、宕昌、舟曲。

93. 条蜂缘蝽 *Riptortus linearis* Fabricius

甘肃分布：文县、武都、康县、成县、徽县、两当、宕昌、舟曲。

（十一）跷蝽科 Berytidae

94. 齿肩跷蝽 *Metatropis denticollis* Lindberg

甘肃分布：文县、宕昌。

95. 锤肋跷蝽 *Yemma signatus* (Hsiao)

甘肃分布：文县、武都、康县。

96. 娇驼跷蝽 *Gampsocoris pulchellus* (Dallas)

甘肃分布：文县。

(十二) 长蝽科 Lygaeidae

97. 拟方红长蝽 *Lygaeus oreophilus* (Korotschenko)

甘肃分布：文县、武都、宕昌、舟曲。

98. 横带红长蝽 *Lygaeus equestris* (Linnaeus)

甘肃分布：文县、武都、成县、宕昌、舟曲。

99. 红脊长蝽 *Tropidothorax elegans* (Distant)

甘肃分布：文县、武都、康县、成县。

100. 小长蝽 *Nysius ericae* (Schilling)

甘肃分布：文县、宕昌、舟曲。

101. 灰褐蒴长蝽 *Pylorgus sordidus* Zheng，Zou et Hsiao

甘肃分布：文县、武都、宕昌。

102. 宽大眼长蝽 *Geocoris varius* (Uhler)

甘肃分布：文县、康县、成县。

103. 大眼长蝽 *Geocoris pallidipennis* (Costa)

甘肃分布：文县。

104. 白斑地长蝽 *Rhyparochromus* (*Panaorus*) *albomaculatus* (Scott)

甘肃分布：文县、康县、成县、宕昌。

105. 淡边地长蝽 *Rhyparochromus* (*Panaorus*) *adspersus* Mulsant et Rey

甘肃分布：文县、成县、宕昌、舟曲。

106. 白边长足长蝽 *Dieuches uniformis* Distant

甘肃分布：文县、宕昌。

107. 川甘长足长蝽 *Dieuches kansuensis* Lindberg

甘肃分布：文县。

(十三) 红蝽科 Pyrrhocoridae

108. 小斑红蝽 *Physopelta cincticollis* Stal

甘肃分布：文县。

109. 地红蝽 *Pyrrhocoris tibialis* Stal

甘肃分布：文县、宕昌。

110. 先地红蝽 *Pyrrhocoris sibiricus* Kuschakevich

甘肃分布：文县。

（十四）网蝽科 Tingidae

111. 长头网蝽 *Cantacader lethierryi* Scott

甘肃分布：文县、武都。

112. 角菱背网蝽 *Eteoneus angulatus* Drake et Maa

甘肃分布：文县、武都、成县、徽县、西和、礼县、舟曲。

113. 菊贝脊网蝽 *Galeatus spinifrons* （Fallen） *

甘肃分布：文县、成县。

114. 梨冠网蝽 *Stephanitis* （*Stephanitis*） *nashi* Esaki et Takeya*

甘肃分布：文县、武都、成县、徽县。

（十五）瘤蝽科 Phymatidae

115. 原瘤蝽 *Phymata crassipes* （Fabricius） *

甘肃分布：文县、宕昌、舟曲。

116. 天目螳瘤蝽 *Cnizocoris dimorphus* Maa et Liu

甘肃分布：文县、武都、康县、成县、两当、徽县。

117. 中国螳瘤蝽 *Cnizocoris sinensis* Kormilev*

甘肃分布：文县、宕昌、舟曲。

（十六）猎蝽科 Reduviidae

118. 大蚊猎蝽 *Myiophanes tipulina* Reuter

甘肃分布：文县。

119. 日月盗猎蝽 *Pirates arcuatus* （Stal） *

甘肃分布：文县、康县。

120. 细盗猎蝽 *Pirates* （*Cleptocoris*） *lepturoides* （Wolff）

甘肃分布：文县、武都、康县、宕昌。

121. 污黑盗猎蝽 *Pirates* （*Cleptocoris*） *turpis* Walker

甘肃分布：文县、宕昌。

122. 黄足猎蝽 *Sirthenea flavipes* （Stal）

甘肃分布：文县、康县、舟曲。

123. 红缘猎蝽 *Reduvius lateralis* Hsiao

甘肃分布：文县、武都、康县、成县、徽县、两当。

124. 环足普猎蝽 *Oncocephalus annulipes* Stal*

甘肃分布：文县、康县。

125. 环塔猎蝽 *Tapirocoris annuliatus* Hsiao et Ren

甘肃分布：文县、康县。

126. 褐菱猎蝽 *Isyndus obscurus* Dall*

甘肃分布：文县、武都、康县、成县、徽县、两当。

127. 暗素猎蝽 *Epidaus nebulo* （Stal）

甘肃分布：文县、康县、宕昌。

128. 红缘真猎蝽 *Harpactor rubromarginatus* Jakovlev

甘肃分布：文县、武都、康县、成县、徽县、宕昌、舟曲。

129. 红缘猛猎蝽 *Sphedanolestes gularis* Hsiao

甘肃分布：文县、康县、成县。

（十七）**姬蝽科** Nabidae

130. 日本高姬蝽 *Gorpis japonicus* Kerzhner

甘肃分布：文县。

131. 山高姬蝽 *Gorpis brevilineata* （Scott）

甘肃分布：文县。

132. 小翅姬蝽 *Nabis apicalis* Matsumura

甘肃分布：文县。

133. 波姬蝽 *Nabis potanini* Bianchi

甘肃分布：文县、康县。

134. 塞姬蝽 *Nabis intermendius* Kerzhner*

甘肃分布：文县。

135. 泛希姬蝽 *Himacerus apterus* （Fabricius）

甘肃分布：文县、康县、宕昌。

（十八）**花蝽科** Anthocoridae

136. 头叉胸花蝽 *Amphiareus obscuriceps* （Poppius） *

甘肃分布：文县、康县。

137. 阔原花蝽 *Anthocoris expansus* Bu*

甘肃分布：文县。

138. 山地原花蝽 *Anthocoris montanus* Zheng

甘肃分布：宕昌、舟曲。

139. 欧原花蝽 *Anthocoris nemorum* （Linnaeus） *

甘肃分布：文县、宕昌、舟曲。

140. 秦岭原花蝽 *Anthocoris qinlingensis* Bu et Zheng*

甘肃分布：文县。

141. 萧氏原花蝽 *Anthocoris hsiaoi* Bu et Zheng

甘肃分布：文县。

142. 蒙新原花蝽 *Anthocoris pilosus* （Jakovlev）*

甘肃分布：宕昌、舟曲。

143. 中国小花蝽 *Orius chinensis* Bu et Zheng*

甘肃分布：文县、康县。

（十九）盲蝽科 Miridae

144. 东直头盲蝽 *Orthocephalus funestus* Jakovlev

甘肃分布：文县、宕昌、舟曲。

145. 纹盾蕨盲蝽 *Bryocoris convexicollis* Hsiao

甘肃分布：文县、康县、宕昌。

146. 暗味盲蝽 *Mecomma opaca* Liu et Zheng

甘肃分布：文县、康县、徽县。

147. 暗味盲蝽 *Mecomma gansuensis* Liu et Zheng

甘肃分布：文县、康县。

148. 跃盲蝽 *Ectmetopterus micantulus* （Horvath）

甘肃分布：文县、康县、徽县。

149. 远东斜唇盲蝽 *Plagiognathus collaris* （Matsumura）

甘肃分布：文县、康县、宕昌。

150. 黑胝狭盲蝽 *Stenodema nigricallum* Zheng

甘肃分布：文县、康县。

151. 深色狭盲蝽 *Stenodema elegans* Reuter

甘肃分布：文县、康县、宕昌。

152. 烟盲蝽 *Cyrtopeltis tenuis* Reuter

甘肃分布：文县、康县、成县、徽县、宕昌。

153. 条赤须盲蝽 *Trigonotylus coelestialium* （Kirkaldy）

甘肃分布：文县、康县、成县。

154. 中黑苜蓿盲蝽 *Adelphocoris suturalis* Jakovlev

甘肃分布：文县、康县、宕昌。

155. 四点苜蓿盲蝽 *Adelphocoris annulicornis* （Sahlberg）

甘肃分布：文县、武都、康县、宕昌。

156. 三点苜蓿盲蝽 *Adelphocoris fasciaticollis* Reuter

甘肃分布：文县、武都、康县、成县、徽县、两当。

157. 横断苜蓿盲蝽 *Adelphocoris funestus* Reuter

甘肃分布：文县、康县。

158. 苜蓿盲蝽 *Adelphocoris lineolatus* （Goeze）

甘肃分布：文县、武都、康县、成县、徽县、两当、西和、礼县、宕昌、舟曲。

159. 绿后丽盲蝽 *Lygocoris lucorum* （Meyer–Dur）*

甘肃分布：文县、宕昌。

160. 黑肩绿盲蝽 *Cyrtorrhinum lividipennis* Reuter

甘肃分布：文县、康县、宕昌。

161. 黑齿爪盲蝽 *Deraeocoris ater* Jakovlev

甘肃分布：文县、武都、康县、成县、徽县、两当、西和、礼县、宕昌。

162. 食蚜齿爪盲蝽 *Deraeocoris punctulatus* Fallen

甘肃分布：文县、武都、康县、成县、徽县。

163. 跳盲蝽 *Halticus altator* （Geoffray）

甘肃分布：文县、宕昌、舟曲。

164. 棱额盲蝽 *Salignus distinguendus* Reuter

甘肃分布：文县、康县。

165. 棱额草盲蝽 *Lygus discrepans* Reuter

甘肃分布：文县、康县。

166. 东亚草盲蝽 *Lygus saundersi* （Reuter）

甘肃分布：文县、宕昌。

167. 西伯利亚草盲蝽 *Lygus sibiricus* Aglyamzyanov

甘肃分布：文县、武都、成县、宕昌。

168. 牧草盲蝽 *Lygus pratensis* （Linnaeus）

甘肃分布：文县、康县、宕昌。

169. 斑胸植盲蝽 *Phytocoris kinghti* Hsiao

甘肃分布：文县。

170. 喙盲蝽 *Proboscidocoris malayus* Reuter

甘肃分布：文县。

（二十）**黾蝽科** Gerridae

171. 大水黾 *Aquarium elongatum* Uhl.

甘肃分布：文县、武都、康县、舟曲。

172. 水黾 *Aquarium. paludum* Fabriccus

甘肃分布：文县、康县、成县、舟曲、迭部。

（二十一）划蝽科 Corixidae

173. 划蝽 *Sigara distanti* Kirkaldy

甘肃分布：文县、舟曲。

（二十二）仰蝽科 Notonectidae

174. 仰泳蝽 *Enithares sinica* Stal

甘肃分布：文县、舟曲。

（二十三）蝎蝽科 Nepidae

175. 蝎蝽 *Nopa ohinensis* Hoff

甘肃分布：文县、康县。

八、同翅目 Homoptera

（一）蝉科 Cicadidae

1. 蟪蛄 *Platypleura kaempferi* （Fabricius）

甘肃分布：文县、武都、康县、宕昌。

2. 蛉蛄 *Pycna repanda* （Linnaeus）

甘肃分布：文县、康县。

3. 蚱蝉 *Cryptotympana atrata* （Fabricius）

甘肃分布：文县、武都、康县、成县、徽县、西和、礼县、两当、宕昌、舟曲。

4. 唐蝉 *Tama abliqua* Liu*

甘肃分布：文县、宕昌、舟曲。

5. 草蝉 *Mogannia conica* Germer

甘肃分布：文县、宕昌。

6. 暗翅蝉 *Scieroptera splendidula* （Fabricius）

甘肃分布：文县、康县。

7. 碧蝉 *Hea fasciata* Distant

甘肃分布：文县、康县。

（二）角蝉科 Membracidae

8. 黑圆角蝉 *Gargara genistae* （Fabrcius）

甘肃分布：文县、武都、康县。

9. 中华高冠角蝉 *Hypsauchenia chinensis* Chou

甘肃分布：文县、武都、康县、徽县、宕昌。

10. 犀角蝉 *Jingkara hyalipunctata* Chou

甘肃分布：文县、武都、康县。

11. 黑无齿角蝉 *Nondenticentrus melanicus* Yuan et Cui*

甘肃分布：文县、徽县、宕昌。

12. 油桐三刺角蝉 *Tricentrus aleuritis* Chou

甘肃分布：文县。

13. 宽缘三刺角蝉 *Tricentrus longimarginis* Yuan et Cui*

甘肃分布：文县。

14. 等盾负角蝉 *Telingana scutellata* China

甘肃分布：文县、武都、康县、宕昌。

15. 羚羊矛角蝉 *Leptobelus gazella* Fairmaire*

甘肃分布：文县、武都、康县、成县、徽县、西和、礼县、宕昌。

（三）沫蝉科 Cercopidae

16. 稻赤斑黑沫蝉 *Callitettix versicolora*（Fabricus）

甘肃分布：文县、武都、康县。

17. 黑胸丽沫蝉 *Cosmoscarta exultans*（Walker）

甘肃分布：文县、康县。

18. 黑斑丽沫蝉 *Cosmocarta dorsimacula*（Walker）

甘肃分布：文县、康县。

19. 七斑丽沫蝉 *Cosmocarta septempuntata*（Walker）

甘肃分布：文县。

20. 二带丽沫蝉 *Cosmocarta manderina* Distant

甘肃分布：文县、康县、徽县。

（四）尖胸沫蝉科 Aphrophoridae

21. 松沫蝉 *Aphrophora flavipes* Uhler

甘肃分布：文县、康县、舟曲。

22. 白带尖胸沫蝉 *Aphrophora intermedia* Uhler*

甘肃分布：文县、宕昌、舟曲。

23. 凹盾尖胸沫蝉 *Aphrophora auropilosa* Matsumura*

甘肃分布：文县、康县。

24. 二点尖胸沫蝉 *Clovia bipuctata*（Kirby）

甘肃分布：文县、康县。

25. 白条象沫蝉 *Philagra albinotata* Matsumura

甘肃分布：文县、康县、徽县、成县。

26. 白纹象沫蝉 *Philagra albinotata* Uhler

甘肃分布：文县、武都。

（五）大叶蝉科 Cicadellidae

27. 华凹大叶蝉 *Bothrogonia sinica* Yang et Li

甘肃分布：文县、武都、康县、成县、徽县、两当。

28. 大青叶蝉 *Tettigella viridis* （Linne）

甘肃分布：文县、武都、康县、徽县、成县、西和、礼县、两当、宕昌、舟曲。

29. 白边大叶蝉 *Kolla atramentaria* （Motschulsky）

甘肃分布：文县、武都、康县、徽县、成县、宕昌。

（六）横脊叶蝉科 Evacanthidae

30. 淡脉横脊叶蝉 *Evacanthus danmainus* Kuoh*

甘肃分布：文县、康县、徽县。

31. 二带横脊叶蝉 *Evacanthus bivittatus* Kuoh

甘肃分布：文县、康县。

（七）广头叶蝉科 Macropsidae

32. 锈色横皱叶蝉 *Oncopsis fusca* （Melichar）

甘肃分布：文县、康县。

（八）乌叶蝉科 Gyponidae

33. 栗色乌叶蝉 *Penthimia castanea* Walker*

甘肃分布：文县、宕昌。

34. 栗斑乌叶蝉 *Penthimia rubramaculata* Kuoh*

甘肃分布：文县、宕昌。

35. 白点乌叶蝉 *Penthimia alboguttata* Kuoh*

甘肃分布：文县。

（九）离脉叶蝉科 Coilidiidae

36. 黄冠梯顶叶蝉 *Coelidia atkinsoni* Distant*

甘肃分布：文县、武都、宕昌。

37. 红条梯顶叶蝉 *Coilidia sparsa* Stal*

甘肃分布：文县、宕昌。

（十）叶蝉科 Iassidae

38. 黑带增脉叶蝉 *Kutaria nigrifasciata* Kuoh*

甘肃分布：文县、武都。

39. 褐盾短头叶蝉 *Stragania matsumura* Metcalf*

甘肃分布：文县。

40. 黄绿短头叶蝉 *Iassus indicus* Lethierry*

甘肃分布：文县、康县。

41. 宽槽胫叶蝉 *Drabescus ogumae* Matsumura*

甘肃分布：文县、康县。

42. 点线叶蝉 *Gessius verticais* Distant*

甘肃分布：文县、宕昌。

（十一） 小叶蝉科 Typhlocybidae

43. 核桃带小叶蝉 *Agnesiella juglandia* Cheu et Ma*

甘肃分布：文县、康县。

（十二） 殃叶蝉科 Euscelidae

44. 黑尾叶蝉 *Nephotettix cincticeps* （Uhler） *

甘肃分布：文县、武都、康县、成县。

45. 二点叶蝉 *Macrosteles fascifrons* （Stal） *

甘肃分布：文县、武都。

（十三） 菱蜡蝉科 Cixiidae

46. 褐脉脊菱蜡蝉 *Oliarus insetosus* Jacobi*

甘肃分布：文县、宕昌。

47. 端斑脊菱蜡蝉 *Oliarus apicalis* （Uhler）

甘肃分布：文县、武都、康县、成县、徽县、两当。

48. 云斑安菱蜡蝉 *Andes marmorata* （Uhler） *

甘肃分布：文县、武都、宕昌。

（十四） 广蜡蝉科 Ricanidae

49. 八点广翅蜡蝉 *Ricania speculum* （Walker）

甘肃分布：文县、武都、康县、徽县、两当。

50. 电光宽广蜡蝉 *Pochazia zizzata* Chou et Lu

甘肃分布：文县、康县、徽县。

（十五） 象蜡蝉科 Dictyophaidae

51. 丽象蜡蝉 *Orthopagus splendens* （Germar）

甘肃分布：文县、武都、徽县。

52. 中华象蜡蝉 *Dictyophara sinica* Walker

甘肃分布：文县、武都、康县、成县、徽县、两当、宕昌。

（十六） 蛾蜡蝉科 Flatidae

53. 彩蛾蜡蝉 *Cerynia maria* （White）

甘肃分布：文县、康县。

54. 碧蛾蜡蝉 *Geisha distinctissima* （Walker）

甘肃分布：文县、康县。

（十七）蜡蝉科 Fulgoridae

55. 中华鼻蜡蝉 *Zanna chinensis* Distant

甘肃分布：文县、康县。

56. 斑衣蜡蝉 *Lycorma delicatula*（White）

甘肃分布：文县、武都、康县、成县、徽县、两当、西和、礼县、宕昌、舟曲。

57. 龙眼鸡 *Fulgora candelaria*（Linnaeus）

甘肃分布：文县、武都、康县、成县、徽县、两当、西和、礼县。

（十八）瓢蜡蝉科 Issidae

58. 恶性席瓢蜡蝉 *Sivaloka damnosus* Chou et Lu

甘肃分布：文县、康县、成县。

59. 脊额瓢蜡蝉 *Gergithoides carinatifrons* Schumacher

甘肃分布：文县、康县。

（十九）飞虱科 Delphacidae

60. 短头飞虱 *Epeurysa nawaii* Matsumura

甘肃分布：文县、武都、康县、徽县。

61. 黑斑竹飞虱 *Bambusiphaga nigripunctata* Huang et Ding

甘肃分布：文县、康县、徽县。

62. 乳黄竹飞虱 *Bambusiphaga lacticolorata* Huang et Ding

甘肃分布：文县、康县。

63. 中黑竹飞虱 *Bambusiphaga zhonghei* Kuoh

甘肃分布：文县、康县。

64. 黑缘竹飞虱 *Bambusiphaga nigromarginata* Huang et Tian

甘肃分布：文县、康县。

65. 长绿飞虱 *Saccharosydne procerus*（Matsumura）

甘肃分布：文县、康县、成县、徽县。

66. 白背飞虱 *Sogatella furcifera*（Horvath）

甘肃分布：文县、武都、康县、成县、徽县、两当。

67. 褐飞虱 *Nilaparvata lugens*（Stal）

甘肃分布：文县、武都、康县、成县、徽县、西和、礼县。

68. 白脊飞虱 *Unkanodes sapporona*（Matsumura）

甘肃分布：文县、武都、康县、成县、徽县、两当、西和、礼县。

69. 白条飞虱 *Terthron albovattatum*（Matsumura）

甘肃分布：文县、康县。

（二十）木虱科 Psyuidae

70. 桑木虱 *Anomoneura mori* Schwarz

甘肃分布：文县、武都、康县、成县、徽县。

71. 柑橘木虱 *Diaphorina citri* Kuwayama

甘肃分布：文县、武都。

72. 合欢羞木虱 *Acizzia jamatonica*（Kuwayama）

甘肃分布：文县、武都、成县。

73. 槐豆木虱 *Cyarnophila willieti*（Wu）

甘肃分布：文县、武都、康县、成县、徽县、宕昌。

74. 陕红喀木虱 *Cacepsylla shanirubra* Li et Yang

甘肃分布：文县、武都、康县、徽县。

（二十一）裂木虱科 Carsidaridae

75. 梧桐裂木虱 *Carsidara limbata*（Enddeyein）

甘肃分布：文县、武都、成县、徽县、两当、西和、礼县。

（二十二）个木虱科 Triozidae

76. 樟叶个木虱 *Trioza camphorae*（Sasaki）

甘肃分布：文县、康县。

77. 地肤异个木虱 *Heterotrioze kochiae* Li

甘肃分布：文县、康县、徽县。

（二十三）粉虱科 Aleyrodidae

78. 橘黄粉虱 *Dialeurodes citri*（Ashmead）

甘肃分布：文县、武都。

79. 白粉虱 *Triadeurodes vaporaiorum* Westwood

甘肃分布：文县、武都、康县、成县、徽县、两当、西和、礼县、宕昌、舟曲。

（二十四）群蚜科 Thelaxidae

80. 山核桃刻蚜 *Kurisakia sinocryae* Zhang

甘肃分布：文县、武都、康县、成县、徽县、两当、宕昌、舟曲。

81. 枫杨刻蚜 *Kurisakia onigurumi*（Shinji）*

甘肃分布：文县、康县。

82. 麻栎刻蚜 *Kurisakia querciphila* Takahashi*

甘肃分布：文县、康县、徽县。

（二十五）平翅棉蚜科 Phloeomyzidae

83. 杨平翅棉蚜 *Phloeomyzus passerinii zhangwuensis* Zhang

甘肃分布：文县、武都、舟曲。

（二十六）**大蚜科** Lachnidae

84. 松大蚜 *Cinara pinea*（Mordviko）

甘肃分布：文县、宕昌、舟曲。

85. 油松大蚜 *Cinara pinitabulae formis* Zhang et Zhong

甘肃分布：：文县、武都、康县、成县、徽县。

86. 柏大蚜 *Cinara tujafilina*（del Guercio）

甘肃分布：文县、武都、成县、徽县、两当、西和、礼县、宕昌、舟曲。

87. 柳长喙大蚜 *Stomaphis sinisalicis* Zhang

甘肃分布：文县、武都、舟曲。

88. 梨大蚜 *Pyrolachnus pyri*（Buckton）

甘肃分布：文县、武都、康县、成县、徽县、西和、礼县、宕昌、舟曲。

（二十七）**斑蚜科** Drepanosiphidae

89. 日本绿斑蚜 *Chromocallis nirecola*（Shinji）

甘肃分布：文县、武都。

（二十八）**蚜科** Aphididae

90. 粉毛蚜 *Pterocomma pilosum* Buckton*

甘肃分布：文县、武都、成县、宕昌。

91. 柳蚜 *Aphis farinosea* Gmelin

甘肃分布：文县、武都、宕昌、成县、舟曲。

92. 中国槐蚜 *Aphis sophoricola* Zhang

甘肃分布：文县、武都、康县、成县、徽县、两当。

93. 豆蚜 *Aphis craccivora* Koch

甘肃分布：文县、武都、康县、成县、徽县、两当、西和、礼县、宕昌、舟曲。

94. 艾蚜 *Aphis kurosawai* Takahshi

甘肃分布：文县、武都、康县、成县、徽县、宕昌、舟曲。

95. 绣线菊蚜 *Aphis citricola* Van der Goot

甘肃分布：文县、康县、宕昌。

96. 棉蚜 *Aphis gossypii* Glover

甘肃分布：文县、武都、康县、徽县、两当。

97. 茴香蚜 *Aphis foeniculivora* Zhang

甘肃分布：文县、武都、康县、徽县。

98. 桔蚜 *Toxoptera citricidus*（Kirkaldy）

甘肃分布：文县、武都。

99. 玉米蚜 *Rhopalosiphum maidis* （Fitch）

甘肃分布：文县、武都、康县、成县、徽县、两当、西和、礼县、宕昌、舟曲。

100. 梨二叉蚜 *Schizaphis piricola* （Matsumura）

甘肃分布：文县、武都、康县、成县、西和、两当。

101. 月季长尾蚜 *Longicaudus trirhodus* （Walker）

甘肃分布：文县、武都、成县、徽县、两当、西和、礼县。

102. 车前圆尾蚜 *Dysaphis plantaginea* （Passerini）

甘肃分布：文县、武都、康县、成县、西和、礼县、两当、宕昌、舟曲。

103. 萝卜蚜 *Lipaphis erysimi* （Kaltenbach）

甘肃分布：文县、武都、康县、成县、西和、礼县、宕昌、舟曲。

104. 甘蓝蚜 *Brevicoryne brassicae* （Linnaeus）

甘肃分布：文县、武都、康县、成县、西和、礼县、徽县。

105. 月季长管蚜 *Macrosiphum clematifoliae* Shinji

甘肃分布：文县、武都、康县、成县、徽县、宕昌。

106. 麦长管蚜 *Macrosiphum avenae* （Fabricius）

甘肃分布：文县、武都、康县、成县、西和、礼县、徽县、宕昌、舟曲。

（二十九）盾蚧科 Diaspidae

107. 长春藤圆蚧 *Aspidiotus nerii* Bouche

甘肃分布：文县、康县、宕昌。

108. 茶花白轮蚧 *Aulacaspis crawii* （Cockerell）

甘肃分布：文县、武都。

109. 柳雪盾蚧 *Chionaspis salicis* （Linnaeus）

甘肃分布：文县、武都、宕昌、舟曲。

110. 梨枝圆盾蚧 *Diaspidiotus perniciosus* （Comstock）

甘肃分布：文县、武都、宕昌、舟曲。

111. 冬青狭腹盾蚧 *Dynaspidiotus perniciosus* （Comstock）

甘肃分布：文县、武都、康县、徽县。

112. 柏牡蛎蚧 *Lepidosaphes cupressi* Borchsenius

甘肃分布：文县、武都、成县、徽县、两当。

113. 长牡蛎蚧 *Lepidosaphes gloverii* （Packard）

甘肃分布：文县、武都、成县、徽县。

114. 桑白蚧 *Pseudaulacaspis pentagona* （Targioni-Tozzetti）

甘肃分布：文县、武都、宕昌、舟曲。

115. 卫矛矢尖蚧 *Unaspis euonymi* （Comstock）

甘肃分布：文县、武都、康县、徽县、宕昌。

116. 矢尖盾蚧 *Unaspis yanonensis* （Kuwana）

甘肃分布：文县、武都。

117. 竹盾蚧 *Greenaspis elongata* （Green）

甘肃分布：文县、康县、徽县。

118. 日本围盾蚧 *Fiorinia japonica* Kuwana

甘肃分布：文县、武都、宕昌。

119. 日本长白盾蚧 *Iophoteucaspis japonica* （Cockerell）

甘肃分布：文县、武都。

（三十）蛛蚧科 Margarodidae

120. 草履硕蚧 *Drosicha corpulenta* （Kuwana）

甘肃分布：文县、康县。

121. 吹绵蚧 *Icerya purchasi* Maskell

甘肃分布：文县、武都、康县、宕昌、舟曲。

（三十一）粉蚧科 Pseudococcidae

122. 竹白尾粉蚧 *Antonina crawii* Chll

甘肃分布：文县、康县。

123. 桔小粉蚧 *Pseudococcus citriculus* Green

甘肃分布：文县、武都。

（三十二）绒蚧科 Eriococcidae

124. 柿绒粉蚧 *Eriococcus kaki* Kuwana

甘肃分布：文县、武都、舟曲。

（三十三）毡蚧科 Eriococcidae

125. 绣线菊毡蚧 *Eriococcus isacanthus* （Danzig）

甘肃分布：文县、康县。

126. 柿树白毡蚧 *Asiacornococcus kaki* （Kuwana） *

甘肃分布：文县、康县。

（三十四）蜡蚧科 Coccidae

127. 红蜡蚧 *Ceroplastes rubens* Maskell*

甘肃分布：文县、武都、成县、两当、宕昌、舟曲。

128. 日本龟蜡蚧 *Ceroplastes japonicus* Green

甘肃分布：文县、武都、康县、成县。

129. 白蜡蚧 *Ericerus pela*（Chavannes）

甘肃分布：文县、康县、徽县。

130. 球瘤大蚧 *Eulecanium gigantean*（Shinji）

甘肃分布：文县、武都、成县、徽县、西和、礼县。

131. 皱大球蜡蚧 *Eulecanium kuwanai*（Kanda）

甘肃分布：文县、武都、宕昌、舟曲。

九、蛇蛉目 Raphidiodea

（一）蛇蛉科 Raphidiidae

1. 西岳蛇蛉 *Agulla xiyue* Yang et Zhou

甘肃分布：文县、康县、成县、宕昌。

（二）盲蛇蛉科 Inocelliidae

2. 盲蛇蛉 *Inoceuia crassicornis* Schummel

甘肃分布：文县、康县、成县、宕昌。

十、广翅目 Megaloptera

（一）齿蛉科 Corydalidae

1. 东方巨齿蛉 *Acanthocorydalis orientalis*（Maclachlan）

甘肃分布：文县、武都、康县、宕昌、舟曲。

2. 中华斑鱼蛉 *Neochauiiodes sinensis*（Walker）

甘肃分布：文县、武都、康县、成县、徽县、宕昌、舟曲。

3. 花边星齿蛉 *Protohermus costalis* Walker

甘肃分布：文县、康县。

4. 鱼蛉 *Protohermus grandis* Thunberg

甘肃分布：文县、康县、徽县、宕昌、舟曲。

十一、脉翅目 Neuroptera

（一）粉蛉科 Neuroptera

1. 爪干粉蛉 *Conioperyx unguigonarcuata* Aspock et Aspock

甘肃分布：文县、康县、武都、宕昌、舟曲。

2. 中华齿粉蛉 *Conwentzia sinica* Yang

甘肃分布：文县、武都、康县、成县、徽县、两当。

（二）褐蛉科 Hemerobiidae

3. 全北褐蛉 *Hemerobius humuli* Linnaeus

甘肃分布：文县、武都、成县、徽县。

4. 点线脉褐蛉 *Micromus multipunctatus* Matsumura

甘肃分布：文县、武都、宕昌、舟曲。

5. 薄叶脉线蛉 *Neuronema laminata* Tjeder

甘肃分布：文县、宕昌、舟曲。

6. 秦岭脉线蛉 *Neuronema laminata tsinlinga* Yang

甘肃分布：文县、武都、康县、成县、徽县、宕昌、舟曲。

7. 天目山脉线蛉 *Neuronema tinmushana* Yang

甘肃分布：文县、武都、康县、成县、徽县、宕昌。

8. 黑点脉线蛉 *Neuronema umipuncta* Yang

甘肃分布：文县、武都、成县、徽县、宕昌。

9. 陕西脉线蛉 *Sineuronema shensiensis* Yang

甘肃分布：文县、武都、康县、成县、徽县、两当、宕昌、舟曲。

（三）螳蛉科 Mantispidae

10. 汉优螳蛉 *Eumantispa harmandi*（Navas）

甘肃分布：文县、康县。

（四）蚁蛉科 Myrmeleontidae

11. 褐纹树蚁蛉 *Dendroleon pantherinus* Fabricius

甘肃分布：文县、康县、宕昌。

12. 中华东蚁蛉 *Euroleon sinicus*（Navas）

甘肃分布：文县、徽县、舟曲。

（五）蝶角蛉科 Ascalaphidae

13. 黄花蝶角蛉 *Ascalaphus sibiricus* Eversmann

甘肃分布：文县、武都、康县、宕昌、舟曲。

14. 黄脊蝶角蛉 *Hybris subjacens* Walker

甘肃分布：文县、康县。

（六）草蛉科 Chrysopidae

15. 丽草蛉 *Chrysopa formosa* Brauer

甘肃分布：文县、武都、康县、两当、宕昌、舟曲。

16. 多斑草蛉 *Chrysopa inlima* Maclachlan

甘肃分布：文县、康县、宕昌。

17. 大草蛉 *Chrysopa pallens*（Rambur）

甘肃分布：文县、康县、成县、徽县、两当、宕昌、舟曲。

18. 叶色草蛉 *Chrysopa phyllochroma* Wesmael

甘肃分布：文县、宕昌、舟曲。

19. 普通草蛉 *Chrysoperla carnea*（Stephens）

甘肃分布：文县、康县、宕昌。

20. 日本通草蛉 *Chrysoperla nipponensis*（Okamoto）

甘肃分布：文县、宕昌。

21. 中华通草蛉 *Chrysoperla sinica*（Tjeder）

甘肃分布：文县、康县、徽县、成县、宕昌、舟曲。

十二、长翅目 Mecoptera

（一）蝎蛉科 Panorpidae

1. 蝎蛉 *Panorpa deceptor* Esben-Petersen

甘肃分布：文县、康县、宕昌、舟曲。

十三、缨翅目 Thysanoptera

（一）管蓟马科 Phlaeothripidae

1. 华简管蓟马 *Haplothrips chinensis* Priesenr*

甘肃分布：文县、武都、康县。

2. 菊简管蓟马 *Haplothrips gowdeyi*（Fromklin）*

甘肃分布：文县、武都。

（二）蓟马科 Thripidae

3. 苏丹呆蓟马 *Anaphothrips sudanensis* Trybom*

甘肃分布：文县、武都、宕昌。

4. 袖指蓟马 *Chirothrips manicatus*（Haliday）*

甘肃分布：文县、武都、康县。

5. 花蓟马 *Franklinield intonsa*（Trybom）*

甘肃分布：文县、宕昌、舟曲。

6. 烟蓟马 *Thrips tabaci* Lindeman

甘肃分布：文县、武都、康县、成县、徽县、两当。

十四、鳞翅目 Lepidoptera

（一）木蠹蛾科 Cossidae

1. 咖啡豹蠹蛾 *Zeuzera coffeae* Niether*

甘肃分布：文县、武都、康县、徽县、西和、两当、宕昌、舟曲。

2. 梨豹蠹蛾 *Zeuzera pyrina* Linnaeus*

甘肃分布：文县、康县、徽县、两当、西和、礼县。

3. 芳香木蠹蛾东方亚种 *Cossus cossus orientalis* Gaede

甘肃分布：文县、武都、康县、西和、礼县。

（二）蝙蝠蛾科 Hepialidae

4. 一点蝠蛾 *Phassus signifer sinensis* Moore

甘肃分布：文县、康县。

5. 虫草蝠蛾 *Thitarodes armoricanus*（Oberthur）

甘肃分布：文县、舟曲。

（三）长角蛾科 Adelidae

6. 大黄长角蛾 *Nemophora amurensis* Alpheraky

甘肃分布：文县、康县、宕昌。

（四）透翅蛾科 Sesiidae

7. 苹果透翅蛾 *Conopia hector*（Butlet）

甘肃分布：文县、成县、宕昌。

8. 葡萄透翅蛾 *Paranthrene regalis* Butler

甘肃分布：文县、武都、成县。

（五）举肢蛾科 Heliodinidae

9. 核桃举肢蛾 *Argyresthia conjugella* Zeller

甘肃分布：文县、武都、成县、徽县、两当、西和、礼县、宕昌。

（六）蛀果蛾科 Carposinidae

10. 桃食心虫 *Carposina niponensis* Walsingham

甘肃分布：文县、武都、成县、徽县、两当、西和、礼县、宕昌、舟曲。

11. 梨小食心虫 *Crapholitha molesta* Busch

甘肃分布：文县、武都、康县、成县、徽县、西和、礼县。

（七）刺蛾科 Limacodidae

12. 黄刺蛾 *Cnidocampa flavescens*（Walker）

甘肃分布：文县、武都、两当。

13. 褐边绿刺蛾 *Latoia consocia* Walker

甘肃分布：文县、武都、康县、成县、徽县、宕昌、舟曲。

14. 漫绿刺蛾 *Latoia ostia* Swinhoe

甘肃分布：文县、两当、西和、礼县、宕昌、舟曲。

15. 迹斑绿刺蛾 *Latoia pastoralis* Butler

甘肃分布：文县、成县、徽县。

16. 中国绿刺蛾 *Latoia sinica* Moore

甘肃分布：文县、宕昌、舟曲。

（八）敌蛾科 Epiplemidae

17. 粉蝶敌蛾 *Thuria dividi* Oberthur

甘肃分布：文县。

（九）斑蛾科 Zygaenidae

18. 无斑透翅锦斑蛾 *Agalope immaculate* Leech

甘肃分布：文县、宕昌、舟曲。

19. 红肩旭锦斑蛾 *Campylotes romanovi* Leech

甘肃分布：文县、宕昌。

20. 梨叶斑蛾 *Illiberis pruni* Dyar

甘肃分布：文县、西和、礼县、舟曲。

21. 蒲萄叶斑蛾 *Illiberis tenuis* Butler

甘肃分布：文县、成县、武都。

（十）卷蛾科 Tortricidae

22. 棉褐带卷蛾 *Adoxophyes orana* Fischer von Roslerstamm

甘肃分布：文县、武都、成县、徽县、西和、礼县、宕昌。

23. 黄卷蛾 *Archips abiephagus*（Yasuda）

甘肃分布：文县、宕昌、舟曲。

24. 梨黄卷蛾 *Archips breviplicana*（Walsingham）

甘肃分布：文县、宕昌。

25. 柑橘黄卷蛾 *Archips eucroca* Diakonoff

甘肃分布：文县、武都。

26. 异色卷蛾 *Choristoneura diversana* Hubner

甘肃分布：文县、武都、康县、成县、徽县、两当、宕昌。

27. 黄色卷蛾 *Choristoneura longicellana*（Walsingham）

甘肃分布：文县、武都、康县、成县、徽县、两当、西和、礼县、宕昌。

（十一）窗蛾科 Thyrididae

28. 树形网蛾 *Camptochilus aurea* Butler

甘肃分布：文县、宕昌。

29. 尖尾网蛾 *Thyris fenestrella* Scopoli

甘肃分布：文县、康县、成县、徽县、宕昌。

（十二）螟蛾科 Pyralidae

30. 桃蛀螟 *Conogethes punctiferalis*（Guenée）

甘肃分布：文县、武都、成县。

31. 三化螟 *Tryporyza incertulas*（Walker）

甘肃分布：文县、武都、成县、徽县、宕昌、西和、礼县、两当。

32. 米缟螟 *Aglossa dimidiata* Haworth

分布；文县、两当、礼县。

33. 稻暗水螟 *Bradina admixtalis*（Walker）

甘肃分布：文县、宕昌、舟曲。

34. 四斑绢野螟 *Glyphodes quadrimaculalis* Bremer

甘肃分布：文县、徽县。

35. 黑点蚀叶野螟 *Lamprosema commixta* Butler

甘肃分布：武都、文县。

36. 草地螟 *Lamprosema sticticalis* Linnaeus

甘肃分布：文县、宕昌、舟曲。

37. 玉米螟 *Ostrinia nubilalis*（Hubner）

甘肃分布：文县、武都、康县、成县、徽县、西和、礼县、两当、宕昌、舟曲。

38. 织叶野螟 *Algedonia coclesalis* Walker

甘肃分布：文县、康县。

（十三）钩蛾科 Drepanidae

39. 线钩蛾中国亚种 *Albara reversaria opalescens* Warren *

甘肃分布：文县、武都、康县。

40. 线绢钩蛾 *Auzatella pentesticha* Chu et Wang *

甘肃分布：文县、康县。

41. 绢钩蛾 *Auzatella micronioides*（Strang）*

甘肃分布：文县、康县。

42. 三线钩蛾 *Pseudalbara parvula*（Leech）

甘肃分布：文县、武都、康县、宕昌。

43. 双斜线黄钩蛾 *Tridrepana flava*（Moore）*

甘肃分布：文县、康县。

44. 双线钩蛾 *Nordstroemia grisearia*（Staudinger）*

甘肃分布：文县、康县、徽县、宕昌。

（十四）尺蛾科 Geometridae

45. 琴纹尺蛾 *Abraxaphantes perampla* Swinboe

甘肃分布：文县、武都、康县、成县、徽县、两当、宕昌、舟曲。

46. 赭点峰尺蛾 *Dindica erythropunctura* Chu

甘肃分布：文县、康县、成县、宕昌。

47. 叉线青尺蛾 *Campaea dehaliaria* Wehrli

甘肃分布：文县、宕昌、舟曲。

48. 菊四目绿尺蛾 *Comostola ralbocostaria*（Bremer）

甘肃分布：文县、康县、宕昌。

49. 尖尾尺蛾 *Gelasma illiturata* Walker

甘肃分布：文县、康县、宕昌。

50. 雪尾尺蛾 *Ourapteryx nivea* Butler

甘肃分布：文县、康县、宕昌、舟曲。

51. 波尾尺蛾 *Ourapteryx persica* Menetries

甘肃分布：文县、康县、徽县、两当、宕昌。

52. 锯翅青尺蛾 *Maxates coelataria* Walker

甘肃分布：文县、康县。

53. 白脉青尺蛾 *Geometra albovenaria* Bremer

分布；文县、徽县。

54. 蝶青尺蛾 *Geometra papilionaria*（Linnaeus）

甘肃分布：文县、康县、宕昌、舟曲。

55. 直脉青尺蛾 *Geometra valida* Felder & Rogenhofer

甘肃分布：文县、徽县、两当。

56. 青辐射尺蛾 *Iotaphora admirabilis* Oberthur

甘肃分布：文县、宕昌、舟曲。

57. 中国巨青尺蛾 *Limbatochlamys rothorni* Rothschild

甘肃分布：文县、康县、成县、徽县、两当、西和、礼县、宕昌。

58. 距岩尺蛾 *Scopula impersomata*（Walker）

甘肃分布：文县、宕昌、舟曲。

59. 麻岩尺蛾 *Scopula nigropunctata subcandidata* Walker

甘肃分布：文县、成县、徽县、两当、礼县。

60. 忍冬尺蛾 *Somatina indicataria* （Walker）

甘肃分布：文县、成县、徽县、两当、宕昌。

61. 半黄枯叶尺蛾 *Gandaritis flaescens* Xue

甘肃分布：武都、文县、康县、成县、徽县、两当、西和、礼县、宕昌。

62. 中国枯叶尺蛾 *Gandaritis flavata sinicaria* Leech

甘肃分布：武都、文县、康县、徽县、宕昌、舟曲。

63. 枯叶尺蛾 *Gandaritis sinicaria sincaria* Leech

甘肃分布：武都、文县、康县。

64. 葡萄回纹尺蛾 *Lygris ludovicaria* Oberthur

甘肃分布：文县、康县、舟曲。

65. 灰金星尺蛾 *Abraxas flavisinuata* Warren

甘肃分布：文县、康县。

66. 掌尺蛾 *Amraica superans* （Butler）

甘肃分布：文县、徽县、两当、礼县、宕昌、舟曲。

67. 黄带格尺蛾 *Neolythria maculosa* Webrli

甘肃分布：文县、康县、徽县、宕昌。

68. 黄灰呵尺蛾 *Arichanna haunghui* Yang

甘肃分布：文县、成县、礼县、宕昌。

69. 椇星尺蛾 *Arichanna jaguararia* Guenee

甘肃分布：文县、徽县、西和、宕昌。

70. 黄星尺蛾 *Arichanna melanaria fraternal* （Butler）

甘肃分布：武都、文县、康县、徽县、两当、西和、礼县、宕昌、舟曲。

71. 大造桥虫 *Ascotis selenaria* Denis & Schiffermuller

甘肃分布：武都、文县、成县、徽县、两当、宕昌。

72. 焦边尺蛾 *Bizia aexaria* （Walker）

甘肃分布：文县、康县、徽县、两当、宕昌、舟曲。

73. 皱霜尺蛾 *Boarmia displiscens* Butler

甘肃分布：文县、康县、徽县、两当。

74. 粉蝶尺蛾 *Boarmia vestalis* Staudinger

甘肃分布：文县、康县、宕昌。

75. 油桐尺蛾 *Buzura suppressaria suppressaria* （Guenee）

甘肃分布：文县、康县。

76. 丝棉木金星尺蛾 *Calospilos suspecta* Warren

甘肃分布：武都、文县、两当、西和、礼县、宕昌、舟曲。

77. 双肩尺蛾 *Cleora cinctaria* Schiffermuller

甘肃分布：文县、康县、宕昌。

78. 木橑尺蠖 *Culcula panterinaria* Bremer et Grey

甘肃分布：武都、文县、康县、成县、徽县。

79. 蜻蜓尺蛾 *Culcula stratonice*（Stoll）

甘肃分布：文县、两当、徽县、秦州、麦积、华亭。

80. 尘尺蛾 *Hypomecis punctinalis conferenda*（Butler）

甘肃分布：武都、文县、宕昌。

81. 巨长翅尺蛾 *Obeidia gigantearia* Leech

甘肃分布：文县、康县、徽县、两当、秦州、麦积。

82. 贡尺蛾 *Obeidia aurata*（Prout）

甘肃分布：武都、文县、徽县、宕昌、西固、舟曲、夏河、迭部、卓尼、庆阳。

83. 核桃星尺蛾 *Ophthalmitis albosignaria juglandaria* Oberthur

甘肃分布：文县、康县、徽县、礼县、舟曲、古浪、甘谷、秦州、麦积、庆阳、子午岭林区。

84. 四星尺蛾 *Ophthalmitis irrorataria*（Bremer et Grey）

甘肃分布：文县、徽县、礼县、舟曲、卓尼、庄浪、华亭、宁县、正宁、合水。

85. 槭烟尺蛾 *Phthonosema invenustaria*（Leech）

甘肃分布：文县、康县、徽县、两当、华亭、张掖、肃南。

86. 槐尺蛾 *Semiothisa cinerearia* Bremer et Grey

甘肃分布：武都、文县、康县、成县、徽县、西和、礼县、宕昌、清水、天祝、白银、陇西、迭部、华亭、灵台、庆阳。

87. 黑玉臂尺蛾 *Xandrames dholaria sericea* Butler

甘肃分布：文县、康县、徽县、秦州、麦积、清水、正宁、舟曲、夏河、卓尼、迭部。

（十五）燕蛾科 Uraniidae

88. 三点燕蛾 *Pseudomicronia archilis* Oberthur

甘肃分布：武都、文县、康县、天水、小陇山林区。

（十六）波纹蛾科 Thyatiridae

89. 银箬波纹蛾 *Gaurena argentisparsa* Hampson

甘肃分布：文县、宕昌、舟曲、定西。

90. 阔浩波纹蛾 *Habrosyne conscripta* Warren

甘肃分布：文县、舟曲、夏河、卓尼、榆中、临夏、康乐。

91. 浩波纹蛾 *Habrosyne derasa* Linnaeus

甘肃分布：文县、康县、徽县、宕昌、麦积、迭部、夏河、西固、和政、华亭。

（十七）凤蛾科 Epicopeiidae

92. 榆凤蛾 *Epicopeiidae mencia* Moore

甘肃分布：文县、康县、徽县、两当、麦积、张家川。

（十八）桦蛾科 Endromidiidae

93. 陇南桦蛾 *Mirina longnanensis* Chen et Wang *

甘肃分布：文县邱家坝。

（十九）枯叶蛾科 Lasiocampidae

94. 稠李毛虫 *Amurilla subpurpurea* Butler

甘肃分布：文县、宕昌、麦积、灵台。

95. 双线枯叶蛾 *Arguda decurtata* Moore

甘肃分布：文县、徽县、两当、成县、麦积。

96. 栎枯叶蛾 *Bhima eximia* （Oberthur）

甘肃分布：武都、文县、康县、宕昌、麦积、临洮。

97. 杨枯叶蛾 *Gastropacha populifolia* Esper

甘肃分布：文县、康县、成县、徽县、两当、清水、肃南、兰州、临洮、康乐、迭部、华亭、崇信、灵台、泾川、庆阳。

98. 李枯叶蛾 *Gastropacha quercifolia* Linnaeus

甘肃分布：文县、康县、徽县、武山、秦州、清水、金昌、武威、西固、七里河、榆中、景泰、靖远、和政、康乐、卓尼、舟曲、迭部、庄浪、华亭、灵台、泾川、庆阳。

99. 焦褐枯叶蛾 *Gastropacha quercifolia thibetana* Lajonquiere

甘肃分布：文县、康县、礼县、麦积、漳县。

100. 棕色天幕毛虫 *Malacosoma denata* Mell

甘肃分布：文县、宕昌、迭部。

101. 黄褐天幕毛虫 *Malacosoma neustria testacea* Motschulsky

甘肃分布：文县、宕昌、武山、麦积、嘉峪关、酒泉、金昌、张掖、武威、兰州、景泰、靖远、临洮、积石山、和政、康乐、卓尼、舟曲、平凉、庆阳。

102. 苹毛虫 *Odonestis pruni* Linnaeus

甘肃分布：文县、徽县、两当、秦州、麦积、金塔、张掖、西固、七里河、榆中、会宁、临洮、临夏、迭部、崇信、灵台、泾川、庆阳。

（二十）蚕蛾科 Bombycidae

103. 家蚕 *Bomhyx mori* Linnaeus

甘肃分布：文县、徽县、两当。

104. 野蚕蛾 *Theophila mandarina* Moore

甘肃分布：文县、两当、迭部、灵台、庆阳。

(二十一) 带蛾科 Eupterotidae

105. 褐带蛾 *Palirisa cervina* Moore

甘肃分布：文县、康县、宕昌、秦州。

106. 灰褐带蛾 *Palirisa sinensis* Rothschild

甘肃分布：文县、宕昌、秦州、麦积、清水。

(二十二) 大蚕蛾科 Saturniidae

107. 绿尾大蚕蛾 *Actias selene ningpoana* Felder

甘肃分布：武都、文县、康县、成县、徽县、宕昌、舟曲、迭部、秦州、麦积、清水、兰州、崇信、庆阳、子午岭林区。

108. 丁目大蚕蛾 *Aglia tau amurensis* Jordan

甘肃分布：文县、康县、宕昌、舟曲、康乐、迭部。

109. 明目大蚕蛾 *Aglia frithi javanensis* Bouvier

甘肃分布：武都、文县、康县、成县、徽县、两当、宕昌、舟曲、天水、小陇山林区。

110. 柞蚕 *Aglia tau pernyi* Guerin–Meneville

甘肃分布：文县、徽县、两当、麦积、清水、舟曲、迭部、崇信。

111. 乌桕大蚕蛾 *Attacus atlas*（Linnaeus）

甘肃分布：文县、康县。

112. 黄目大蚕蛾 *Caligula anna* Moore

甘肃分布：文县、宕昌、舟曲、迭部、康乐、清水。

113. 合目大蚕蛾 *Caligula boisduvali fallax* Jordan

甘肃分布：文县、康县、徽县、两当、甘谷、麦积、清水、肃南、天祝、临洮、渭源、漳县、临夏、康乐、卓尼、平凉、宁县、正宁。

114. 樟蚕 *Eriogyna pyretorum* Westwood

甘肃分布：文县、康县、徽县、正宁。

115. 家蚕 *Polyphylla laticollisi*（Moore）

甘肃分布：文县、康县、天祝、永登。

116. 黄豹大蚕蛾 *Loepa katinka* Westwood

甘肃分布：文县、康县、徽县、两当、礼县、宕昌、舟曲、武山、麦积、清水、华亭、庆阳。

117. 豹大蚕蛾 *Loepa oberthuri* Leech

甘肃分布：文县、康县、宕昌。

118. 猫目大蚕蛾 *Salassa thespis* Leech

甘肃分布：文县、康县、宕昌、麦积、清水。

119. 胡桃大蚕蛾 *Dictyoploca cachara* Moore*

甘肃分布：文县、康县、宕昌、舟曲。

120. 银杏大蚕蛾 *Dictyoploca jopnica* Moore

甘肃分布：文县、康县、徽县。

121. 樗蚕 *Philosamia cynthia* Walker et Felder

甘肃分布：文县、康县、成县、徽县、两当。

（二十三）箩纹蛾科 Brahmaeidae

122. 黄褐箩纹蛾 *Brahmaea certhia* Fabricius *

甘肃分布：文县、康县、华亭。

123. 枯球萝纹蛾 *Brahmaea wallichii*（Gary）

甘肃分布：文县、徽县、舟曲、秦州、麦积。

（二十四）天蛾科 Sphingidae

124. 鬼脸天蛾 *Acherontia lachesis*（Fabricius）

甘肃分布：文县、康县、徽县、两当、宕昌、麦积、舟曲、迭部。

125. 芝麻鬼脸天蛾 *Acherontia styx* Westwood

甘肃分布：文县、康县、成县、徽县、两当、麦积、灵台、镇原、宁县、正宁、合水。

126. 黄脉天蛾 *Amorpha amurensis* Staudinger

甘肃分布：文县、成县、徽县、西和、礼县、宕昌、武山、秦州、麦积、张家川、张掖、金昌、武威、祁连山林区、西固、榆中、临洮、定西、陇西、漳县、通渭、临夏、和政、夏河、迭部、平凉、庆阳。

127. 眼斑天蛾 *Callambulyx orbita* Chu et Wang

甘肃分布：文县、宕昌、秦州、麦积、清水、华亭。

128. 条背天蛾 *Cechenena lineosa*（Walker）

甘肃分布：文县、成县、徽县、两当、舟曲、迭部、榆中、漳县、华亭、灵台。

129. 南方豆天蛾 *Clanis bilineata bilineata*（Walker）

甘肃分布：文县、徽县、两当、麦积。

130. 豆天蛾 *Clanis bilineata tsingtauica* Mell

甘肃分布：文县、徽县、康县、武都、麦积、兰州、岷县、平凉、灵台、泾川、庆阳。

131. 钩翅天蛾 *Mimas tiliae christophi*（Staudinger）

甘肃分布：：文县、康县、徽县、麦积。

132. 构月天蛾 *Parum colligata*（Walker）

甘肃分布：文县、武都、康县。

133. 蓝目天蛾 *Smerithus planus planus* Walker

甘肃分布：文县、康县、宕昌、舟曲。

134. 红天蛾 *Pergesa elpenor lewisi*（Butler）

甘肃分布：文县、徽县、两当、甘谷、秦州、麦积、永登、榆中、临洮、陇西、漳县、永靖、临夏、夏河、迭部、临潭、平凉、崇信、灵台、泾川、庆阳。

135. 盾天蛾 *Phyllosphingia dissimilis dissmilis* Bremer

甘肃分布：文县、康县、宕昌、灵台。

136. 丁香天蛾 *Psilogramma increta*（Walker）

甘肃分布：文县、康县、两当、武山、秦安、镇原、庆阳、西峰、宁县、正宁、合水。

137. 木峰天蛾 *Sataspes tagalica tagalica* Boisduval

甘肃分布：文县、康县。

138. 斜纹天蛾 *Theretra clotho clotho*（Drury）

甘肃分布：文县、康县。

139. 雀纹天蛾 *Theretra jopnica*（Orza）

甘肃分布：武都、文县、康县、徽县、两当、宕昌、武山、麦积、皋兰、榆中、岷县、平凉、崇信、灵台、庆阳。

（二十五）舟蛾科 Notodontidae

140. 剑心银斑舟蛾 *Tarsolepis sommeri*（Hubner）

甘肃分布：文县、康县。

141. 肖剑心银纹舟蛾 *Tarsolepis jopnica* Wileman

甘肃分布：文县、康县。

142. 著蕊尾舟蛾 *Dudusa nobilis* Walker

甘肃分布：文县、康县、宕昌、舟曲。

143. 钩翅舟蛾 *Gangarides dharma* Moore

甘肃分布：文县、徽县、清水、正宁、合水。

144. 三线雪舟蛾 *Gazalina chrysolopha*（Kollar）

甘肃分布：文县、康县、宕昌。

145. 腰带燕尾舟蛾 *Harpyia lanigera*（Butler）

甘肃分布：文县、徽县、礼县、秦州、麦积、瓜州、张掖、金昌、武威、祁连山林区、西固、榆中、临洮、康乐、迭部、卓尼、舟曲、华亭、灵台、庆阳。

146. 同心舟蛾 *Homocentridia concentrica*（Oberthür）

甘肃分布：文县、麦积。

147. 烟灰舟蛾 *Notodonta tritophus uniformis* Oberthür

甘肃分布：文县、宕昌、榆中、迭部。

148. 栎内斑舟蛾 *Peridea Anceps*（Goeza）

甘肃分布：文县、徽县、麦积、清水。

149. 栎掌舟蛾 *Phalera assimilis*（Bremer）

甘肃分布：文县、康县、宕昌、秦州、麦积、清水、迭部、华亭、庆阳、子午岭林区。

150. 圆掌舟蛾 *Phalera bucephala*（Linnaeus）

甘肃分布：文县、康县、徽县、宕昌。

151. 核桃美舟蛾 *Uropyia meticulodina*（Oberthur）

甘肃分布：文县、康县、徽县、两当、秦州、麦积、灵台。

（二十六）**鹿蛾科** Amatidae

152. 牧鹿蛾 *Amata pascus*（Leech）

甘肃分布：文县、康县、宕昌、舟曲、麦积、临夏、和政、康乐。

153. 透新鹿蛾 *Caeneressa swinhoei*（Leech）

甘肃分布：文县。

（二十七）**灯蛾科** Arctiidae

154. 大丽灯蛾 *Aglaomorpha histrio*（Walker）

甘肃分布：武都、文县、康县、成县、徽县、两当、麦积。

155. 红缘灯蛾 *Aloa lactinea*（Cramer）

甘肃分布：文县、徽县、两当、礼县、甘谷、秦安、清水、张家川、庄浪、庆阳。

156. 粉灯蛾 *Alphaea fulvohirta* Walker

甘肃分布：文县、康县。

157. 仿首丽灯蛾 *Callimorpha equitalis*（Kollar）

甘肃分布：武都、文县、康县、成县、徽县、宕昌、舟曲、迭部。

158. 花布灯蛾 *Camptoloma interiorata*（Walker）

甘肃分布：文县、正宁、合水。

159. 白雪灯蛾 *Chionarctia niveus*（Ménétriés）

甘肃分布：文县、徽县、两当、临夏、和政、康乐、平凉、华亭、灵台、庆阳。

160. 粉蝶灯蛾 *Nyctemera adversata*（Schaller）

甘肃分布：文县。

161. 车前灯蛾 *Parasemia plantaginis*（Linnaeus）

甘肃分布：文县、宕昌、天祝、渭源、岷县。

162. 肖浑黄灯蛾 *Rhyparioides amurensis* （Bremer）

甘肃分布：文县、康县、徽县、两当、礼县、麦积、清水、迭部、平凉、华亭、灵台、镇原、正宁、华池。

163. 净雪污灯蛾 *Sibirarctia kindermanni* （Staudinger）

甘肃分布：文县、徽县、宕昌、舟曲、麦积、清水、灵台。

164. 白污灯蛾 *Sibirarctia neglecta* （Rothschild）

甘肃分布：文县、康县、宕昌。

165. 点污灯蛾 *Sibirarctia stigmata* （Moore）

甘肃分布：文县、武都、康县、宕昌。

166. 淡黄污灯蛾 *Sibirarctia jankoweskii* （Oberthur）

甘肃分布：文县、康县、成县、徽县、礼县、宕昌。

167. 姬白污灯蛾 *Sibirarctia rhodophila* （Walker）

甘肃分布：文县、康县、徽县、宕昌。

168. 黑须污灯蛾 *Spilarctia casigneta* （Kollar）

甘肃分布：文县、康县、成县、徽县、两当、西和、礼县。

169. 净雪灯蛾 *Spilarctia albun* （Bremer et Grey）

甘肃分布：文县、康县、宕昌、舟曲。

170. 星白雪灯蛾 *Spilarctia menthastri* （Esper）

甘肃分布：文县、武都、徽县、两当、西和、礼县、宕昌。

171. 黑条灰灯蛾 *Creatonotus gangis* Linnaeus

甘肃分布：文县、武都、康县、成县、徽县、两当、宕昌。

172. 八点灰灯蛾 *Creatonotus transiens* （Walker）

甘肃分布：文县、武都、康县、成县、徽县、西和、礼县、宕昌、舟曲。

（二十八）苔蛾科 Lithosiidae

173. 蓝黑闪苔蛾 *Paraona fukiensis* Daniel

甘肃分布：文县、武都、康县、徽县、两当。

174. 乌闪苔蛾 *Paraona staudingeri* Alpheraky

甘肃分布：文县、徽县、秦州、麦积、临洮、镇原、庆阳、合水。

175. 优美苔蛾 *Miltochrista striata* Bremer

甘肃分布：文县、康县。

176. 俏美苔蛾 *Miltochrista convexa* Wileman

甘肃分布：文县、康县、宕昌。

177. 黑缘美苔蛾 *Miltochrista delineata* （Walker）

甘肃分布：文县、舟曲。

（二十九）夜蛾科 Noctuidae

178. 盼夜蛾 *Panthea coenobita* Esper

甘肃分布：文县、武都、康县、徽县、麦积、榆中。

179. 镶夜蛾 *Trichosea champa* Moore

甘肃分布：文县、武都、康县、宕昌、舟曲、秦州、麦积、庆阳、子午岭林区。

180. 暗后夜蛾 *Trisuloides caliginea* Butler

甘肃分布：文县、宕昌、舟曲、灵台。

181. 茶色狭翅夜蛾 *Hermonassa cecilia* Butler

甘肃分布：文县、康县、徽县、张掖。

182. 狭翅夜蛾 *Hermonassa consignata* Walker

甘肃分布：文县、康县、宕昌、张掖。

183. 粘夜蛾 *Leucania comma* （Linnaeus）

甘肃分布：文县、武都、宕昌、舟曲、肃南。

184. 粘虫 *Leucania separata* Walker

甘肃分布：文县、武都、康县、成县、徽县、两当、西和、礼县、宕昌、舟曲、夏河、迭部、卓尼、山丹、民勤、武威、古浪、永昌、榆中、会宁、靖远、平川、定西、和政、康乐、平凉。

185. 暗杂夜蛾 *Amphipyra erebina* Butler

甘肃分布：文县、武都、宕昌、宁县。

186. 暗翅夜蛾 *Dypterygia caliginosa* Walker

甘肃分布：文县。

187. 鳞宿夜蛾 *Hypoperigea leprostica* Hampson

甘肃分布：文县、康县、宕昌。

188. 贪夜蛾 *Laphygma exigua* Hübner

甘肃分布：文县、宕昌、静宁。

189. 会纹弧夜蛾 *Monodes conjugata* Moore

甘肃分布：文县。

190. 白斑胖夜蛾 *Orthogonia canimaculata* Warren

甘肃分布：文县、徽县、礼县、秦州、麦积。

191. 胖夜蛾 *Orthogonia sera* Felder

甘肃分布：文县、徽县、康县、秦州、麦积、灵台、庆阳、子午岭林区。

192. 红衣夜蛾 *Clethrophora distincta* Leech

甘肃分布：文县、康县、秦州、麦积。

193. 胡桃豹夜蛾 *Sinna extrema* Walker

甘肃分布：文县、康县、徽县、麦积、灵台、宁县。

194. 大红裙扁身夜蛾 *Amphipyra monolitha* Guenee

甘肃分布：文县、康县。

195. 紫黑扁身夜蛾 *Amphipyra livida* Schiffermüller

甘肃分布：文县、康县、宕昌。

196. 绿鲁夜蛾 *Amathes sernherbida* Walker

甘肃分布：文县、康县。

197. 黄绿组夜蛾 *Anaplectoides virens* Butler

甘肃分布：文县、康县、成县、宕昌、舟曲。

198. 三斑蕊夜蛾 *Cymatophoropsis trimaculata* Bremer

甘肃分布：文县、成县、徽县、宕昌、华亭、灵台、庆阳、子午岭林区。

199. 旋皮夜蛾 *Eligma narcissus* Cramer

甘肃分布：文县、武都、康县、徽县、成县、秦安、秦州、麦积、清水、皋兰、榆中、陇西、岷县、临夏、迭部、平凉、泾川、镇原、庆阳、合水。

200. 袜纹夜蛾 *Chrysaspidia excelsa* Kretschmar

甘肃分布：文县、舟曲、迭部、清水、榆中、临潭、华亭。

201. 银锭夜蛾 *Macdunnoughia crassisigna* Warren

甘肃分布：文县、宕昌、舟曲、迭部、肃南、民勤、武威、西固、榆中、平川、临洮、定西、灵台、庆阳。

202. 金翅夜蛾 *Plussia bieti* Oberthür

甘肃分布：文县、武都、康县、秦州、麦积、临洮、漳县。

203. 苎麻夜蛾 *Cocytodes caerulea* Guenée *

甘肃分布：文县、武都、宕昌、通渭。

204. 魔目夜蛾 *Erebus crepuscularis* Linnaeus

甘肃分布：文县、康县。

205. 卷裳魔目夜蛾 *Eupatula macrops* Linnaeus*

甘肃分布：文县。

206. 旋目夜蛾 *Speiredonia retorta* Linnaeus

甘肃分布：文县、武都、康县、宕昌。

207. 木叶夜蛾 *Xylophylla punctifascia* Leech

甘肃分布：文县。

208. 肖毛翅夜蛾 *Lagoptera juno* Dalman

甘肃分布：文县。

209. 霉巾夜蛾 *Parallelia maturata* Walker

甘肃分布：文县、康县。

210. 落叶夜蛾 *Ophideres fullonica* Linnaeus

甘肃分布：文县、康县、宕昌。

211. 枯叶夜蛾 *Adris tyrannus* Guenee

甘肃分布：文县、康县。

212. 客来夜蛾 *Chrysorithrum amata* Bremer

甘肃分布：文县、康县、徽县、两当、礼县、秦州、麦积、宕昌、舟曲、迭部、康乐、庆阳、子午岭林区。

213. 苹果鹰夜蛾 *Hypocala subsatura* Guenee

甘肃分布：文县。

214. 壶夜蛾 *Calyptra capucina* Esper

甘肃分布：文县、徽县、秦州、麦积、宁县、合水、华池、卓尼、永靖、东乡。

215. 嘴壶夜蛾 *Oraesia emarginata* Guenee

甘肃分布：文县。

216. 全须夜蛾 *Hyblaea puera* Cramer

甘肃分布：文县.

217. 黄绿组夜蛾 *Anaplectoides virens* Butler

甘肃分布：文县、宕昌、舟曲、秦州、麦积、康乐、卓尼、迭部、合水。

（三十）**虎蛾科** Agaristidae

218. 拟彩虎蛾 *Mimeusemia persimilis* Butler

甘肃分布：文县。

219. 高山修虎蛾 *Seudyra bala* Moore

甘肃分布：文县。

220. 黄修虎蛾 *Seudyra flavida* Leech

甘肃分布：文县、徽县、两当、秦州、麦积、清水、迭部、华亭。

（三十一）**毒蛾科** Lymantriidae

221. 茶白毒蛾 *Arctornis alba*（Bremer）

甘肃分布：文县、康县、迭部、麦积、灵台。

222. 白斜带毒蛾 *Numenes albofascia*（Leech）

甘肃分布：文县、武都、礼县、麦积。

223. 黄斜带毒蛾 *Numenes disparilis* Stdudirger

甘肃分布：文县、成县、徽县、两当、秦州、麦积、华亭、庆阳。

224. 古毒蛾 *Orgyia antiqua*（Linnaeus）

甘肃分布：文县、康县、成县、武山、秦州、麦积、清水、正宁、酒泉、张掖、金昌、武威、祁连山林区、兰州、永靖、和政、广河、东乡。

225. 侧柏毒蛾 *Parocneria Furva*（Leech）

甘肃分布：文县、武都、宕昌、舟曲、麦积、泾川、古浪。

226. 盗毒蛾 *Parocneria similis* Fueszly

甘肃分布：文县、徽县、天水、迭部、卓尼、陇西、华亭、庆阳。

227. 杨雪毒蛾 *Stilpnotia candida* Staudinger

甘肃分布：文县、武都、成县、宕昌、夏河、舟曲、天水、酒泉、张掖、金昌、武威、兰州、白银、定西、临夏、平凉、庆阳。

228. 雪毒蛾 *Stilpnotia salicis*（Linnaeus）

甘肃分布：武都、文县、康县、成县、徽县、礼县、宕昌、舟曲、迭部、卓尼、临夏、武山、清水、庆阳、定西、白银、兰州、武威、祁连山林区、金昌、张掖、金塔、酒泉、玉门、瓜州、嘉峪关。

229. 素毒蛾 *Laelia coenosa*（Hübner）*

甘肃分布：文县、康县。

（三十二）凤蝶科 Papilionidae

230. 麝凤蝶 *Byasa alcinous*（Klug）

甘肃分布：武都、文县、康县、成县、徽县、西和、两当、礼县、宕昌、舟曲、秦州、麦积。

231. 青凤蝶 *Graphium sarpedon*（Linnaeus）*

甘肃分布：文县、康县。

232. 红基美凤蝶 *Papilio alcmenor* Felder*

甘肃分布：武都、文县、康县。

233. 碧凤蝶 *Papilio bianor* Cramer

甘肃分布：武都、文县、康县、成县、徽县、两当、礼县、宕昌、舟曲、迭部、武山、秦州、麦积、张家川、平凉、华亭、崇信、岷县、漳县、定西、临洮、榆中。

234. 巴黎翠凤蝶 *Papilio paris* Linnaeus *

甘肃分布：武都、文县、康县。

235. 玉带凤蝶 *Papilio polytes* Linnaeus

甘肃分布：武都、文县、康县、成县、徽县、两当、秦州、麦积、岷县。

236. 蓝凤蝶 *Papilio protenor* Cramer *

甘肃分布：武都、康县、文县、两当、白银、民勤。

237. 金裳凤蝶 *Troides aeacus* （Felder et Felder）

甘肃分布：武都、文县、康县、成县、徽县、西和、礼县、宕昌、舟曲、迭部、夏河、临夏、岷县、天水、临洮、平凉、华亭、崇信、灵台、庆阳、天祝、古浪、平川、兰州。

238. 褐钩凤蝶峰伯亚种 *Meandrusa sciron aribbas* （Fruhstorfer）＊

甘肃分布：文县、康县。

（三十三）绢蝶科 Parnassiidae

239. 白绢蝶 *Parnassius stubbendorfii* Menetries ＊

甘肃分布：文县、宕昌、岷县、舟曲、夏河。

（三十四）粉蝶科 Pieridae

240. 欧洲粉蝶 *Pieris brassicae* （Linnaeus）

甘肃分布：文县、两当、宕昌、舟曲、卓尼、夏河、武威、祁连山林区、金昌、张掖。

241. 东方粉蝶 *Pieris canidia* （Sparrman）

甘肃分布：武都、文县、康县、成县、徽县、两当、西和、礼县、宕昌、迭部、卓尼、临潭、舟曲、夏河、天水、临洮、靖远、景泰、武威。

242. 菜粉蝶 *Pieris rapae* （Linnaeus）

甘肃分布：武都、文县、康县、成县、徽县、两当、西和、礼县、宕昌、舟曲、甘南、广河、康乐、和政、临夏、永靖、岷县、漳县、定西、临洮、白银、兰州、武威、张掖、金塔、酒泉、敦煌、平凉、庆阳。

243. 云粉蝶 *Pieris daplidice* （Linnaeus）

甘肃分布：文县、康县、徽县、两当、宕昌、舟曲、卓尼、临潭、夏河、广河、康乐、和政、永靖、白银、榆中、武威、祁连山林区、金昌、张掖。

244. 黄尖襟粉蝶 *Anthocharis scolymus* Butler

甘肃分布：文县、康县。

245. 红襟粉蝶 *Anthocharis cardamines* （Linnaeus）

甘肃分布：文县、康县、宕昌、舟曲。

（三十五）环蝶科 Amathusiidae

246. 箭环蝶 *Stichophthalma howqua* （Westwood）＊

甘肃分布：文县、成县、徽县、两当、秦州、麦积、清水。

247. 灰翅串珠环蝶 *Faunis aerope* （Leech）

甘肃分布：文县、康县。

（三十六）眼蝶科 Satyridae

248. 喜马林眼蝶 *Aulocera brahminoides* （Moore）

甘肃分布：文县、宕昌、舟曲、山丹、肃南。

249. 白点艳眼蝶 *Callerebia albipuncta* Leech

甘肃分布：武都、文县、康县、徽县、两当、迭部、兰州、庄浪、平凉、灵台。

250. 带眼蝶 *Chonala episcopalism*（Oberthür）

甘肃分布：文县。

251. 牧女珍眼蝶 *Coenonympha amaryllis*（Cramer）

甘肃分布：文县、徽县、宕昌、舟曲、卓尼、夏河、广河、康乐、和政、永靖、岷县、临洮、榆中、兰州、泾川、庆阳、武威、金昌、张掖、祁连山林区。

252. 多眼蝶 *Kirinia epaminondas*（Staudinger）

甘肃分布：文县、康县、徽县、两当、西和、礼县、舟曲、清水、天水、迭部、卓尼、临潭、康乐、和政、临夏、岷县、兰州。

253. 白眼蝶 *Melanargia halimede*（Ménétriés）

甘肃分布：文县、康县、徽县、武山、麦积、清水、甘南、临夏、漳县、临洮、靖远、兰州、天祝、古浪、静宁、华亭、灵台、泾川、庆阳。

254. 蛇眼蝶 *Minois dryas*（Scopoli）

甘肃分布：武都、文县、徽县、两当、宕昌、舟曲、天水、迭部、卓尼、临潭、夏河、广河、康乐、和政、永靖、临洮、靖远、榆中、武威、祁连山林区、金昌、张掖、平凉、庆阳。

255. 古眼蝶 *Palaeonympha opalina* Butler

甘肃分布：文县、康县。

256. 白斑眼蝶 *Penthema adelma*（Felder）

甘肃分布：文县。

257. 白带眼蝶 *Satyrus alcyone* Fabricius

甘肃分布：文县、徽县、秦州、麦积、迭部、漳县、靖远、会宁。

258. 矍眼蝶 *Ypthima argus* Butler

甘肃分布：文县、徽县、两当、康乐、定西、临洮、靖远、景泰。

259. 云眼蝶 *Zophoesssa helle* Leech

甘肃分布：武都、文县、两当、礼县、宕昌、舟曲、迭部、康乐、秦州、麦积、华亭。

（三十七）蛱蝶科 Nymphalidae

260. 柳紫闪蛱蝶华北亚种 *Apatura ilis substituta* Butler

甘肃分布：文县、康县、徽县、宕昌、秦州、麦积、迭部、舟曲、广河、康乐、和政、岷县、兰州、武威、金昌、张掖、金塔、酒泉、玉门、瓜州、敦煌、嘉峪关、静宁、华亭、泾川、庆阳。

261. 绿豹蛱蝶 *Argynnis paphia* (Linnaeus)

甘肃分布：武都、文县、康县、徽县、两当、西和、礼县、宕昌、舟曲、天水、岷县、榆中、兰州、庄浪、华亭、灵台。

262. 斐豹蛱蝶 *Argyreus hyperbius* (Linnaeus)

甘肃分布：武都、文县、成县、徽县、宕昌、舟曲、碌曲。

263. 老豹蛱蝶 *Argyronome laodice* (Pallas)

甘肃分布：武都、文县、康县、徽县、两当、天水、舟曲、迭部、卓尼、临潭、碌曲、夏河、广河、康乐、和政、漳县、岷县、临洮、榆中、兰州、华亭、崇信、灵台、正宁、华池。

264. 红老豹蛱蝶 *Argyronome ruslana* (Motschulsky)

甘肃分布：文县、康县、徽县、两当、舟曲、武山、秦州、麦积、平凉、华亭、庆阳。

265. 银豹蛱蝶 *Childrena childreni* (Gray)

甘肃分布：武都、文县、康县、武山、秦州、麦积、正宁。

266. 珍蛱蝶 *Clossiana gong* (Oberthür)

甘肃分布：文县、宕昌、舟曲、武山、榆中、兰州。

267. 青豹蛱蝶 *Damora sagana* (Doubleday)

甘肃分布：武都、文县、康县、徽县。

268. 灿福蛱蝶 *Fabriciana adippe* Denis et Schiffermüller

甘肃分布：武都、文县、徽县、两当、宕昌、武山、秦州、麦积、舟曲、迭部、碌曲、夏河、康乐、和政、永靖、通渭、岷县、漳县、渭源、临洮、靖远、兰州、武威、祁连山林区、金昌、张掖、庄浪、平凉、庆阳。

269. 傲白蛱蝶 *Helcyra superba* Leech *

甘肃分布：武都、文县、两当。

270. 孔雀蛱蝶 *Inachus io* (Linnaeus)

甘肃分布：文县、康县、徽县、两当、西和、礼县、宕昌、舟曲、迭部、卓尼、临潭、夏河、和政、康乐、临夏、岷县、漳县、榆中、天水、庆阳。

271. 琉璃蛱蝶 *Kaniska canace* (Linnaeus)

甘肃分布：文县、康县、徽县、两当、礼县、宕昌、舟曲、天水、庆阳。

（三十八）喙蝶科 Libytheidae

272. 朴喙蝶 *Libythea celtis* Godart

甘肃分布：文县、康县、徽县、两当、宕昌、天水。

（三十九）蚬蝶科 Riodinidae

273. 豹蚬蝶 *Takashia nana*（Leech）

甘肃分布：武都、文县、两当。

274. 无尾蚬蝶中华亚种 *Dodona durga sinica* Moore

甘肃分布：文县。

（四十）灰蝶科 Lycaenidae

275. 青灰蝶 *Antigius attilia*（Bremer）

甘肃分布：文县、徽县、成县、秦州、麦积、榆中。

276. 琉璃灰蝶 *Celastrina argiola*（Linnaeus）

甘肃分布：武都、文县、徽县、天水、卓尼、夏河、康乐、岷县、漳县、渭源、榆中、华亭、灵台。

277. 蓝灰蝶 *Everes argiades*（Pallas）

甘肃分布：文县、徽县、天水、和政、岷县、天祝、武威。

278. 长尾蓝灰蝶 *Everes lacturnus*（Godart）

甘肃分布：文县、康县。

279. 艳灰蝶 *Favonius orientalis* Murray

甘肃分布：文县、康县、迭部、夏河、康乐、榆中、兰州、灵台。

280. 银线工灰蝶 *Gonerilia thespis* Leech

甘肃分布：文县、康县、徽县、秦州、麦积、华亭。

281. 银灰蝶 *Graucopsyche lycormas* Leech

甘肃分布：文县、康县、徽县、两当、宕昌、夏河、榆中、武威、祁连山林区、金昌、张掖、华亭、西峰。

282. 豆灰蝶 *Plebejus argus*（Linnaeus）

甘肃分布：文县、徽县、礼县、天水、夏河、临夏、漳县、临洮、靖远、会宁、西固、武威、祁连山林区、金昌、张掖、敦煌。

283. 蚜灰蝶 *Taraka hamada*（Druce）*

甘肃分布：文县、康县、徽县。

284. 枯灰蝶 *Cupido minimus*（Fuessly）

甘肃分布：文县。

285. 赭灰蝶 *Ussuriana michaelis*（Oberthür）

甘肃分布：文县。

（四十一）弄蝶科 Hesperiidae

286. 白弄蝶指名亚种 *Abraximorpha davidii davidii*（Mabille）

甘肃分布：文县、康县。

287. 峨眉大弄蝶 *Capila omeia* （Leech）

甘肃分布：文县、康县。

288. 绿伞弄蝶 *Bibasis striata* （Hewitson）

甘肃分布：文县、康县。

289. 白斑赭弄蝶 *Ochlodes subhyalina* （Bremer et Grey）

甘肃分布：武都、文县、天水、庄浪、华亭、西峰、宁县、和政、七里河、武威、祁连山林区、金昌、张掖。

290. 直纹稻弄蝶 *Parnara guttata* （Bremer et Grey）

甘肃分布：武都、文县、徽县、西和、天水、庄浪、平凉、华亭、合水、华池、榆中、天祝。

291. 花弄蝶 *Pyrgus maculates* （Bremer et Grey）

甘肃分布：文县、宕昌、岷县、秦州、麦积、华亭、榆中、武威、祁连山林区、金昌、张掖。

292. 豹弄蝶 *Thymelicus leoninus* （Butler）

甘肃分布：文县、徽县、宕昌、岷县、华亭。

293. 黑豹弄蝶 *Thymelicussylvaticus* （Bremer）

甘肃分布：文县、宕昌、广河、夏河、碌曲、平凉。

十五、鞘翅目 Coleoptera

（一）虎甲科 Cicindelidae

1. 云纹虎甲 *Cicindela elisae* Motschulsky

甘肃分布：文县、康县、成县、西和、礼县、镇原、合水、迭部、通渭、陇西、渭源、白银、景泰、武威、民勤、金昌、临泽、高台、酒泉、嘉峪关。

2. 中国虎甲 *Cicindela chinensis* De Geer

甘肃分布：文县。

3. 多型虎甲 *Cicindela hybrida nitida* Lichtenstein

甘肃分布：全省。

4. 多型虎甲铜翅亚种 *Cicindela hybrida transbaicalica* Motschulsky

甘肃分布：文县、康县、秦安、秦州、麦积、静宁、庄浪、华亭、灵台、镇原、庆阳、合水、甘南、康乐、兰州、天祝、永昌、山丹、张掖、酒泉、嘉峪关。

5. 曲纹虎甲 *Cicindela elisai* Motschulsky

甘肃分布：文县、康县、徽县。

（二）步甲科 Carabidae

6. 疱步甲 *Chlaenius* （*Coptolabrus*） *pustulifer* Lucao *

甘肃分布：文县、宕昌。

255

7. 逗斑青步甲 *Chlaenius uirgulifer* Chaud.

甘肃分布：文县。

8. 大星步甲（中华广肩步甲）*Calosomamaderae chinensis* Kirby *

甘肃分布：文县。

9. 细颚步行虫 *Carabus*（*Cephalornis*）*potanii* Semenov *

甘肃分布：文县。

（三）皮蠹科 Dermestidae

10. 白腹皮蠹 *Dermestes macnlatus*（Dey）

甘肃分布：文县。

11. 黑毛皮蠹 *Attagenus unicolor japonicus*（Oliv）

甘肃分布：文县。

（四）朽木甲科 Alleculidae

12. 黄朽木甲 *Cteniopinus hypocrita* Marseul

甘肃分布：文县、康县、宕昌。

13. 达氏赤朽木甲 *Cistepomorpha davidi* Frm.

甘肃分布：文县、康县、舟曲。

（五）拟步甲科 Tenebrionidae

14. 沙潜 *Opatrum subaratum* Fald.

甘肃分布：文县、宕昌。

15. 褐菌虫 *Alphitobius laevigatus* Fald.

甘肃分布：文县、康县、舟曲。

16. 暗蓝菌虫 *Ceropria subocellata* Cast

甘肃分布：文县、康县。

（六）葬甲科 Silphidae

17. 黑食尸葬甲（大黑葬甲）*Necrophorus concolor* Kraatz

甘肃分布：文县、康县、武都、成县、徽县、宕昌、舟曲、肃南、山丹、武威、会宁。

18. 亚洲葬甲 *Necrodes asiaticus* Portevin

甘肃分布：文县、宕昌、镇原。

19. 埋葬甲 *Silphidae perforata* Gebler

甘肃分布：文县、宕昌、天祝。

（七）锹甲科 Lucanidae

20. 沟纹眼锹甲 *Aegus laevicollis* E. Saunders *

甘肃分布：文县、宕昌、两当。

21. 黄褐前凹锹甲 *Prosopocoilus blanchardi* Parry

甘肃分布：文县、康县、武都、成县、徽县、西和、礼县、两当、宕昌、秦州、麦积、定西。

22. 巨齿颚锹甲 *Serrognathus titanus*（Boisduval）*

甘肃分布：文县、康县、武都、成县、徽县、西和、礼县、宕昌。

（八）金龟科 Scarabaeidae

23. 神农洁蜣螂 *Catharsius molossus*（Linnaeus）

甘肃分布：文县、康县、武都、宕昌、舟曲、迭部、康乐、永靖、会宁、平凉。

24. 臭蜣螂 *Copris ochus*（Motschulsky）

甘肃分布：文县、徽县、礼县、舟曲、卓尼、临潭、夏河、康乐、漳县、平凉、环县、镇原、宁县、正宁、榆中、天祝、武威。

25. 台风蜣螂 *Scarabaeus typhon* Fisonor

甘肃分布：文县、礼县、秦州、麦积、舟曲、迭部、卓尼、临潭、靖远、会宁、景泰、民乐、张掖、临泽。

（九）粪金龟科 Geotrupidae

26. 粪堆粪金龟 *Geotrupes stercorarius* Linnaeus

甘肃分布：文县、康县、成县、宕昌、舟曲、卓尼、临潭、碌曲、夏河、榆中。

27. 东方粪金龟 *Geotrupes orientalis* Westwood

甘肃分布：文县。

（十）蜉金龟科 Aphodiidae

28. 蜉金龟 *Aphodius pusillus rufangulus* Waterhouse

甘肃分布：文县、舟曲、卓尼、临潭、夏河。

29. 直蜉金龟 *Aphodius rectus* Motschulsky

甘肃分布：文县、宕昌、舟曲、卓尼、临潭、夏河、庄浪、定西、榆中。

（十一）花金龟科 Cetoniidae

30. 宽带鹿花金龟 *Dicronocephalus adamsi* Pascoe *

甘肃分布：文县、康县、徽县、武都、成县。

31. 褐锈花金龟 *Poecilophilides rusticola* Burmeister

甘肃分布：文县、康县、成县、徽县、庄浪、平凉、庆阳、西峰、正宁。

32. 小青花金龟 *Oxycetonia jucunda* Faldermann

甘肃分布：文县、康县、武都、成县、徽县、两当、宕昌。

33. 白星花金龟 *Protaetia brevitarsis*（Lewis）

甘肃分布：文县、康县、徽县、舟曲、迭部、岷县、漳县、陇西、渭源、定西、临洮、平凉、华亭、泾川、庆阳、西峰、宁县、兰州、古浪、武威、民勤、永昌、肃南。

（十二）犀金龟科 Dynastidae

34. 双叉犀金龟 *Allomyrina dichotoma*（Linnaeus）*

甘肃分布：文县、康县、武都、徽县、两当、天水。

（十三）丽金龟科 Rutelidae

35. 毛斑喙丽金龟 *Adoretus*（*Lepadoretus*）*tenuaculatus* Waterhouse

甘肃分布：文县、康县、成县、徽县、平凉、庆阳、陇西、定西、临洮、张掖。

36. 铜绿丽金龟 *Anomala corpulenta* Motschulsky

甘肃分布：文县、康县、成县、徽县、两当。

37. 粗绿彩丽金龟 *Mimela holosericea* Fabricius

甘肃分布：文县、康县、徽县、宕昌、秦州、麦积、清水、合水、迭部、卓尼、漳县、武威、祁连山林区、金昌、张掖。

（十四）鳃金龟科 Melolonthidae

38. 暗黑鳃金龟 *Holotrichia parallela* Motschulsky

甘肃分布：文县、康县、徽县、麦积、天祝、榆中、夏河、迭部、静宁、华亭、崇信、灵台、庆阳。

39. 四川大黑鳃金龟 *Holotrichia szechuanensis* Zhang

甘肃分布：文县。

40. 阔胫玛绢金龟 *Maladera verticalis*（Fairmaire）

甘肃分布：文县、山丹、民勤、武威、榆中、夏河、卓尼、成县、两当、清水、平凉。

41. 小黄鳃金龟 *Pseudosymmachia flavescens*（Brenske）

甘肃分布：文县、徽县、麦积、正宁。

42. 小云鳃金龟 *Polyphylla gracilicornis* Blanchard

甘肃分布：文县、徽县、两当、礼县、武山、秦州、麦积、清水、迭部、临夏州、通渭、岷县、漳县、陇西、定西、临洮、景泰、榆中、西固、平凉、宁县。

（十五）吉丁虫科 Buprestidae

43. 花椒窄吉丁 *Agrilus.zanthoxylumi* Hou

甘肃分布：文县、成县、西和、武都。

（十六）叩甲科 Elateridae

44. 重脊叩头虫 *Chiagosnius* sp.

甘肃分布：文县、徽县。

45. 沟叩头虫 *Pleonomus canaliculatus* Faldermann

甘肃分布：文县、陇南、天水（小陇山林区）、平凉、庆阳、迭部、卓尼、东乡、康乐、和政、临夏县、定西、榆中、金塔、酒泉、玉门、瓜州、敦煌。

（十七）红萤科 Lycidae

46. 红萤 *Lycostomus modestus* Kiesenwetter

甘肃分布：文县、迭部。

47. 红萤 *Lyponia quadricollis* Kiesenwetter

甘肃分布：文县、舟曲。

（十八）花萤科 Cantharidae

48. 花萤 *Cantharis acgrota* Kiesenwetter

甘肃分布：文县、舟曲。

（十九）皮蠹科 Dermestidae

49. 日本竹长蠹 *Dinoderus japonica* Lesen

甘肃分布：文县、两当。

（二十）瓢虫科 Coccinellidae

50. 二星瓢虫 *Adalia bipunctata*（Linnaeus）

甘肃分布：文县、平凉、武都、庆阳、嘉峪关、酒泉、张掖、金昌、武威、古浪、天祝、兰州、榆中、临洮、定西、陇西、临夏州、夏河、卓尼、迭部。

51. 多异瓢虫 *Adonia variegata*（Goeze）

甘肃分布：文县、麦积、嘉峪关、敦煌、瓜州、酒泉、高台、临泽、肃南、山丹、金昌、武威、兰州、临夏州、夏河、卓尼、舟曲。

52. 奇变瓢虫 *Aiolocaria mirabilis*（Mots）

甘肃分布：文县、徽县、两当、秦州、麦积、庆阳、安宁、榆中、定西、积石山、临夏县、临夏市、夏河、碌曲、临潭、卓尼。

53. 七星瓢虫 *Coccinella sepempunctata* Linnaeus

甘肃分布：文县、康县、成县、天水、平凉、庆阳、甘南州、临夏州、靖远、会宁、景泰、兰州、金昌、张掖、酒泉。

54. 双七瓢虫 *Coccinua quatuordecimpustulata*（Linnaeus）

甘肃分布：文县、麦积、静宁、泾川、镇原、庆阳、舟曲、迭部、张掖、酒泉。

55. 龟纹瓢虫 *Propylaea japonica*（Thunberg）

甘肃分布：文县、武都、康县、成县、徽县、甘谷、麦积、静宁、华亭、镇原、合水、舟曲、迭部、卓尼、康乐、和政、临夏市、天祝、古浪、民勤、张掖、酒泉。

（二十一）伪叶甲科 Lagriidae

56. 朽木甲 *Allecula fuliginosa* Maklin

甘肃分布：文县、迭部、临洮。

（二十二）芫菁科 Meloidae

57. 中国豆芫菁 *Epicauta chinensis* Castelnau

甘肃分布：文县、康县、庄浪、迭部、碌曲、夏河、定西、临洮、兰州、天祝、武威、民勤、肃南。

（二十三）天牛科 Cerambycida

58. 大山坚天牛 *Callipogon relictus*（A. Semsnov）

甘肃分布：文县。

59. 曲牙土天牛 *Dorysthenes hydropicus*（Pascoe）

甘肃分布：文县、康县、秦州、麦积、平凉、泾川、康乐、临夏市、通渭、定西、临洮、会宁、兰州。

60. 椎天牛 *Spondylis buprestoides*（Linnaeus）

甘肃分布：文县、迭部。

61. 桃红颈天牛 *Aromia bungii* Faldermann

甘肃分布：文县、徽县、秦州、麦积、庄浪、武都、陇西、兰州。

62. 粒肩天牛（桑天牛）*Tessaratoma papillosa*

甘肃分布：文县。

63. 栗山天牛 *Massicus radei*（Blessig）

甘肃分布：文县、麦积。

64. 桃褐天牛 *Nadezhdiella aurea* Gressitt

甘肃分布：文县。

65. 桔褐天牛 *Nadezhdiella cantori*（Hope）

甘肃分布：文县、舟曲。

66. 家茸天牛 *Trichoferus campestris*（Faldermann）

甘肃分布：文县、康县、徽县、两当、礼县、秦州、麦积、清水、灵台、镇原、合水、迭部、康乐、和政、临夏市、定西、会宁、景泰、榆中、古浪、武威、民勤、金昌、山丹、民乐、张掖、金塔、酒泉、玉门、瓜州、敦煌。

67. 麻点豹天牛 *Coscinesthes salicis* Gressitt

甘肃分布：文县。

68. 合欢双条天牛 *Xystrocera globosa*（Olivier）

甘肃分布：文县、徽县。

69. 光肩星天牛 *Anoplophora glabripennis*（Motschulsky）

甘肃分布：文县、武都、康县、成县、徽县、西和、礼县、秦州、麦积、静宁、宕昌、东乡、临夏县、永靖、通渭、漳县、陇西、定西、白银、兰州。

70. 云斑白条天牛 *Batocera lineolata* Chevrolat

甘肃分布：文县、成县、徽县、两当、秦州、麦积。

71. 双簇污天牛 *Moechotypa diphysis*（Pascoe）

甘肃分布：文县、徽县、麦积。

72. 花椒虎天牛 *Clytus valiandus* Fairmaire

甘肃分布：文县、康县。

（二十四）肖叶甲科 Eumolpidae

73. 栗厚缘叶甲 *Aoria nucea*（Fairmaire）

甘肃分布：文县。

74. 棕红厚缘叶甲 *A. rufotostacea* Fairmaire

甘肃分布：文县。

75. 褐足角胸叶甲 *Basilepta fulvipes* Motschulsky

甘肃分布：文县、康乐、和政、临夏县。

76. 中华蘑萝叶甲 *Chrysochus chinensis* Baly

甘肃分布：文县、徽县、镇原、宁县、正宁、迭部、康乐、兰州。

77. 光背锯角叶甲 *Clyta laeviuscula* Ratzeburg

甘肃分布：文县、武山、秦州、麦积、庆阳、武山、榆中。

78. 隐头叶甲 *Clyta gansuicus* Chen

甘肃分布：文县、迭部、榆中。

79. 大毛叶甲 *Trichochrysea impera imperialis*（Baly）

甘肃分布：文县、两当、秦州、麦积。

（二十五）叶甲科 Chrysomelidac

80. 漠金叶甲 *Chrysolina aeruginosa*（Faldermann）

甘肃分布：文县。

81. 蒿金叶甲 *Chrysolina aurichalcea*（Mannerheim）

甘肃分布：文县、徽县、两当、武山、秦州、麦积、清水、宕昌、榆中。

82. 薄荷金叶甲 *Chrysolina exanthematica*（Wiedemann）

甘肃分布：文县、永昌、天祝、榆中、康乐、广河、武都。

83. 杨叶甲 *Chrysomela populi* Linnaeus

甘肃分布：文县、武都、康县、成县、徽县、两当、礼县、武山、秦州、麦积、清水、平凉、庆阳、宕昌、舟曲、卓尼、临潭、夏河、临夏州、定西、兰州、武威（祁连山林区）、金昌、张掖。

84. 核桃扁叶甲指名亚种 *Gastrolina depressa depressa* Baly

甘肃分布：文县、徽县、华亭、合水、宕昌、舟曲。

85. 牡荆叶甲 *Phola octodecimguttata*（Fabr）

甘肃分布：文县。

86. 钩殊角萤叶甲 *Agetocera deformicornis* Laboissiere

甘肃分布：文县。

87. 丝殊角萤叶甲 *Agetocera filicornis* Laboissoere*

甘肃分布：文县。

88. 豆长刺萤叶甲 *Atrachya menetriesi* （Faldermann）

甘肃分布：文县、榆中、徽县、康县、秦州、麦积、清水、庄浪、华亭。

89. 黄缘樟萤叶甲 *Atysa marginata* （Hope）

甘肃分布：文县。

90. 印度黄守瓜 *Atysa indica* （Gnelin）

甘肃分布：文县。

91. 黑足黑守瓜 *Atysa nigripennis* Motschulsky

甘肃分布：夏河、碌曲、卓尼、迭部。

92. 黑足全绿跳甲 *Aphtona meanopoda* Chen

甘肃分布：文县、灵台。

93. 金绿侧刺跳甲 *Aphtona splendida* Weise

甘肃分布：文县、榆中。

94. 黑顶沟胫跳甲 *Hemipyxis chinensis* （Weise）

甘肃分布：文县。

95. 裸顶系跳甲 *Hespera sericea* Weise

甘肃分布：文县。

96. 野漆黄色凹缘跳甲 *Podontia lutea* （Olivier）

甘肃分布：文县、成县、徽县、两当、秦州、麦积。

97. 黑足瘦跳甲 *Stenoluperus nigrimembris* Chen

甘肃分布：文县。

（二十六）铁甲科 Hispidae

98. 背锯龟甲 *Basiprionota bisignata* （Boheman）

甘肃分布：文县、康县、成县、西和、天水、平凉、崇信、灵台、泾川、宁县、正宁。

99. 粗盘锯龟甲 *Basiprionota sexmaculata* （Baly）

分布；文县。

（二十七）象虫科 Curculionidae

100. 核桃长足象 *Alcidodes juglans* Chao

甘肃分布：文县、康县。

101. 臭椿沟框象 *Eucryptorrhynchus brandti* （Harold）

甘肃分布：文县、成县、武山、甘谷、秦州、华亭、舟曲、兰州。

102. 沟框象 *Eucryptorrhynchus chinensis* （Olivier）

甘肃分布：文县、成县、徽县、麦积、平凉、庆阳、武都、陇西、临洮。

103. 中国多露象 *Polydrosus chinensis* Kono et Morimoto

甘肃分布：文县、康县。

（二十八）小蠹科 Scolytidae

104. 华山松大小蠹 *Dendroctonus armandi*

甘肃分布：文县、麦积、正宁、迭部、夏河。

105. 落叶松八齿小蠹 *Ips subelongatus* Motschulsky

甘肃分布：文县。

十六、膜翅目 Hymenoptera

（一）扁叶蜂科 Pamphiliidac

1. 杉阿扁叶蜂 *Acantholyda piceacola* Xiao et Zhou

甘肃分布：文县、景泰、武威、山丹、肃南。

（二）树蜂科 Siricoidae

2. 泰加大树蜂 *Urocerus gigas taiganus* Benson

甘肃分布：文县、康县、迭部、临潭、卓尼、碌曲、夏河、榆中、渭源、武威（祁连山林区）、金昌、张掖。

（三）三节叶蜂科 Argidae

3. 榆三节叶蜂 *Arge captira* Smith

甘肃分布：文县、宕昌、临洮、麦积。

4. 桦三节叶蜂 *Arge coeruleipennis* Retzius

甘肃分布：文县、宕昌、舟曲、康乐。

（四）松叶蜂科 Diprionidae

5. 丰宁新松叶蜂 *Neodiprion fengingensis* Xiao et Zhou

甘肃分布：文县、礼县、武都、岷县、靖远。

（五）叶蜂科 Tenthredinidae

6. 粗额厚叶蜂 *Pachyprotasis opacifrons* Malaise

甘肃分布：文县、礼县。

7. 落叶松红腹叶蜂 *Pristiphora erichsonii* （Hartig）

甘肃分布：文县、迭部、麦积。

（六）姬蜂科 Ichneumonidae

8. 三化螟沟姬蜂 *Amauromorpha accepta schoenobii* （Viereck）

甘肃分布：文县。

9. 负泥虫沟姬蜂 *Bathythrix kuwanae* Viereck

甘肃分布：文县。

10. 夹色姬蜂 *Centeterus alternecoloratus* Cushman

甘肃分布：文县。

11. 螟蛉悬茧姬蜂 *Charops bicolor*（Szepligeti）

甘肃分布：文县、平凉。

12. 姬蜂 *Ischnojoppa luteator*（Fabricius）

甘肃分布：文县。

13. 夜蛾瘦姬蜂 *Ophion luteus*（Linnaeus）

甘肃分布：文县、酒泉、瓜州、山丹、金昌、武威、安宁、西固、榆中、景泰、会宁、靖远、平川、临洮、岷县、夏河、迭部、徽县、麦积、华亭、庆阳。

14. 玉米螟厚唇姬蜂 *Phaeogenes eguchii* Uchida

甘肃分布：文县。

（七）茧蜂科 Bracomidae

15. 邻绒茧蜂 *Apanteles affinis*（Nees von Esehebeck）

甘肃分布：文县、临洮、迭部。

16. 弄蝶绒茧蜂 *Apanteles baoris* Wilkinson

甘肃分布：文县。

17. 天幕毛虫茧蜂 *Apanteles gastropachae*（Bouche）

甘肃分布：文县、迭部。

18. 螟黑纹茧蜂 *Bracon onukii* Watanabe

甘肃分布：文县。

19. 天牛茧蜂 *Brulleia shibuensis*（Matsumura）

甘肃分布：文县。

（八）小蜂科 Chalcididea

20. 无脊大腿小蜂 *Brachymeria escarinata* Gahan

甘肃分布：文县。

（九）广肩小蜂科 Eurytomidae

21. 天蛾广肩小蜂 *Eurytoma manilensis* Ashmead

甘肃分布：文县。

22. 刺蛾广肩小蜂 *Eurytoma monemae* Rusch

甘肃分布：文县。

23. 粘虫广肩小蜂 *Eurytoma verticillata*（Fabricius）

甘肃分布：文县。

24. 稻苞虫金小蜂 *Eupteromalus parnarae* Gahan

甘肃分布：文县。

（十）　跳小蜂科 Encyrtidae

25. 苹果毒蛾跳小蜂 *Tyndarichus navae* Howard

甘肃分布：文县。

26. 稻苞虫羽角姬小蜂 *Dimmokia parnarae*（Chu et Liao）

甘肃分布：文县。

（十一）　扁股小蜂科 Elasmidae

27. 白足扁股小蜂 *Elasmus corbetti* Ferriere

甘肃分布：文县。

（十二）　蚁科 Formicidae

28. 黑山蚁 *Formica fusca* Lats

甘肃分布：文县、夏和、迭部、舟曲。

29. 铺道蚁 *Tetramorium caespitum*（Linnaeus）

甘肃分布：文县。

（十三）　胡蜂科 Vespidae

30. 大胡蜂 *Vespa magnifica* Smith

甘肃分布：文县、武都、康县、迭部、舟曲、陇南、天水（小陇山林区）。

31. 黑尾胡蜂 *Vespa tropica ducalis* Smith

甘肃分布：文县、庆阳、西峰。

32. 墨胸胡蜂 *Vespa velutina nigrithorax* Buysson

甘肃分布：文县、舟曲、武都。

33. 澳黄胡蜂 *Vespa austriaca*（Panzer）

甘肃分布：文县。

（十四）　蜾蠃科 Eumenidae

34. 杯柄蜾蠃 *Rhyncium micado* Kirsch

甘肃分布：文县。

（十五）　泥蜂科 Sphecidae

35. 黑沙泥蜂 *Ampulex. sjostedti* Guss

甘肃分布：文县。

（十六）　隧蜂科 Halictidae

36. 铜色隧蜂 *Halictus aerarius* Linnaeus

甘肃分布：文县。

（十七）切叶蜂科 Megachilidae

37. 粗切叶蜂 *Megachile sculpturalis* Smith

甘肃分布：文县、徽县、两当、秦州、麦积。

（十八）蜜蜂科 Apidae

38. 中华蜜蜂 *Apis cerana* Fabricius

甘肃分布：文县、武都、迭部、白银。

39. 黄胸木蜂 *Xylocopa appedicuata* Smith

甘肃分布：文县、康县。

40. 长木蜂 *Xylocopa attenuata* Perkins

甘肃分布：文县。

41. 红足木蜂 *Xylocopa rufipes* Sm.

甘肃分布：文县、武都。

（十九）熊蜂科 Bombidae

42. 黑足熊蜂 *Bombus atripes* Smith

甘肃分布：文县、武都。

43. 红光熊蜂 *Bombus ignites*

甘肃分布：文县、迭部、白银。

44. 贞洁熊蜂 *Bombus parthenius* Richards

甘肃分布：文县。

45. 普熊蜂 *Bombus potanini* Morawitz

甘肃分布：文县、榆中。

46. 三条熊蜂 *Bombus trifasciatus* Smith

甘肃分布：文县。

47. 角拟熊蜂 *Pithyrus cornutus* （Frison）

甘肃分布：文县。

十七、双翅目 DIPTERA

（一）毛蚊科 Bibionidae

1. 毛蚊 *Bibo amputoneruis* Hardy et Takahashi

甘肃分布：文县、康县、舟曲。

（二）瘿蚊科 Cecidomyiidea

2. 花椒波瘿蚊 *Asphonodylia zanthoxhli* Bu Zheng

甘肃分布：文县、武都、西和、礼县、宕昌、舟曲。

（三）虻科 Tabanidae

3. 双斑黄虻 *Atylotus bivittatsinus* Takahasi

甘肃分布：武都、文县。

4. 触角麻虻 *Haematopota antennata* Shiraki

甘肃分布：文县。

5. 布虻 *Tabanus budda* Portschinsky

甘肃分布：文县、陇西、榆中。

（四）食虫虻科 Bombyliidae

6. 伴宽跗食虫虻 *Astochia sodalis* Wulp

甘肃分布：文县。

7. 日本钩胫食虫虻 *Dasypogon japonicum* Bigot

甘肃分布：文县、武都、舟曲、迭部、榆中。

8. 四川齿铗食虫虻 *Philonicus sichuanensis* Tsacas et Weinbetg

甘肃分布：文县。

9. 黑装食虫虻 *Pycnopogon melanostomus* Loew

甘肃分布：文县。

（五）食蚜蝇科 Syrphidea

10. 黄腹狭口食蚜蝇 *Asarcina porcina* （Coquillett）

甘肃分布：文县。

11. 黑带食蚜蝇 *Episyrphus balteatus* （De Geer）

甘肃分布：文县、灵台、甘南州、武威、金昌、张掖、酒泉、嘉峪关。

12. 黄盾壮食蚜蝇 *Ischyrosyrphus glaucius* （Linnaeus）

甘肃分布：文县。

13. 刻点小食蚜蝇 *Paragus tibialis* （Fallen）

甘肃分布：文县、夏河。

（六）寄蝇科 Tachinidae

14. 苹绿刺蛾寄蝇 *Chaetexorista klapperichi* （Mesnil）

甘肃分布：文县。

15. 双斑撒寄蝇 *Gonia bimaculata* Wiedemann

甘肃分布：文县、敦煌、瓜州、酒泉、金塔。

16. 黄腿透翅寄蝇 *Hyalurgus flipes* Chao et Shi

甘肃分布：文县。

17. 黑翅裸盾寄蝇 *Periscepsia carbnaria* Panzer

甘肃分布：文县。

注：名录中标有"*"号者为珍稀种和新记录种。

附录四　大型真菌名录

科名	种名	用途	生境
地舌菌科	东方地舌菌 *Glutinoglossum orientale*	不明	土生
	毛舌菌 *Trichoglossum hirsutum*	不明	土生
粒毛盘菌科	异常粒毛盘菌 *Lachnum abnorme*	不明	木生
蜡盘菌科	*Lanzia* cf. *luteovirescens*	不明	木生
锤舌菌科	润滑锤舌菌 *Leotia lubrica*	食用	土生
	润滑锤舌菌近似种 *Leotia* aff. *lubrica*	不明	土生
	润滑锤舌菌参照种 *Leotia* cf. *lubrica*	不明	土生
地锤菌科	黄地勺菌 *Spathularia flavida*	食用	土生
马鞍菌科	弹性马鞍菌 *Helvella elastica*	食用	土生
	弹性马鞍菌近似种 *Helvella* aff. *elastica*	食用	土生
	灰褐马鞍菌近似种 *Helvella* aff. *ephippium*	食用	土生
	棱柄马鞍菌变种 *Helvella* aff. *lacunosa*	不明	土生
	棱柄马鞍菌近似种 *Helvella* cf. *lacunosa*	不明	土生
	Helvella floriforma	不明	土生
	Helvella orienticrispa	不明	土生
	Helvella pseudoreflexa	不明	土生
	光面马鞍菌 *Helvella subglabra*	不明	土生
羊肚菌科	短柄羊肚 *Morchella crassipes*	食用	土生
盘菌科	米歇尔盘菌 *Peziza michelii*	不明	土生
	淡蓝盘菌 *Peziza saniosa*	不明	土生
	甜盘菌 *Peziza succosa*	不明	土生
火丝菌科	半球土盘菌近似种 *Humaria* aff. *hemisphaerica*	不明	土生
	假网孢盾盘菌 *Scutellinia colensoi*	不明	土生
	被毛盾盘菌 *Scutellinia crinita*	不明	土生
	盾盘菌 *Scutellinia scutellata*	不明	土生
肉杯菌科	*Sarcoscypha tatakensis*	不明	土生
	白色肉杯菌 *Sarcoscypha vassiljevae*	不明	土生
虫草科	成氏白僵菌 *Beauveria sungii*	不明	虫生
	蝉花 *Cordyceps cicadae*	食药	虫生
	虫草棒束孢 *Cordyceps farinosa*	药用	虫生
	蛹虫草 *Cordyceps militaris*	食药	虫生
炭团菌科	草莓状炭团菌 *Hypoxylon fragiforme*	不明	木生
蘑菇科	白林地蘑菇 *Agaricus sylvicola*	食用	土生
	毛头鬼伞 *Coprinus comatus*	食用	土生
	锐鳞棘皮菌 *Echinoderma asperum*	食用	土生
	光盖环柄菇近似种 *Lepiota* aff. *coloratipes*	不明	土生

科名	种名	用途	生境
蘑菇科	*Lepiota flammeotincta*	不明	土生
	Lepiota aff. *flammeotincta*	不明	土生
	Lepiota aureofulvella	不明	土生
	Lepiota cf. *andegavensis*	不明	土生
	冠状环柄菇 *Lepiota cristata*	毒菌	土生
	黄盖白环蘑近似种 *Leucoagaricus* aff. *orientiflavus*	不明	土生
	红盖白环蘑近似种 *Leucoagaricus* aff. *rubrotinctus*	不明	土生
	Tulostoma squamosum	不明	土生
鹅膏科	烟色鹅膏参照种 *Amanita* cf. *simulans*	不明	土生
	灰褶鹅膏 *Amanita griseofolia*	食用	土生
	淡红鹅膏 *Amanita pallidorosea*	毒菌	土生
	黄盖鹅膏 *Amanita subjunquillea*	毒菌	土生
	灰鹅膏 *Amanita vaginata*	食用	土生
粪锈伞科	粉粘粪锈伞近似种 *Bolbitius* aff. *titubans*	毒菌	土生
	草生锥盖伞 *Conocybe antipus*	不明	土生
	短柄锥盖伞 *Conocybe brachypodii*	不明	土生
	柔锥盖伞参照种 *Conocybe* cf. *tenera*	毒菌	土生
	Conocybe nemoralis	不明	土生
	半球锥盖伞 *Conocybe semiglobata*	不明	土生
	复囊体锥盖伞 *Conocybe subpubescens*	不明	土生
	Descolea cf. *quercina*	不明	土生
	糙孢小鳞伞参照种 *Pholiotina* cf. *dasypus*	不明	土生
珊瑚菌科	虫形珊瑚菌 *Clavaria fragilis*	不明	土生
	虫形珊瑚菌近似种 *Clavaria* aff. *fragilis*	不明	土生
	虫形珊瑚菌参照种 *Clavaria* cf. *fragilis*	不明	土生
	Clavaria cf. *macounii*	不明	土生
	角拟锁瑚菌 *Clavulinopsis corniculata*	食用	土生
	怡人拟锁瑚菌 *Clavulinopsis laeticolor*	不明	土生
	Hodophilus micaceus	不明	土生
丝膜菌科	白紫丝膜菌参照种 *Cortinarius* cf. *alboviolaceus*	食用	土生
	Cortinarius biriensis	不明	土生
	污褐丝膜菌参照种 *Cortinarius* cf. *bovinus*	不明	土生
	棕黑丝膜菌参照种 *Cortinarius* cf. *diasemospermus*	不明	土生
	棕褐丝膜菌参照种 *Cortinarius* cf. *infractus*	不明	土生
	Cortinarius cf. *subgracilis*	不明	土生
	黄盖紫丝膜菌参照种 *Cortinarius* cf. *xanthocephalus*	不明	土生
	棕丝膜菌 *Cortinarius cotoneus*	食用	土生

科名	种名	用途	生境
丝膜菌科	*Cortinarius harrisonii*	不明	土生
	Cortinarius hinnuleoarmillatus	不明	土生
	Cortinarius imbutus	不明	土生
	Cortinarius mattiae	不明	土生
	土星丝膜菌 *Cortinarius saturninus*	不明	土生
靴耳科	淡黄靴耳近似种 *Crepidotus* aff. *luteolus*	不明	木生
	Crepidotus albolanatus	不明	木生
	Crepidotus cf. *albolanatus*	不明	木生
	平盖靴耳 *Crepidotus applanatus*	食用	木生
	黏靴耳参照种 *Crepidotus* cf. *mollis*	食用	木生
	亚疣孢靴耳 *Crepidotus subverrucisporus*	不明	木生
粉褶菌科	辣斜盖伞参照种 *Clitopilus* cf. *piperitus*	不明	土生
	Entoloma aff. *ameides*	不明	土生
	Entoloma aff. *fuscosquamosum*	不明	土生
	Entoloma mougeotii	不明	土生
	Entoloma aff. *mougeotii*	不明	土生
	Entoloma aff. *poliopus*	不明	土生
	Entoloma aff. *undulatosporum*	不明	土生
	Entoloma caeruleopolitum	不明	土生
	Entoloma cf. *azureopallidum*	不明	土生
	棉絮状粉褶菌参照种 *Entoloma* cf. *byssisedum*	不明	土生
	Entoloma cf. *caesiocinctum*	不明	土生
	暗蓝粉褶菌参照种 *Entoloma* cf. *chalybeum*	毒菌	土生
	Entoloma cf. *holmvassdalenense*	不明	土生
	毒粉褶菌参照种 *Entoloma* cf. *lividoalbum*	毒菌	土生
	齿状粉褶菌参照种 *Entoloma* cf. *serrulatum*	毒菌	土生
	Entoloma clandestinum	不明	土生
	Entoloma duplocoloratum	不明	土生
	Entoloma fuscosquamosum	不明	土生
	绿变粉褶菌 *Entoloma incanum*	毒菌	土生
	长射纹粉褶菌 *Entoloma longistriatum*	不明	土生
	Entoloma nitens	不明	土生
	Entoloma ochromicaceum	不明	土生
	灰粉褶菌 *Entoloma sepium*	食用	土生
	Entoloma subserrulatum	不明	土生
轴腹菌科	扁孢蜡蘑 *Laccaria acanthospora*	不明	土生
	紫蜡蘑 *Laccaria amethystina*	食用	土生

科名	种名	用途	生境
轴腹菌科	黑褶边蜡蘑参照种 *Laccaria* cf. *negrimarginata*	不明	土生
	日本蜡蘑 *Laccaria japonica*	不明	土生
	红蜡蘑 *Laccaria laccata*	食用	土生
蜡伞科	*Arrhenia rickenii*	不明	土生
	Camarophyllus borealis	不明	土生
	草地拱顶菇 *Cuphophyllus pratensis*	食用	土生
	洁白拱顶菇 *Cuphophyllus virgineus*	食用	土生
	洁白拱顶菇参照种 *Cuphophyllus* cf. *virgineus*	不明	土生
	青绿蜡伞 *Gliophorus psittacinus*	毒菌	土生
	尖锥形湿伞 *Hygrocybe acutoconica*	不明	土生
	尖锥形湿伞参照种 *Hygrocybe* cf. *acutoconica*	不明	土生
	日本尖顶湿伞 *Hygrocybe acutoconica*f. *japonica*	不明	土生
	鸡油湿伞 *Hygrocybe cantharellus*	食用	土生
	蜡质湿伞 *Hygrocybe ceracea*	食用	土生
	蜡质湿伞参照种 *Hygrocybe* cf. *ceracea*	食用	土生
	绯红湿伞 *Hygrocybe coccinea*	食用	土生
	绯红湿伞近似种 *Hygrocybe* aff. *coccinea*	食用	土生
	绯红湿伞参照种 *Hygrocybe* cf. *coccinea*	食用	土生
	变黑湿伞 *Hygrocybe conica*	毒菌	土生
	拟变黑湿伞 *Hygrocybe conicoides*	不明	土生
	Hygrocybe cf. *aurantiosplendens*	不明	土生
	Hygrocybe hypohaemacta	不明	土生
	条缘湿伞近似种 *Hygrocybe* aff. *mucronella*	毒菌	土生
	草地湿伞 *Hygrocybe persistens*	食用	土生
	Hygrocybe roseopallida	不明	土生
	Neohygrocybe cf. *ovina*	不明	土生
层腹菌科	*Galerina pseudocerina*	不明	土生
	Hebeloma alpinum	不明	土生
	长柄滑锈伞参照种 *Hebeloma* cf. *longicaudum*	不明	土生
	Hebeloma geminatum	不明	土生
	芥味滑锈伞 *Hebeloma sinapizans*	毒菌	土生
	粪生光盖伞 *Psilocybe coprophila*	毒菌	土生
丝盖伞科	星孢丝盖伞 *Inocybe asterospora*	毒菌	土生
	保卡第丝盖伞 *Inocybe bongardii*	不明	土生
	胡萝卜色丝盖伞 *Inocybe caroticolor*	不明	土生
	褐鳞丝盖伞 *Inocybe cervicolor*	不明	土生
	污白丝盖伞 *Inocybe geophylla*	毒菌	土生

科名	种名	用途	生境
丝盖伞科	污白丝盖伞近似种 *Inocybe* aff. *geophylla*	毒菌	土生
	黄棕丝盖伞参照种 *Inocybe* cf. *fuscidula*	不明	土生
	光帽丝盖伞近似种 *Inocybe* aff. *nitidiuscula*	毒菌	土生
	光帽丝盖伞参照种 *Inocybe* cf. *nitidiuscula*	不明	土生
	Inocybe hystrix	不明	土生
	兰格丝盖伞 *Inocybe langei*	毒菌	土生
	斑纹丝盖伞 *Inocybe maculata*	毒菌	土生
	黄白丝盖伞近似种 *Inocybe* aff. *ochroalba*	不明	土生
	Inocybe aff. *oblectabilis*	不明	土生
	Inocybe aff. *populea*	不明	土生
	裂丝盖伞参照种 *Inocybe* cf. *rimosa*	毒菌	土生
	Inocybe sublilacina	不明	土生
	狐色丝盖伞 *Inocybe vulpinella*	不明	土生
马勃科	泥灰球菌 *Bovista limosa*	不明	土生
	头状秃马勃 *Calvatia craniiformis*	食药	土生
离褶伞科	*Lyophyllum maas-geesterani*	不明	土生
	腐生硬柄菇参照种 *Ossicaulis* cf. *lignatilis*	食用	木生
	长根灰顶伞 *Tephrocybe rancida*	不明	木生
小皮伞科	鼠尾小孢伞 *Baeospora myosura*	不明	木生
	鼠尾小孢伞近似种 *Baeospora* aff. *myosura*	不明	木生
	淡紫小孢伞参照种 *Baeospora* cf. *myriadophylla*	不明	木生
	黄褶老伞参照种 *Gerronema* cf. *xanthophyllum*	不明	木生
	联柄小皮伞 *Marasmius cohaerens*	不明	土生
	大盖小皮伞 *Marasmius maximus*	不明	土生
	隐形小皮伞 *Marasmius occultatiformis*	不明	土生
	硬柄小皮伞近似种 *Marasmius* aff. *oreades*	食药	土生
	隐形小皮伞参照种 *Marasmius* cf. *occultatiformis*	不明	土生
	琥珀小皮伞 *Marasmius siccus*	不明	土生
	杯伞状大金钱菌 *Megacollybia marginata*	不明	土生
	白脉褶菌 *Campanella alba*	不明	土生
小菇科	红顶小菇 *Mycena acicula*	不明	土生
	血红小菇 *Mycena haematopus*	药用	木生
	水晶小菇 *Mycena laevigata*	不明	土生
	皮尔森小菇 *Mycena pearsoniana*	不明	土生
	皮尔森小菇参照种 *Mycena* cf. *pearsoniana*	不明	土生
	浅褐小菇参照种 *Mycena* cf. *plumbea*	不明	土生
	洁小菇 *Mycena pura*	不明	土生

科名	种名	用途	生境
小菇科	粉色小菇 *Mycena rosea*	不明	土生
	粉红小菇 *Mycena rosella*	不明	土生
	绣线菊小菇 *Mycena speirea*	不明	土生
	Mycenella trachyspora	不明	土生
光茸菌科	金黄裸脚伞 *Gymnopus aquosus*	不明	土生
	Gymnopus densilamellatus	不明	土生
	栎金钱菌 *Gymnopus dryophilus*	食用	土生
	臭小脐菇参照种 *Gymnopus* cf. *foetidus*	不明	土生
	褐黄裸脚伞 *Gymnopus ocior*	食用	土生
	褐黄裸脚伞近似种 *Gymnopus* aff. *ocior*	不明	土生
	密褶金钱菌 *Gymnopus polyphyllus*	不明	土生
	密褶金钱菌近似种 *Gymnopus* aff. *polyphyllus*	不明	土生
	近裸裸脚伞 *Gymnopus subnudus*	不明	土生
	变色裸脚伞参照种 *Gymnopus* cf. *variicolor*	不明	木生
	三色微皮伞 *Marasmiellus tricolor*	不明	木生
	短柄小脐菇 *Micromphale brevipes*	不明	木生
膨瑚菌科	粗柄密环菌 *Armillaria cepistipes*	不明	木生
	芥黄密环菌 *Armillaria sinapina*	不明	木生
	刺孢伞 *Cibaomyces glutinis*	不明	木生
	冬菇 *Flammulina filiformis*	食用	木生
	Paraxerula hongoi	不明	土生
	可食球果伞参照种 *Strobilurus* cf. *esculentus*	不明	木生
侧耳科	肺形侧耳 *Pleurotus pulmonarius*	食用	木生
	鼠灰光柄菇近似种 *Pluteus* aff. *ephebeus*	食用	木生
	球盖光柄菇近似种 *Pluteus* aff. *podospileus*	食用	木生
	半球盖光柄菇参照种 *Pluteus* cf. *semibulbosus*	食用	木生
	灰草菇参照种 *Volvariella* cf. *murinella*	不明	土生
	黏盖包脚菇 *Volvopluteus gloiocephalus*	毒菌	土生
小脆柄菇科	*Coprinellus bisporiger*	不明	土生
	簇生小鬼伞 *Coprinellus disseminatus*	毒菌	木生
	家园小鬼伞参照种 *Coprinellus* cf. *domesticus*	不明	木生
	晶粒小鬼伞 *Coprinellus micaceus*	毒菌	木生
	辐毛小鬼伞 *Coprinellus radians*	食用	木生
	庭院小鬼伞 *Coprinellus xanthothrix*	食用	木生
	黑拟鬼伞 *Coprinopsis melanthina*	不明	木生
	黑拟鬼伞近似种 *Coprinopsis* aff. *melanthina*	不明	木生
	黑拟鬼伞参照种 *Coprinopsis* cf. *melanthina*	不明	木生

科名	种名	用途	生境
小脆柄菇科	*Coprinopsis* aff. *urticicola*	不明	木生
	小射纹拟鬼伞 *Coprinopsis patouillardii*	不明	土生
	粘毛垂齿菌 *Lacrymaria lacrymabunda*	毒菌	土生
	金毛近地伞 *Parasola auricoma*	不明	土生
	Parasola lactea	不明	土生
	Psathyrella abieticola	不明	土生
	Psathyrella abieticola	不明	木生
	双皮小脆柄菇 *Psathyrella bipellis*	不明	木生
	白黄小脆柄菇 *Psathyrella candolleana*	食用	木生
	奥林匹亚小脆柄菇 *Psathyrella olympiana*	不明	土生
	斑褶菇状小脆柄菇 *Psathyrella panaeoloides*	不明	土生
	Psathyrella potteri	不明	土生
	Psathyrella cf. *potteri*	不明	土生
	Psathyrella prona	不明	土生
	近灰褐小脆柄菇 *Psathyrella spadiceogrisea*	不明	土生
	Psathyrella sulcatotuberculosa	不明	土生
	Psathyrella cf. *sulcatotuberculosa*	不明	土生
裂褶菌科	裂褶菌 *Schizophyllum commune*	食药	木生
球盖菇科	双孢斑褶菇 *Panaeolus bisporus*	毒菌	土生
	暗蓝斑褶菇参照种 *Panaeolus* cf. *cyanescens*	毒菌	土生
	大孢斑褶菇 *Panaeolus papilionaceus*	毒菌	土生
	硬田头菇 *Agrocybe dura*	食药	土生
	湿黏田头菇 *Agrocybe erebia*	食用	土生
	平田头菇 *Agrocybe pediades*	食药	土生
	田头菇 *Agrocybe praecox*	食药	土生
	田头菇参照种 *Agrocybe* cf. *praecox*	食用	土生
	坚壳田头菇 *Agrocybe putaminum*	不明	土生
	Agrocybe smithii	不明	土生
	丛生垂幕菇 *Hypholoma fasciculare*	毒菌	木生
	Leratiomyces cucullatus	不明	土生
	鳞盖垂幕菇 *Leratiomyces squamosus*	毒菌	木生
	半球盖菇 *Protostropharia semiglobata*	毒菌	木生
	可疑球盖菇 *Stropharia ambigua*	不明	土生
	齿环球盖菇 *Stropharia coronilla*	毒菌	土生
	冠状球盖菇 *Stropharia hardii*	不明	土生
	冠状球盖菇参照种 *Stropharia* cf. *hardii*	不明	土生
	浅赭色球盖菇 *Stropharia hornemannii*	食用	草生

科名	种名	用途	生境
球盖菇科	皱环球盖菇 *Stropharia rugosoannulata*	食用	草生
口蘑科	*Clitocybe anisata*	不明	土生
	深凹杯伞 *Clitocybe gibba*	毒菌	土生
	Gamundia cf. *leucophylla*	不明	土生
	灰紫香蘑 *Lepista glaucocana*	食用	土生
	肉色香蘑 *Lepista irina*	食用	土生
	紫丁香蘑 *Lepista nuda*	食用	土生
	Lepista subconnexa	不明	土生
	异囊铦囊蘑参照种 *Melanoleuca* cf. *heterocystidiosa*	不明	土生
	白柄铦囊蘑 *Melanoleuca leucopoda*	不明	土生
	黑白铦囊蘑 *Melanoleuca melaleuca*	食用	土生
	紫柄铦囊蘑 *Melanoleuca porphyropoda*	不明	土生
	毛缘菇 *Ripartites tricholoma*	不明	土生
	银盖口蘑 *Tricholoma argyraceum*	食用	土生
	灰环口蘑 *Tricholoma cingulatum*	不明	土生
	灰环口蘑参照种 *Tricholoma* cf. *cingulatum*	不明	土生
	Tricholoma subluteum	不明	土生
	棕灰口蘑 *Tricholoma terreum*	食用	土生
	鳞皮假脐菇 *Tubaria furfuracea*	不明	木生
	毛木耳 *Auricularia polytricha*	食药	木生
	黑胶耳 *Exidia glandulosa*	毒菌	木生
	Exidia uvapassa	不明	木生
	柔美刺皮菌 *Heterochaete delicata*	不明	木生
明目耳科	虎掌刺银耳 *Pseudohydnum gelatinosum*	食药	木生
牛肝菌科	橙黄疣柄牛肝菌 *Leccinum aurantiacum*	食用	土生
	Xerocomus fulvipes	不明	土生
铆钉菇科	丝状色钉菇 *Chroogomphus filiformis*	食用	土生
	玫红色钉菇 *Chroogomphus roseolus*	食用	土生
圆孢牛肝菌科	褐圆孢牛肝菌近似种 *Gyroporus* aff. *castaneus*	食用	土生
平革菌科	烟管菌 *Bjerkandera adusta*	药用	木生
	革棉絮干朽菌 *Byssomerulius corium*	不明	木生
硬皮马勃科	网硬皮勃近似种 *Scleroderma* aff. *areolatum*	毒菌	土生
	大孢硬皮马勃 *Scleroderma bovista*	食药	土生
硬皮马勃科	赭黄齿耳菌 *Steccherinum ochraceum*	不明	木生
乳牛肝菌科	浅灰小牛肝菌 *Boletinus grisellus*	不明	土生
	美洲乳牛肝菌 *Suillus americanus*	食用	土生
	厚环乳牛肝菌 *Suillus grevillei*	食药	土生

续表

科名	种名	用途	生境
乳牛肝菌科	*Suillus himalayensis*	不明	土生
	Suillus indicus	不明	土生
	灰环乳牛肝菌 *Suillus viscidus*	食药	土生
锁瑚菌科	皱锁壶菌 *Clavulina rugosa*	食用	土生
齿菌科	*Hydnum berkeleyanum*	不明	木生
	Hydnum subtilior	不明	木生
	Hydnum vesterholtii	不明	木生
地星科	袋状地星 *Geastrum saccatum*	药用	土生
棒瑚菌科	棒瑚菌参照种 *Clavariadelphus cf. occidentalis*	不明	土生
钉菇科	冷杉暗锁瑚菌 *Phaeoclavulina abietina*	食用	土生
科未定	*Cantharellopsis prescotii*	不明	土生
锈革孔菌科	冷杉集毛孔菌 *Coltricia abieticola*	不明	木生
	厚集毛孔菌 *Coltricia crassa*	不明	木生
	拟多年集毛孔菌 *Coltricia subperennis*	不明	木生
	Cylindrosporus flavidus	不明	木生
Rickenellaceae	波状杯革菌 *Cotylidia undulata*	不明	土生
Cerrenaceae	白黄齿毛菌 *Cerrena albocinnamomea*	不明	土生
拟层孔菌科	肉色迷孔菌 *Daedalea dickinsii*	药用	木生
	赤杨波斯特孔菌 *Postia alni*	不明	木生
拟层孔菌科	灰白波斯特孔菌 *Postia tephroleuca*	不明	木生
灵芝科	树舌灵芝 *Ganoderma applanatum*	药用	木生
	白肉灵芝 *Ganoderma leucocontextum*	药用	木生
Irpicaceae	白囊耙齿菌 *Irpex lacteus*	药用	木生
皱孔菌科	红斑肉齿菌 *Climacodon roseomaculatus*	不明	土生
	金根刺射脉菌参照种 *Hydnophlebia cf. chrysorhiza*	不明	土生
多孔菌科	粗糙拟迷孔菌 *Daedaleopsis confragosa*	药用	木生
	漏斗韧伞 *Lentinus arcularius*	药用	木生
	漏斗大孔菌 *Neofavolus alveolaris*	药用	木生
	黄褐斑根孔菌 *Picipes badius*	不明	木生
	亚黑柄多孔菌 *Polyporus submelanopus*	不明	木生
	黄褐多孔菌 *Royoporus badius*	不明	木生
	雪白干皮菌 *Skeletocutis nivea*	不明	木生
	迷宫栓孔菌 *Trametes gibbosa*	药用	木生
	毛栓菌 *Trametes hirsuta*	药用	木生
	槐栓菌 *Trametes robiniophila*	药用	木生
	云芝 *Trametes versicolor*	药用	木生
地花菌科	刺孢白脉腹菌参照种 *Leucophleps cf. spinispora*	不明	土生

科名	种名	用途	生境
红菇科	波缘乳菇近似种 *Lactarius* aff. *flexuosus*	不明	土生
	Lactarius ambiguus	不明	土生
	Lactarius cf. *ambiguus*	不明	土生
	大西洋乳菇 *Lactarius atlanticus*	不明	土生
	美味乳菇 *Lactarius deliciosus*	食用	土生
	灰褐乳菇 *Lactarius pyrogalus*	毒菌	土生
	灰褐乳菇参照种 *Lactarius* cf. *pyrogalus*	毒菌	土生
	Lactarius cf. *subemboratus*	不明	土生
	条斑乳菇 *Lactarius yazooensis*	不明	土生
	蓝黄红菇 *Russula cyanoxantha*	食用	土生
	毒红菇 *Russula emetica*	毒菌	土生
	Russula laccata	不明	土生
	髓质红菇 *Russula medullata*	食用	土生
	桃色红菇 *Russula persicina*	不明	土生
	Russula raoultii	不明	土生
韧革菌科	扁韧革菌 *Stereum ostrea*	不明	木生
革菌科	头花革菌 *Thelephora anthocephala*	不明	土生
	石竹色革菌 *Thelephora caryophyllea*	不明	土生
珊瑚银耳科	结节胶瑚菌 *Tremellodendropsis tuberosa*	不明	土生